또모르지 → 토폴로지

위상수학

≪점-집합 위상수학의 기초 이론과 연습≫

송형수 지음

TOPology

KYOWOO CO., Publishing 教友社

머리말

원기둥을 위에서 본 사람은 원으로 주장하고, 옆에서 본 사람은 직사각형으로 주장한다. 그러나 "원기둥의 실체는 직육면체이다"라고 말한다면 이는 터무니없는 주장일까? 원기둥의 재질이 고무로 되어 있다고 하자. 이를 찢어지지 않게 연속적으로 변형하면 직육면체를 만들 수 있을 것이다. 위상수학의 관점으로는 위와 같은 방법으로 변형된 두 물체는 동형으로 볼 수 있기에 원기둥의 실체를 직육면체로 볼 수도 있을 것이다. 많은 사람들은 자기가 본 관점에서만 사물이나 사건을 판단하려 한다. 생각하는 방향이 달라지면 얼마든지 다른 주장을 할 수 있음을 인정하여야 한다. 위상수학에서는 사용되는 위상이 달라지면 생각하는 방향도 완전히 달라진다. 주어진 위상이 중요한 것이지 이미 다른 공간을 통해 알고 있는 지식은 오히려 직관을 허용하여 오류를 범할 수 있다. 그러므로 고정관념은 철저히 배제하고 주어진 위상과 약속한 개념, 증명된 성질만을 이용하여 사고하고 이론을 전개해나가는 태도를 갖는 것이 중요하다.

이 책에서는 점-집합 위상수학(point set topology)이라 불리는 일반위상수학(general topology)의 이론 전개를 통해서 위상수학의 학습이나 일상에서 고정관념을 없애는 것이 중요함을 강조하려 하였다. 특히 다음과 같은 점을 마음에 두고 집필하였다.

1. 일반위상수학의 기초 개념이나 성질을 학부 3학년 학생들이 2학기 과정을 통해 학습할 수 있도록 구성하였다. 위상수학은 정확한 개념 이해와 엄밀한 논리 전개를 필요로 하므로 많은 학생들에게 어려운 과목으로 인식되어 왔다. 그러한 고정관념을 깨도록 가능한 쉽게 설명하고, 전체적으로 무엇을 이야기하고 있는가를 깨달을 수 있도록 내용을 전개하였다. 또한 〈**학습목표**〉와 **【토론과제】**를 두어 이해하여야 할 학습 방향을 분명히 제시하였다.
2. 연습문제는 그 난이도를 조정하여 수록하였고, 본문 내용을 보충하는데 중점

을 두었다. 그 풀이과정의 핵심을 기술하여 문제해결 능력을 기를 수 있도록 하였다.

3. 정의를 정확히 이해하는데 큰 도움이 되도록 엄선된 **[보기]**를 수록하였다.
4. 용어는 대한수학회에서 발행한 <수학용어집>을 기준으로 사용하였다.
5. 대수적 지식을 이용하여 위상공간에 대한 어떤 성질을 연구하는 대수적위상수학의 중요성이 강조되고 있다. 그 동기를 주기 위해 연속변형성(homotopy)과 기본군(fundamental group)에 관한 기초 이론을 삽입하였다.

끝으로, 위상수학 학습지도의 중요성을 깨닫게 해준 강의에 참여했던 많은 학생들에게 감사하고, 저서 집필에 도움이 된 광운대학교의 2006학년도 교내 학술연구비 지원과 편집 교정에 수고한 교우사의 오판근 사장님과 관계자 여러분께 감사를 드린다.

2007년 5월

저 자

차 례

제 1 장

기초사항

〈 학습목표 〉

위상수학의 학문적 성격을 소개하고, 학습에 꼭 필요한 기초적인 집합 이론과 여러 표기법을 소개한다.
위상수학의 중요한 개념들은 실직선이나 평면에서 다루는 내용을 일반화시킨 것이다. 일반위상수학의 이론을 전개하기 전에 그 동기가 되었던 실수에서의 열린 부분집합, 연속함수 등 실수집합의 성질을 먼저 소개한다.

1.1 위상수학의 소개

Topology는 그리스어의 topos(위치)와 logos(학문)를 결합시킨 용어이다.

$y=f(x)=2x$로 정의된 함수 $f:\mathbb{R}\to\mathbb{R}$을 살펴보자. 닫힌 구간 [1, 2]의 상은 닫힌 구간 [2, 4]가 된다. 길이는 2배로 늘어났지만 구간은 여전히 구간으로 변형된다. 또한 경계점은 경계점으로, 내점은 내점으로 변형됨을 알 수 있다. f의 역함수 $f^{-1}(x)=\frac{1}{2}x$에 대하여 닫힌 구간 [2, 4]가 [1, 2]로 변형될 때도 같은 결과를 갖는다.

Topology는 개괄적으로 살펴보면 공간을 연속적으로 변형시켰을 때 변하지 않고 일정하게 유지되는 성질을 연구하는 학문이라고 말할 수 있다. 위의 보기에서와 같이 내점, 외점, 경계점 등이 위상적인 성질로 연구대상이 되고, 길이, 면적, 각과 같은 개념은 연구대상이 아닌 것이다. Topology는 위상기하학에서 발전한 수학의 한 분야지만 위치(位置)와 형상(形相)에 관하여 다루고, 그 결과가 수학의 각 분야에 광범위하게 활용될 뿐만 아니라 인문사회과학, 자연과학을 연구하는 사람들에게도 좋은 연구 도구로 사용되기 때문에 topology를 위상수학(位相數學)이라 부르고 있다.

[그림 1]에서 삼각형과 원의 재질이 고무로 되어 있다고 생각해보자. 점 A, B, C를 고정하고 삼각형을 늘이면 원을 만들 수 있고, 반대로 원을 줄이면 삼각형을 만들 수 있다.

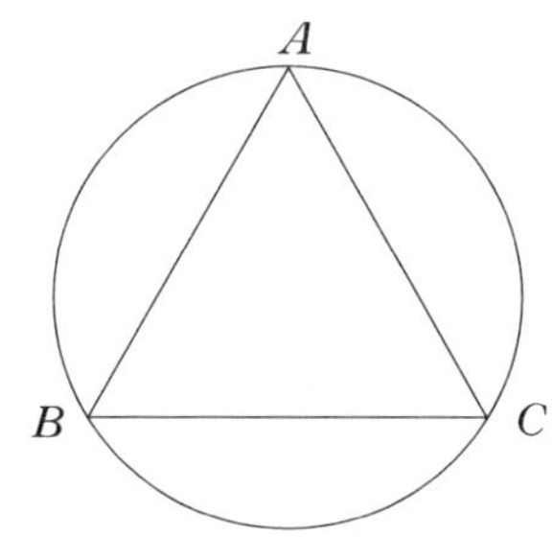

[그림 1]

위상수학에서는 찢어지지 않게 하고 서로 다른 점을 동일한 점으로 변형하지 않는 한, 늘이거나 줄이거나 구부리거나 뒤틀어서 서로 겹치게 할 수 있는 것은 같은 도형으로 본다. 흔히, 위상수학자들을 구멍이 하나인 커피잔과 자동차 타이어(토러스)를 구별하지 못하는 사람으로 보는 것도 그러한 이유에서다. 위상수학자의 눈으로 보면 삼각형과 원은 같은 도형인 것이다.

위상수학 학습에서는 동일한 집합이라 하더라도 어떤 위상이 주어졌느냐에 따라 우리의 직관과는 전혀 다른 결과를 얻을 수 있다. 따라서 기본 개념을 정확히 이해하고, 고정관념을 없애는 사고가 매우 중요함을 강조한다.

1.2 집합과 함수

이 절에서는 위상수학 학습에 필요한 집합과 함수의 기본 성질을 정리해 놓았다. 정리의 증명은 대부분 생략한다.

이 책에 나오는 아래 기호는 다음과 같은 특별한 수 집합을 표시하는 것으로 약속한다.

$\mathbb{N}$ 자연수의 집합
$\mathbb{Z}$ 정수의 집합
$\mathbb{Q}$ 유리수의 집합
$\mathbb{R}$ 실수의 집합
$\mathbb{R}^+$ 양의 실수의 집합

집합 이론의 전개는 복잡한 공리적 방법보다는 칸토르의 직관적 정의를 받아들이기로 한다.

[정의 1.1] 칸토르

집합(set)이란 우리의 직관 또는 사고의 대상으로서 공통적인 성질을 지닌 서로 명확히 구별되는 사물들의 모임이다.

집합에 속하는 사물들을 원소(element)라 하며 보통 소문자 a, b, c, …등으로 표시하고, 집합을 나타내는 기호는 대문자 A, B, C, …등으로 표시한다. a가 집합 A의 원소이면 $a \in A$로 표시하고, "a는 집합 A에 속한다."라고 말한다. b가 집합 A의 원소가 아닌 경우는 $b \notin A$로 표시한다.

[정의 1.2]

두 집합 A, B에 대하여 A의 원소와 B의 원소가 같을 때 A와 B는 같다(equal) 또는 동일하다(identical)라고 하며 $A=B$로 나타낸다. 즉, $A=B$는 $[(x \in A) \Leftrightarrow (x \in B)]$인 것을 의미한다.

A와 B가 같지 않을 때 $A \neq B$로 나타낸다.

[정의 1.3]

두 집합 A, B에 대하여 A의 모든 원소가 B의 원소일 때 A는 B의 부분집합(subset), B는 A의 초집합(superset)이라 하고 $A \subset B$ 또는 $B \supset A$로 나타낸다. 즉, $A \subset B$는 $[(x \in A) \Rightarrow (x \in B)]$인 것을 의미한다.

임의의 집합은 분명히 그 자신의 부분집합이다. 두 집합 A, B에 대하여 $A \subset B$이고 $A \neq B$일 때 A는 B의 진부분집합(proper subset)이라 하고, $A \subsetneq B$로 나타낸다. A가 B의 부분집합이 아닐 때 이것을 $A \not\subset B$와 같이 나타낸다.

집합의 표시방법은 원소나열법과 조건제시법이 있다. 만일 A가 짝수인 자연수의 집합이라 할 때 이 집합을 원소나열법으로 표시하면

$$A = \{2,\ 4,\ 6,\ \cdots\}$$

이고, 조건제시법으로 표시하면

$$A = \{x \mid x\text{는 짝수인 자연수}\}$$

이다. 일반적으로 임의의 집합 X와 변수 x에 관한 명제술어 $p(x)$에 대하여 집합 X의 원소로서 $p(x)$가 참이 되는 것만으로 이루어진 집합 $\{x \in X \mid p(x)\}$이 존재한다.

유한개의 원소를 포함하는 집합을 유한집합(finite set)이라 하고, 유한집합이 아닌 집합을 무한집합(infinite set)이라 한다. 특히 하나의 원소로 이루어진 집합을 한원소집합(singleton set)이라 한다. 편의상 원소를 하나도 갖고 있지 않은 집합을 생각할 수 있는데 이 집합을 공집합(empty set, null set)이라 하며 $\varnothing$으로 나타낸다.

집합 중에는 그 원소가 또한 집합인 것이 있다. 주어진 집합 A의 모든 부분집합을 원소로 갖는 집합이 존재한다. 이 집합을 A의 멱집합(power set)이라 부르고, $\mathscr{P}(A)$ 또는 2^A로 표시한다.

【 정리 1.1 】

공집합 $\varnothing$은 임의의 집합의 부분집합이다.

【정리 1.2】

임의의 집합 A, B, C에 대하여 $A \subset B$, $B \subset C$이면 $A \subset C$이 성립된다.

【정리 1.3】

집합 A의 원소가 n개이면 A의 멱집합 $\mathscr{P}(A)$의 원소는 2^n개다.

[정의 1.4]

임의의 두 집합 A, B에 대하여 A 또는 B에 속하는 모든 원소로 이루어진 집합을 A와 B의 합집합(union)이라 하고 기호로는 $A \cup B$와 같이 나타낸다. 즉,

$$A \cup B = \{x \mid x \in A \vee x \in B\}.$$

[정의 1.5]

임의의 두 집합 A, B에 대하여 A에 속하고 동시에 B에도 속하는 모든 원소로 이루어진 집합을 A와 B의 교집합(intersection)이라 하고 기호로는 $A \cap B$로 나타낸다. 즉,

$$A \cap B = \{x \mid x \in A \wedge x \in B\}.$$

임의의 두 집합 A, B에 대하여 서로 공통인 원소가 없는 경우, 즉 $A \cap B = \varnothing$일 때 A와 B는 서로 소(素, disjoint)라고 한다.

러셀의 역리에 의하면 엄밀한 의미에서 「모든 집합의 집합」인 전체집합(universal set)은 존재하지 않는다. 그러나 이 책에서 언급하는 집합들은 고정된 집합 U의 부분집합인 것으로 간주하여도 무방하다. 이러한 경우 집합 U를 제한된 뜻에서의 전체집합으로 생각한다.

【정리 1.4】

집합 U의 부분집합 A, B, C에 대하여 다음이 성립한다.

1. [항등법칙] $A \cup \varnothing = A$, $A \cap U = A$
2. [멱등법칙] $A \cup A = A$, $A \cap A = A$
3. [교환법칙] $A \cup B = B \cup A$, $A \cap B = B \cap A$
4. [결합법칙] $A \cup (B \cup C) = (A \cup B) \cup C$, $A \cap (B \cap C) = (A \cap B) \cap C$
5. [분배법칙] $A \cap (B \cup C) = (A \cap B) \cup (A \cap C)$, $A \cup (B \cap C) = (A \cup B) \cap (A \cup C)$

[정의 1.6]

임의의 두 집합 A, B에 대하여 A에 속하지만 B에는 속하지 않는 모든 원소로 이루어진 집합을 A에 대한 B의 상대적 여집합(relative complement)이라 하고 기호로는 $A-B$로 나타낸다. 즉

$$A-B = \{x \mid x \in A \wedge x \notin B\}.$$

전체집합 U에 대한 B의 상대적 여집합을 B의 여집합(餘集合, complement)이라 하고 기호로는 B^c로 나타낸다. 즉

$$B^c = U - B = \{x \in U \mid x \notin B\}.$$

【정리 1.5】

임의의 집합 A, B에 대하여 다음이 성립한다.

1. $A - B = A \cap B^c$
2. $(A^c)^c = A$
3. $\varnothing^c = U$, $U^c = \varnothing$
4. $A \cap A^c = \varnothing$, $A \cup A^c = U$
5. $A \subset B \Leftrightarrow B^c \subset A^c$

【정리 1.6】 드 모르강의 정리

임의의 집합 A, B에 대하여 다음이 성립한다.

1. $(A\cup B)^c = A^c \cap B^c$
2. $(A\cap B)^c = A^c \cup B^c$

증명 1만 증명하고 2는 연습문제로 둔다.

1.
$$\begin{aligned} x\in (A\cup B)^c &\Leftrightarrow \sim[x\in (A\cup B)] \\ &\Leftrightarrow \sim[(x\in A)\vee(x\in B)] \\ &\Leftrightarrow \sim(x\in A)\wedge\sim(x\in B) \\ &\Leftrightarrow (x\in A^c)\wedge(x\in B^c) \\ &\Leftrightarrow x\in (A^c\cap B^c) \end{aligned}$$ ∎

[보기 1] 임의의 집합 A, B에 대하여 다음이 성립함을 보여라.

(1) $A-B=B^c-A^c$

(2) $A-B=A-(A\cap B)$

풀이 (1) $A-B=A\cap B^c=B^c\cap A=B^c\cap(A^c)^c=B^c-A^c$

(2)
$$\begin{aligned} A-(A\cap B) &= A\cap(A\cap B)^c = A\cap(A^c\cup B^c) \\ &= (A\cap A^c)\cup(A\cap B^c) \\ &= \varnothing\cup(A\cap B^c) \\ &= A\cap B^c \\ &= A-B \end{aligned}$$ □

유한개의 집합들 사이의 집합 연산 개념을 임의의 개수의 집합들로 확장한다.

[정의 1.7]

집합 Γ의 각 원소 $\gamma\in\Gamma$에 대하여 집합 A_γ가 하나씩 대응할 때 모든 A_γ의 집합을 Γ에 의하여 지표(index)가 주어진 집합들의 모임(family)이라 하고 이것을 $\{A_\gamma \mid \gamma\in\Gamma\}$로 나타낸다.

[정의 1.8]

임의의 집합 모임 $\mathscr{T}$에 대하여 적당한 $A\in\mathscr{T}$에 속하는 원소 전체로 이루어진 집합을 $\mathscr{T}$에 속하는 집합의 합집합이라 하고, 기호로는 $\bigcup_{A\in\mathscr{T}} A$ 또는 $\cup\mathscr{T}$으로 나타낸다. 즉,

$$\cup\mathscr{T}=\bigcup_{A\in\mathscr{T}}A=\{x\in U \mid \exists A\in\mathscr{T},\ x\in A\}$$

이다.

[정의 1.9]

임의의 집합 모임 $\mathscr{T}$에 대하여 모든 $A\in\mathscr{T}$에 속하는 원소 전체로 이루어진 집합을 $\mathscr{T}$에 속하는 집합의 교집합이라 하고, 기호로는 $\bigcap_{A\in\mathscr{T}} A$ 또는 $\cap\mathscr{T}$으 나타낸다. 즉,

$$\cap\mathscr{T}=\bigcap_{A\in\mathscr{T}}A=\{x\in U \mid \forall A\in\mathscr{T},\ x\in A\}=\{x\in U \mid A\in\mathscr{T}\Rightarrow x\in A\}$$

이다.

$\Gamma=\{1,\ 2,\ \cdots,\ n\}$일 때에는 $\bigcup_{\gamma\in\Gamma}A_\gamma$을 $\bigcup_{i=1}^{n}A_i$ 또는 $A_1\cup A_2\cup\cdots\cup A_n$으로, $\bigcap_{\gamma\in\Gamma}A_\gamma$을 $\bigcap_{i=1}^{n}A_i$ 또는 $A_1\cap A_2\cap\cdots\cap A_n$으로 나타내기도 한다.

【 정리 1.7 】

집합들의 모임 $\{A_\gamma \mid \gamma\in\Gamma\}$에 대하여 $\Gamma=\varnothing$이면 다음이 성립한다.

1. $\bigcup_{\gamma\in\varnothing}A_\gamma=\varnothing$
2. $\bigcap_{\gamma\in\varnothing}A_\gamma=U$

【정리 1.8】 일반 드 모르강의 법칙

임의의 집합들의 모임 $\{A_\gamma \mid \gamma \in \Gamma\}$에 대하여 다음이 성립한다.

1. $\left(\bigcup_{\gamma \in \Gamma} A_\gamma\right)^c = \bigcap_{\gamma \in \Gamma} A_\gamma^c$
2. $\left(\bigcap_{\gamma \in \Gamma} A_\gamma\right)^c = \bigcup_{\gamma \in \Gamma} A_\gamma^c$

【정리 1.9】 일반 분배법칙

집합 G와 임의의 집합들의 모임 $\{A_\gamma \mid \gamma \in \Gamma\}$에 대하여 다음이 성립한다.

1. $G \cap \left(\bigcup_{\gamma \in \Gamma} A_\gamma\right) = \bigcup_{\gamma \in \Gamma} (G \cap A_\gamma)$
2. $G \cup \left(\bigcap_{\gamma \in \Gamma} A_\gamma\right) = \bigcap_{\gamma \in \Gamma} (G \cup A_\gamma)$

[정의 1.10]

임의의 두 집합 A와 B의 데카르트 곱(Cartesian product)을 $A \times B$로 나타내며 다음과 같이 정의한다.

$$A \times B = \{(x,\ y) \mid x \in A \wedge y \in B\}$$

[보기 2] $A = (1,\ \infty)$, $B = [1,\ 2)$일 때 $A \times B$는 [그림 2]와 같이 xy-평면에 놓인 판자형의 조각을 보여준다.

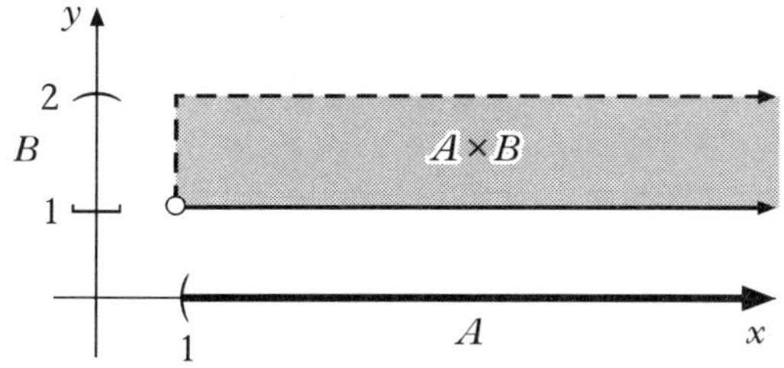

[그림 2]

n개의 집합 $A_1 \times A_2 \times \cdots \times A_n$의 데카르트 곱은 다음과 같이 확장된다.

$$A_1 \times A_2 \times \cdots \times A_n = \{(a_1,\ a_2,\ \cdots,\ a_n) \mid a_i \in A_i,\ i \in \{1,\ 2,\ \cdots,\ n\}\}$$

[정의 1.11]

임의의 집합들의 모임 $\{A_\alpha \mid \alpha \in \Lambda\}$의 데카르트 곱을 $\prod_{\alpha \in \Lambda} A_\alpha$으로 나타내며 다음과 같이 정의한다.

$$\prod_{\alpha \in \Lambda} A_\alpha = \{(a_\alpha)_{\alpha \in \Lambda} \mid \forall \alpha \in \Lambda,\ a_\alpha \in A_\alpha\}$$

【 정리 1.10 】

임의의 세 집합 A, B, C에 대하여 다음이 성립한다.

1. $A \times (B \cap C) = (A \times B) \cap (A \times C)$
2. $A \times (B \cup C) = (A \times B) \cup (A \times C)$
3. $A \times (B - C) = (A \times B) - (A \times C)$

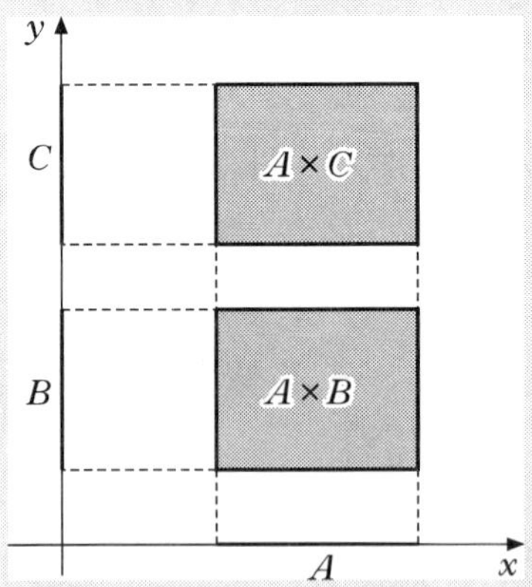

[그림 3] $A \times (B \cup C) = (A \times B) \cup (A \times C)$

[정의 1.12]

집합 A에서 집합 B로의 관계(a relation from A to B) $\mathscr{R}$은 데카르트 곱 $A\times B$의 부분집합이다. $(a, b)\in\mathscr{R}$을 $a\mathscr{R}b$로 나타내고 "a는 b와 $\mathscr{R}$관계가 있다"라고 읽는다.

$$\{a\in A\,|\,(a, b)\in\mathscr{R}\}$$
$$\{b\in B\,|\,(a, b)\in\mathscr{R}\}$$

을 각각 $\mathscr{R}$의 정의역(Domain), $\mathscr{R}$의 치역(Image)이라 하고, $\mathrm{Dom}(\mathscr{R})$, $\mathrm{Im}(\mathscr{R})$으로 나타낸다. $A=B=X$인 경우 X에서의 관계(a relation in X 또는 a relation on X)라고 한다.

[정의 1.13]

임의의 집합 A, B에 대하여 A에서 B로의 관계 $\mathscr{R}$의 역관계 $\mathscr{R}^{-1}$은 B에서 A로의 관계로

$$(a, b)\in\mathscr{R} \iff (b, a)\in\mathscr{R}^{-1}$$

이 성립하는 것이다.

[보기 3] $A=\{1, 2, 3\}$, $B=\{a, b\}$에 대하여 $\mathscr{R}=\{(1, a), (2, b)\}$는 A에서 집합 B로의 관계이다. $1\mathscr{R}a$, $2\mathscr{R}b$이므로 1은 a와 $\mathscr{R}$관계가 있고, 2는 a와 $\mathscr{R}$관계가 없다. $\mathrm{Dom}(\mathscr{R})=\{1, 2\}$, $\mathrm{Im}(\mathscr{R})=B$, $\mathscr{R}^{-1}=\{(a, 1), (b, 2)\}$이다.

[정의 1.14]

집합 X에서의 관계 $\mathscr{R}$에 대하여 다음과 같이 정의한다.

(1) 임의의 $x\in X$에 대하여 $x\mathscr{R}x$인 경우, 또 그 경우에 한하여 $\mathscr{R}$은 반사적(reflexive)이다.

(2) $x\mathscr{R}y \Rightarrow y\mathscr{R}x$인 경우, 또 그 경우에 한하여 $\mathscr{R}$은 대칭적(symmetric)이다.

(3) $x\mathscr{R}y \wedge y\mathscr{R}z \Rightarrow x\mathscr{R}z$인 경우, 또 그 경우에 한하여 $\mathscr{R}$은 추이적(transitive)이다.

(4) $x\mathscr{R}y \wedge y\mathscr{R}x \Rightarrow x=y$인 경우, 또 그 경우에 한하여 $\mathscr{R}$은 반대칭적(antisymmetric)이다.

(5) $\mathscr{R}$이 반사적, 대칭적, 추이적인 경우, 또 그 경우에 한하여 $\mathscr{R}$은 동치관계(equivalence relation)이다.

$X \neq \varnothing$인 경우 X에서의 동치관계는 적어도 2개는 반드시 존재한다. 그 하나는

$$\triangle_X = \{(x,\ x) \mid x \in X\}$$

와 같이 정의된 대각관계(diagonal relation) 또는 항등관계(identity relation)라고 하는 $\triangle_X$이다. 또 하나는 $X \times X$이다. $\triangle_X$는 X에서의 동치관계 중 가장 작은 것이고 $X \times X$은 가장 큰 것이다.

그림으로 나타내면 [그림 4]와 같다.

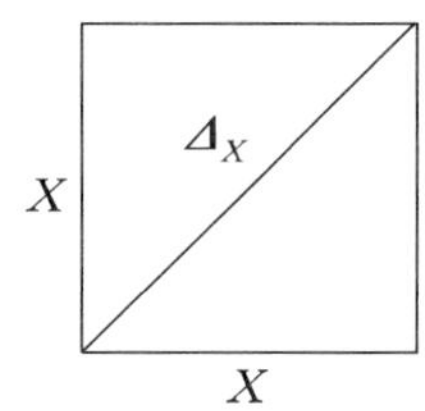

[그림 4]

[보기 4] 임의의 고정된 양의 정수 m에 대하여 m을 법(modulo)으로 하는 합동관계(congruence relation)를 다음과 같이 정의하면 이 합동관계는 정수의 집합 $\mathbb{Z}$에서의 동치관계임을 보여라.

$$x \equiv y \pmod{m} \Leftrightarrow \exists k \in \mathbb{Z},\ x-y=km$$

풀이 (1) 임의의 $x \in \mathbb{Z}$에 대하여 $x-x=0 \cdot m$이므로 $x \equiv x \pmod{m}$이다. 따라서 주어진 관계는 반사적이다.

(2) $x \equiv y \pmod{m}$이면 적당한 k에 대하여 $x-y=km$이므로 $y-x=(-k)m$이고 $-k \in \mathbb{Z}$이다. 따라서 $y \equiv x \pmod{m}$이 되고 주어진 관계는 대칭적이다.

(3) $x \equiv y \pmod{m}$, $y \equiv z \pmod{m}$이면 적당한 $k_1,\ k_2 \in \mathbb{Z}$에 대하여 $x-y=k_1 m$, $y-z=k_2 m$이다. 그러므로 $x-z=(x-y)+(y-z)=k_1 m+k_2 m=(k_1+k_2)m$

이고 $k_1+k_2 \in \mathbb{Z}$이므로 $x \equiv z (\mathrm{mod}\ m)$이 되고 주어진 관계는 추이적이다. 따라서 (1), (2), (3)에 의하여 m을 법으로 하는 합동관계는 동치관계이다. □

[정의 1.15]

집합 $X \neq \varnothing$에 대하여 X의 분할(partition) $\mathscr{T}$이라 하는 것은 다음을 만족하는 공집합이 아닌 X의 부분집합들의 모임을 말한다.

(1) 임의의 $A, B \in \mathscr{T}$에 대하여 $A \neq B \Rightarrow A \cap B = \varnothing$

(2) $\cup \mathscr{T} = X$

직관적으로 말하면 집합 X의 분할은 X를 공집합이 아닌 서로 소인 부분집합으로 갈라놓은 것을 의미한다.

[보기 5] m을 임의의 고정된 양의 정수라 하자. 각 정수 i $(0 \leq i < m)$에 대하여

$$\mathbb{Z}_i = \{x \in \mathbb{Z} \mid \text{적당한 } k \in \mathbb{Z}\text{에 대하여 } x - i = km\}$$

라고 하면

$$\{\mathbb{Z}_0,\ \mathbb{Z}_1,\ \mathbb{Z}_2,\ \cdots,\ \mathbb{Z}_{m-1}\}$$

은 집합 $\mathbb{Z}$의 하나의 분할이다. 특히 $m=2$인 경우

$$\mathbb{Z}_0 = \{x \in \mathbb{Z} \mid x\text{는 짝수}\}$$
$$\mathbb{Z}_1 = \{x \in \mathbb{Z} \mid x\text{는 홀수}\}$$

이다.

공집합이 아닌 집합의 분할과 그 집합에서의 동치관계는 서로 밀접한 관련이 있고 이것은 수학의 여러 분야에서 매우 중요한 역할을 하게 된다.

[정의 1.16]

$\mathscr{E}$을 집합 $X \neq \varnothing$에서의 동치관계라고 할 때 각 $x \in X$에 대하여 집합

$$x/\mathscr{E} = \{y \in X \mid y \mathscr{E} x\}$$

을 x에 의하여 정해지는 동치류(equivalence class)라고 한다. 집합 X에서의 모든 동치류의 집합을 $X/\mathscr{E}$으로 나타낸다. 즉,

$$X/\mathscr{E} = \{x/\mathscr{E} \mid x \in X\}$$

이다. 기호 $X/\mathscr{E}$는 "X 법(modulo) $\mathscr{E}$" 또는 간단히 "X mod $\mathscr{E}$"라고 읽는다.

【정리 1.11】

집합 $X \neq \varnothing$에서의 동치관계 $\mathscr{E}$에 대하여 집합 $X/\mathscr{E}$은 X의 하나의 분할이다.

증명 임의의 $x \in X$에 대하여 $\mathscr{E}$는 반사적이므로 $x \mathscr{E} x$이다. 따라서 $x \in x/\mathscr{E}$이고 $x/\mathscr{E} \neq \varnothing$이다.

(1) $x/\mathscr{E} \neq y/\mathscr{E} \Rightarrow x/\mathscr{E} \cap y/\mathscr{E} = \varnothing$인 것을 밝히기 위하여 그 대우인 $x/\mathscr{E} \cap y/\mathscr{E} \neq \varnothing \Rightarrow x/\mathscr{E} = y/\mathscr{E}$임을 보인다.

$$\begin{aligned} x/\mathscr{E} \cap y/\mathscr{E} \neq \varnothing &\Leftrightarrow \exists z, (z \in x/\mathscr{E} \wedge z \in y/\mathscr{E}) \\ &\Leftrightarrow z \mathscr{E} x \wedge z \mathscr{E} y \\ &\Leftrightarrow x \mathscr{E} z \wedge z \mathscr{E} y \\ &\Rightarrow x \mathscr{E} y \end{aligned}$$

임의의 $z \in x/\mathscr{E}$에 대하여 $z \mathscr{E} x$이고, 가정에 의하여 $x \mathscr{E} y$이므로 $z \mathscr{E} y$이다. 따라서 $z \in y/\mathscr{E}$이다. 그러므로 $x/\mathscr{E} \subset y/\mathscr{E}$이 성립한다. 같은 방법으로 $y/\mathscr{E} \subset x/\mathscr{E}$도 성립한다. 따라서 $x/\mathscr{E} = y/\mathscr{E}$이다.

(2) $\bigcup_{x \in X} x/\mathscr{E} = X$인 것은 분명하다. 그러므로 집합 $X/\mathscr{E}$는 X의 분할이다. ▮

위 정리 1.11에 의하여 집합 $X \neq \varnothing$에서의 동치관계는 X의 분할을 만드는 것을 보았다. 역으로 집합 X의 분할이 X에서의 동치관계를 만들 수 있음을 보인다.

[정의 1.17]

$\mathscr{T}$을 집합 $X\neq\varnothing$의 분할이라 하자. X에서의 관계 $X/\mathscr{T}$을 다음과 같이 정의한다.

$$x(X/\mathscr{T})y \iff \exists A\in\mathscr{T},\ (x,\ y\in A)$$

【정리 1.12】

$\mathscr{T}$가 집합 $X\neq\varnothing$의 분할이면 관계 $X/\mathscr{T}$은 X에서의 하나의 동치관계이고, 동치관계 $X/\mathscr{T}$에 의해 유도된 동치류들의 모임은 분할 $\mathscr{T}$를 이룬다. 이것을 기호로 나타내면 다음과 같다.

$$X/(X/\mathscr{T})=\mathscr{T}$$

함수는 수학의 각 분야에서 가장 기본이 되는 개념 중 하나이다. 함수를 다음과 같이 특별한 성질을 만족하는 관계로 정의한다.

[정의 1.18]

두 집합 X, Y에 대하여 X에서 Y로의 함수(a function from X to Y)는 다음을 만족하는 $(f,\ X,\ Y)$이다.

(1) f는 X에서 Y로의 관계, 즉 $f\subset X\times Y$이다.

(2) $\mathrm{Dom}(f)=X$

(3) $[(x,\ y)\in f\wedge(x,\ z)\in f] \Rightarrow [y=z]$

임의의 $x\in X$에 $(x,\ y)\in f$을 만족하는 $y\in Y$가 일의적으로 대응된다는 것을 나타내기 위하여 $(f,\ X,\ Y)$보다는 $f: X\to Y$을, $(x,\ y)\in f$보다는 $y=f(x)$를 일반적으로 많이 쓴다.

함수 $f: X\to Y$에 대하여 $y=f(x)$일 때 y을 f에 의한 x의 상(像, image), x을 f에 의한 y의 원상(preimage)이라 한다. 이 때 Y를 f의 공역(codomain)이라

한다. 함수의 공역이 함수의 치역 $\mathrm{Im}(f)=\{f(x) \mid x \in X\}$와 같을 필요는 없음을 주목하여야 한다.

주어진 함수의 정의역 X와 공역 Y를 분명히 알고 있을 때에는 함수 $f: X \to Y$을 간단히 함수 f로 나타내기도 한다.

【정리 1.13】

함수 $f: X \to Y$에 대하여 W가 $\mathrm{Im}(f) \subset W$인 집합이면 $f: X \to W$은 함수이다.

【정리 1.14】

두 함수 $f: X \to Y$, $g: X \to Y$에 대하여 다음이 성립한다. $f=g$이기 위한 필요충분조건은 임의의 $x \in X$에 대하여 $f(x)=g(x)$이다.

[보기 6] 집합 X에서의 대각관계 Δ_X는 집합 X에서의 함수이다. Δ_X가 함수임을 강조하기 위하여 이것을 $1_X: X \to X$로 쓰기로 한다. 즉 Δ_X는 임의의 $x \in X$에 대하여 $1_X(x)=x$로 정의되는 함수이다. 이 함수 1_X를 집합 X에서의 항등함수(identity function)라고 한다.

[보기 7] X, Y가 공집합이 아닌 집합이고, Y의 고정된 원소 b에 대하여 관계 $C_b=\{(x, b) \mid x \in X\}$는 임의의 $x \in X$에 대하여 $C_b(x)=b$로 정의되는 함수 $C_b: X \to X$이다. 이 함수를 상수함수(constant function)라고 한다.

[정의 1.19]

함수 $f: X \to Y$에 대하여 $A \subset X$, $B \subset Y$일 때 $f(A)=\{f(x) \in Y \mid x \in A\}$를 집합 A의 f에 의한 상(image)이라 하고, $f^{-1}(B)=\{x \in X \mid f(x) \in B\}$를 집합 B의 f에 의한 역상(inverse image)이라 한다.

【정리 1.15】

함수 $f: X \to Y$에 대하여 다음이 성립한다.

1. $f(\varnothing)=\varnothing$
2. 임의의 $x\in X$에 대하여 $f(\{x\})=\{f(x)\}$
3. $A\subset B\subset X \Rightarrow f(A)\subset f(B)$
4. $C\subset D\subset Y \Rightarrow f^{-1}(C)\subset f^{-1}(D)$

【정리 1.16】

함수 $f: X \to Y$와 X의 부분집합들의 모임 $\{A_\gamma \mid \gamma\in\Gamma\}$에 대하여 다음이 성립한다.

1. $f\left(\bigcup_{\gamma\in\Gamma} A_\gamma\right)=\bigcup_{\gamma\in\Gamma} f(A_\gamma)$
2. $f\left(\bigcap_{\gamma\in\Gamma} A_\gamma\right)\subset\bigcap_{\gamma\in\Gamma} f(A_\gamma)$

증명 1. $y\in f\left(\bigcup_{\gamma\in\Gamma} A_\gamma\right) \Leftrightarrow \exists x\in \bigcup_{\gamma\in\Gamma} A_\gamma,\ y=f(x)$

$\Leftrightarrow \exists \gamma\in\Gamma,\ x\in A_\gamma,\ y=f(x)$

$\Leftrightarrow \exists \gamma\in\Gamma,\ y\in f(A_\gamma)$

$\Leftrightarrow y\in \bigcup_{\gamma\in\Gamma} f(A_\gamma)$ ∎

[보기 8] $C_b(x)=b$로 정의되는 상수함수 $C_b: X \to X$에 $A, B\subset X$가 $A\cap B=\varnothing$일 때 $C_b(A\cap B)=\varnothing$이고, $C_b(A)\cap C_b(B)=\{b\}$이다.

【정리 1.17】

함수 $f: X \to Y$와 Y의 부분집합들의 모임 $\{B_\gamma \mid \gamma\in\Gamma\}$에 대하여 다음이 성립한다.

1. $f^{-1}\left(\bigcup_{\gamma\in\Gamma} B_\gamma\right)=\bigcup_{\gamma\in\Gamma} f^{-1}(B_\gamma)$
2. $f^{-1}\left(\bigcap_{\gamma\in\Gamma} B_\gamma\right)=\bigcap_{\gamma\in\Gamma} f^{-1}(B_\gamma)$

[정의 1.20]

(1) 함수 $f : X \to Y$에서 임의의 x_1, $x_2 \in X$에 대하여

$$f(x_1) = f(x_2) \Rightarrow x_1 = x_2$$

이 성립할 때 이 함수를 단사(injective) 또는 일대일(one-to-one)함수라고 한다.

(2) 함수 $f : X \to Y$에서 임의의 $y \in Y$에 대하여 $f(x) = y$인 $x \in X$가 적어도 하나 존재할 때 이 함수를 전사(surjective) 또는 위로(onto)의 함수라고 한다.

(3) 함수 $f : X \to Y$가 전사이고 단사일 때 이 함수를 전단사(bijective)함수 또는 일대일 대응(one to one correspondence)이라고 한다.

[정의 1.21]

함수 $f : X \to Y$에서 $A \subset X$일 때 모든 $a \in A$에 대하여 $f|_A(a) = f(a)$로 정의되는 함수 $f|_A : A \to Y$를 f의 A위의 제한함수(restriction)라고 한다.

【정리 1.18】

함수 $f : X \to Y$와 임의의 부분집합 $A \subset X$, $B \subset Y$에 대하여 다음이 성립한다.

1. $A \subset f^{-1}(f(A))$
2. $f(f^{-1}(B)) \subset B$

【정리 1.19】

함수 $f : X \to Y$가 전단사이면 함수 $f^{-1} : Y \to X$도 전단사이다.

전단사함수 $f : X \to Y$에 대하여 함수 $f^{-1} : Y \to X$를 f의 역함수라고 한다.

[정의 1.22]

두 함수 $f : X \to Y$, $g : Y \to Z$가 주어졌을 때 임의의 $x \in X$에 대하여 $(g \circ f)(x) = g(f(x))$로 정의된 함수 $g \circ f : X \to Z$를 f와 g의 합성함수(composition)라고 한다. 즉,

$$g \circ f = \{(x,\ z) \in X \times Z \mid \exists\, y \in Y,\ (x,\ y) \in f \wedge (y,\ z) \in g\}$$

이다.

【정리 1.20】

함수 $f : X \to Y$에 대하여 다음이 성립한다.

1. $g \circ f = 1_X$인 $g : Y \to X$가 존재한다면 f는 단사함수이다.
2. $f \circ g = 1_Y$인 $g : Y \to X$가 존재한다면 f는 전사함수이다.

증명 1. 임의의 $x_1,\ x_2 \in X$에 대하여 $f(x_1) = f(x_2)$ 이면

$$x_1 = 1_X(x_1) = g \circ f(x_1) = g(f(x_1)) = g(f(x_2)) = g \circ f(x_1) = 1_X(x_2) = x_2$$

이 성립하므로 함수 f는 단사이다.

2. 임의의 $y \in Y$에 대하여 $g(y) = x \in X$가 존재하여

$$f(x) = f(g(y)) = f \circ g(y) = 1_Y(y) = y$$

을 만족하므로 함수 f는 전사이다. ∎

두 유한집합에서 "원소의 수가 같다."라고 하는 것은 두 집합 사이에 일대일 대응이 존재할 때이다. 무한집합에서는 셀 수 없는 것도 존재하므로 "원소의 수가 같다."라고 말하는 것은 적절한 표현이라고 볼 수 없다. 오히려 "두 집합의 크기(size)가 같다."라고 하는 것이 자연스럽다. 이것을 "대등"이란 용어를 사용하여 다음과 같이 정의한다.

[정의 1.23]

두 집합 X, Y에 대하여 일대일 대응 $f: X \to Y$가 존재하면 집합 X와 Y는 대등(equipotent)하다고 말하고 $X \sim Y$로 나타낸다.

$X \sim Y$일 때 집합 X와 Y는 "같은 농도(cardinality)를 갖고 있다"고 말하고 이러한 집합들을 대표하는 것으로서 기수(cardinal number)를 정의한다.

[정의 1.24] 데데킨드

집합 X가 무한집합(infinite set)이라 하는 것은 X와 대등한 X의 진부분집합 Y가 존재하는 것이다. 즉,

$$\exists Y \subsetneq X, \ Y \sim X$$

이다.

무한집합이 아닌 집합을 유한집합(finite set)이라 한다.

집합 X가 무한집합이라는 것과 단사함수 $f: X \to X$가 존재하여 $f(X) \neq X$이 성립한다는 것이 동치임은 쉽게 알 수 있다.

[보기 9] 공집합 $\varnothing$과 한원소집합은 유한집합이다.

【정리 1.21】

1. 임의의 무한집합의 초집합은 무한집합이다.
2. 임의의 유한집합의 부분집합은 유한집합이다.

【정리 1.22】

$g: X \to Y$가 일대일 대응일 때 X가 무한집합이면 Y도 무한집합이다.

【정리 1.23】

$g: X \to Y$가 일대일 대응일 때 X가 유한집합이면 Y도 유한집합이다.

【정리 1.24】

X가 무한집합이고, $x_0 \in X$일 때 $X - \{x_0\}$도 무한집합이다.

[보기 10] 임의의 $k \in \mathbb{N}$에 대하여 $\mathbb{N}_k = \{1, 2, 3, \cdots, k\}$는 유한집합이다.

풀이 $k=1$일 때, [보기 9]에 의하여 위의 주장은 참이다. 임의의 자연수 k에 대하여 $\mathbb{N}_k$가 유한집합이라 가정한다. 만일 $\mathbb{N}_{k+1}$이 무한집합이면 정리 1.24에 의하여 $\mathbb{N}_{k+1} - \{k+1\} = \mathbb{N}_k$는 무한집합이다. 이것은 $\mathbb{N}_k$가 유한집합이라는 가정에 모순이다. 따라서 수학적 귀납법에 의하여 임의의 $k \in \mathbb{N}$에 대하여 $\mathbb{N}_k$는 유한집합이다. □

【정리 1.25】

집합 X가 유한집합이기 위한 필요충분조건은 $X = \varnothing$ 또는 적당한 $k \in \mathbb{N}$에 대하여 $X \sim \mathbb{N}_k$인 것이다.

【정리 1.26】

집합들의 모임 $\mathscr{C}$에서의 관계 $\mathscr{R}$을 다음과 같이 정의하면 $\mathscr{R}$은 $\mathscr{C}$에서의 동치관계이다.

$$\text{임의의 } X, Y \in \mathscr{C}\text{에 대하여 } X \mathscr{R} Y \Leftrightarrow X \sim Y$$

[보기 11] 다음이 성립함을 보여라.

(1) $(0, 1) \sim (-1, 1)$ (2) $(-1, 1) \sim \mathbb{R}$ (3) $(0, 1) \sim \mathbb{R}$

풀이 (1) $f(x)=2x-1$로 주어진 함수 $f:(0,\ 1)\to(-1,\ 1)$는 일대일 대응이다.

(2) $g(x)=\tan\left(\frac{\pi}{2}x\right)$로 주어진 함수 $g:(-1,\ 1)\to\mathbb{R}$는 일대일 대응이다.

(3) 대등관계 '~'은 추이적이므로 (1), (2)에 의하여 $(0,\ 1)\sim\mathbb{R}$을 얻는다. □

【정리 1.27】

집합 X, Y, Z와 W에 대하여 $X\cap Z=\varnothing=Y\cap W$이고 $X\sim Y$, $Z\sim W$이면 $X\cup Z\sim Y\cup W$이다.

【정리 1.28】

집합 X, Y, Z와 W에 대하여 $X\sim Y$, $Z\sim W$이면 $X\times Z\sim Y\times W$이다.

[정의 1.25]

집합 X에 대하여 $X\sim\mathbb{N}$일 때 X를 번호 붙일 수 있는 집합(denumerable set)이라고 한다. 그리고 유한집합이나 번호 붙일 수 있는 집합을 셀 수 있는 집합 또는 가산집합(可算集合, countable set)이라 한다.

X가 번호 붙일 수 있는 집합일 때 $X=\{x_1,\ x_2,\ x_3,\ \cdots\}$으로 나타낼 수 있다. 왜냐하면 X가 번호 붙일 수 있는 집합이면 일대일 대응 $f:\mathbb{N}\to X$이 존재하여 $f(1)=x_1$, $f(2)=x_2$, $f(3)=x_3$, $\cdots$ 이라고 할 수 있기 때문이다.

【정리 1.29】

번호 붙일 수 있는 집합의 부분집합으로서 무한집합인 것은 번호 붙일 수 있는 집합이다.

【정리 1.30】

셀 수 있는 집합의 모든 부분집합은 셀 수 있는 집합이다.

【정리 1.31】

두 개의 번호 붙일 수 있는 집합의 합집합은 번호 붙일 수 있는 집합이다.

【정리 1.32】

집합 $\mathbb{N}\times\mathbb{N}$은 번호 붙일 수 있는 집합이다.

증명 함수 $f:\mathbb{N}\times\mathbb{N}\to\mathbb{N}$을 임의의 $(j, k)\in\mathbb{N}\times\mathbb{N}$에 대하여 $f(j, k)=2^j3^k$으로 정의하면 함수 f는 단사이므로 $\mathbb{N}\times\mathbb{N}\sim f(\mathbb{N}\times\mathbb{N})\subset\mathbb{N}$이고, $\mathbb{N}\times\mathbb{N}$이 무한집합이므로 $f(\mathbb{N}\times\mathbb{N})$도 무한집합이다. 따라서 정리 1.29에 의하여 $f(\mathbb{N}\times\mathbb{N})$은 번호 붙일 수 있는 집합이고 이 집합과 대등한 $\mathbb{N}\times\mathbb{N}$도 번호 붙일 수 있는 집합이다. ∎

【정리 1.33】

임의의 $k\in\mathbb{N}$에 대하여 A_k가 번호 붙일 수 있는 집합이고, $j\neq k$인 임의의 j, k에 대하여 $A_j\cap A_k=\varnothing$이면 $\bigcup_{k\in\mathbb{N}}A_k$는 번호 붙일 수 있는 집합이다.

[보기 12] 모든 유리수의 집합 $\mathbb{Q}$은 번호 붙일 수 있는 집합이다.

풀이 임의의 유리수는 $p\in\mathbb{Z}$, $q\in\mathbb{N}$이고 p와 q의 최대공약수가 1인 $\dfrac{p}{q}$로 나타낼 수 있다. $\mathbb{Q}_+=\{p/q\mid p/q>0\}$, $\mathbb{Q}_-=\{p/q\mid p/q<0\}$이라 하면 $\mathbb{Q}=\mathbb{Q}_+\cup\{0\}\cup\mathbb{Q}_-$이다. 그런데 $\mathbb{Q}_+\sim\mathbb{Q}_-$이므로 $\mathbb{Q}$가 번호 붙일 수 있는 집합임을 보이려면 $\mathbb{Q}_+$가 번호 붙일 수 있는 집합인 것을 보이면 충분하다. 함수 $f:\mathbb{Q}_+\to\mathbb{N}\times\mathbb{N}$을 $f(p/q)=(q, p)$로 정의하면 f는 단사함수이다. 따라서 $\mathbb{Q}_+\sim f(\mathbb{Q}_+)\subset\mathbb{N}\times\mathbb{N}$이다. 그리고 $\mathbb{N}\subset\mathbb{Q}_+$이므로 $\mathbb{Q}_+$는 무한집합이고 $f(\mathbb{Q}_+)$도 무한집합이다. 번호 붙일

수 있는 집합의 무한 부분집합은 번호 붙일 수 있는 집합이므로 $f(\mathbb{Q}_+)$은 번호 붙일 수 있는 집합이고, 이 집합과 대등한 $\mathbb{Q}_+$도 번호 붙일 수 있는 집합이다. □

【정리 1.34】

모든 무한집합은 번호 붙일 수 있는 부분집합을 포함한다.

【정리 1.35】 칸토르의 대각법

실수의 열린 단위 구간 (0, 1)은 번호 붙일 수 없는 집합이다.

증명 임의의 $x \in (0, 1)$을 $0.x_1x_2x_3\cdots$와 같은 소수로 나타내자. 여기서 각 $n \in \mathbb{N}$에 대하여 $x_n \in \{0, 1, 2, \cdots, 9\}$이다. 이 경우 x를 일의적인 무한소수로 표시하기 위해 $\frac{1}{4}$은 $0.25000\cdots$이 아니고 $0.24999\cdots$로 나타내는 것으로 한다. 그러면 임의의 두 수 $x, y \in (0, 1)$에 대하여 다음이 성립한다.

$$x = y \Leftrightarrow \text{임의의 } n \in \mathbb{N}\text{에 대하여 } x_n = y_n$$

이제 (0, 1)이 번호 붙일 수 있는 집합이라고 가정한다. 그러면 함수 $f : \mathbb{N} \sim (0, 1)$이 존재하여 (0, 1)의 모든 원소는 다음과 같이 나열할 수 있다.

$$\begin{aligned} f(1) &= 0.a_{11}a_{12}a_{13}\cdots \\ f(2) &= 0.a_{21}a_{22}a_{23}\cdots \\ f(3) &= 0.a_{31}a_{32}a_{33}\cdots \\ &\vdots \\ f(k) &= 0.a_{k1}a_{k2}a_{k3}\cdots \\ &\vdots \end{aligned}$$

$$(a_{kj} \in \{0, 1, 2, \cdots, 9\},\ \forall k, j \in \mathbb{N})$$

그러나 임의의 $k \in \mathbb{N}$에 대하여 $a_{kk} \neq 5$이면 $z_k = 5$로, $a_{kk} = 5$이면 $z_k = 1$로 놓은 $z = 0.z_1z_2z_3\cdots$는 $z \in (0, 1)$인데도 불구하고 위에 나열한 $f(k)$중에 있는 수는 아니다. 즉, $z \notin f(\mathbb{N}) = (0, 1)$이다. 이것은 모순이므로 (0, 1)은 번호 붙일 수 있는 집합이 아니다. ∎

[보기 13] 모든 실수의 집합 $\mathbb{R}$은 번호 붙일 수 없는 집합이다.

풀이 $\mathbb{R}$이 번호 붙일 수 있는 집합이라면 $(0, 1) \sim \mathbb{R}$, $\mathbb{R} \sim \mathbb{N}$이므로 $(0, 1) \sim \mathbb{N}$이 되어 $(0, 1)$은 번호 붙일 수 있는 집합이 된다. 이것은 정리 1.35에 모순이므로 $\mathbb{R}$은 번호 붙일 수 없는 집합이다. □

[선택공리] 각각의 원소가 공집합이 아닌 집합들의 모임 φ $(\varphi \neq \varnothing)$에 대하여 다음과 같이 정의된 선택함수(choice function) f가 존재한다. f는 임의의 $A \in \varphi$에 대하여 $f(A) \in A$을 만족하는 함수 $f : \varphi \to \bigcup_{A \in \varphi} A$이다.

[정의 1.26]

집합 A에서의 관계 $\leq$에 대하여 $\leq$이 반사적, 반대칭적, 추이적인 경우, 또 그 경우에 한하여 $\leq$은 부분순서(partial order)라고 한다. 집합 A에 부분순서 $\leq$가 주어진 경우 A를 부분순서집합(partially ordered set)이라 하고 $(A, \leq)$로 나타낸다.

[정의 1.27]

부분순서집합 A에서의 관계 $\leq$이 임의의 $a, b \in A$에 대하여 $a \leq b$ 또는 $b \leq a$이 성립할 때 $\leq$을 완전순서(total order) 또는 선형순서(linear order)라고 한다. 이 때 $(A, \leq)$를 완전순서집합 또는 선형순서집합이라고 한다.

부분순서집합 $(A, \mathscr{R})$의 부분집합 B에 대하여 $\mathscr{R} \cap (B \times B)$을 $\leq_B$로 나타내면 $(B, \leq_B)$는 부분순서집합이 되고, 어느 경우에는 완전순서집합일 수도 있다. 이 경우 완전순서부분집합을 사슬(chain)이라고 한다. $a \leq b$이고 $a \neq b$일 때 $a < b$ 또는 $b > a$로 나타내고, $a \leq b$을 $b \geq a$로 나타내기도 한다.

[보기 14] $X \neq \varnothing$일 때 $(\mathscr{P}(X), \subset)$는 부분순서집합이고, $(\mathbb{R}, \leq)$은 완전순서집합이다.

[보기 15] $A=\{a, b, c, d, e, f, g\}$에서의 관계 $\leq$를 [그림 5]와 같이 주었다고 하자. 여기서, $x \leq y$는 $x=y$이거나 화살표 방향이 x에서 y로 향하는 것을 의미한다.

(1) $(A, \leq)$는 부분순서집합이다.

(2) 부분집합 $\{a, c, d, f\}$, $\{b, d, f\}$, $\{c, e\}$ 등은 사슬이다.

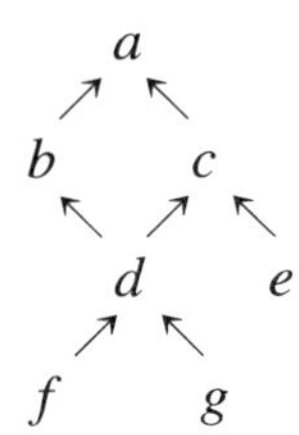

[그림 5]

[정의 1.28]

집합 A에서의 관계 $<$에 대하여 $<$이 반사적이 아니고(non-reflexive), 추이적이며 임의의 $a, b \in A$에 대하여 $a<b$ 또는 $b<a$이 성립하는 경우, 또 그 경우에 한하여 $<$은 단순순서(simple order)라고 한다. 집합 A에 단순순서 $<$가 주어진 경우 A를 단순순서집합(simply ordered set)이라 하고 $(A, <)$로 나타낸다.

[정의 1.29]

부분순서집합 $(A, \leq)$의 부분집합 B에 대하여 다음과 같이 정의한다.

(1) 임의의 $b \in B$에 대하여 $b \leq u$이 성립할 때 $u \in A$를 B의 상계(上界, upper bound)라고 한다.

(2) 임의의 B의 상계 u에 대하여 $u_0 \leq u$이 성립하는 B의 상계 u_0를 B의 최소상계(最小上界, least upper bound, lub) 또는 상한(supremum, sup)이라고 하며, 기호로는 $u_0 = \operatorname{lub} B$ 또는 $u_0 = \sup B$로 나타낸다.

(3) 임의의 $a \in A$에 대하여 $m \le a$이면 $a = m$이 성립할 때 $m \in A$을 A의 극대원소(maximal element)라고 한다. 즉, $m < a$인 $a \in A$는 존재하지 않는다.

(4) 임의의 $a \in A$에 대하여 $a \le \mu$인 $\mu \in A$을 A의 최대원소(greatest element)라고 한다.

위 정의의 쌍대 형식(dual form)은 다음과 같다.

[정의 1.30]

부분순서집합 $(A, \le)$의 부분집합 B에 대하여 다음과 같이 정의한다.

(1) 임의의 $b \in B$에 대하여 $v \le b$이 성립할 때 $v \in A$를 B의 하계(下界, lower bound)라고 한다.

(2) 임의의 B의 하계 v에 대하여 $v \le v_0$이 성립하는 B의 하계 v_0를 B의 최대하계(最大下界, greatest lower bound, glb) 또는 하한(infimum, inf)이라고 하며 $v_0 = \text{glb}\, B$ 또는 $v_0 = \inf B$로 나타낸다.

(3) 임의의 $a \in A$에 대하여 $a \le n$이면 $a = n$이 성립할 때 $n \in A$을 A의 극소원소(minimal element)라고 한다. 즉 $a < n$인 $a \in A$는 존재하지 않는다.

(4) 임의의 $a \in A$에 대하여 $v \le a$인 $v \in A$를 A의 최소원소(least element)라고 한다.

[보기 16] 집합 $X \ne \varnothing$에 대하여 $\mathscr{T}$을 부분순서집합 $(\mathscr{P}(X), \subset)$의 부분집합이라면 $\bigcup_{A \in \mathscr{T}} A$은 $\mathscr{T}$의 최소상계이고, $\bigcap_{A \in \mathscr{T}} A$은 $\mathscr{T}$의 최대하계이다.

[보기 17] $A = \{a, b, c, d, e, f, g\}$에서의 관계를 [그림 6]과 같이 주었다고 하자.

(1) a는 극대원소이고 e, f, g는 극소원소이다.

(2) a는 최대원소이고 최소원소는 존재하지 않는다.

(3) $B = \{b, c, d\}$일 때 a는 B의 상계이고 d, f, g는 B의 하계이다.
B의 하한은 $d \in B$이고 B의 상한은 $a \notin B$이다.

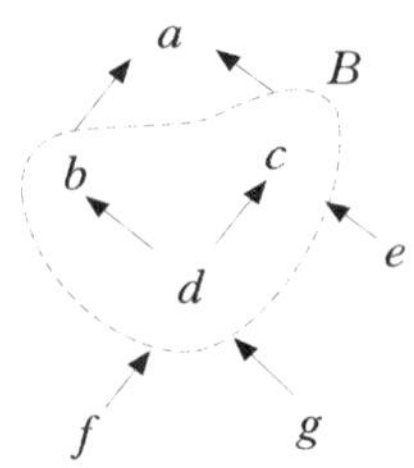

[그림 6]

[정의 1.31]

부분순서집합 $(A, \le)$의 부분집합 B가 상계와 하계를 가지면 B는 유계집합(有界集合, bounded set)이라 한다.

【정리 1.36】 하우스도르프의 극대 원리

임의의 부분순서집합 $(A, \le)$에 대하여 A의 모든 사슬의 집합을 Φ라고 할 때 포함관계가 주어진 부분순서집합 $(\Phi, \subset)$은 극대원소를 가진다. 즉 임의의 부분순서집합 $(A, \le)$은 극대 사슬(maximal chain)을 가진다.

【정리 1.37】 죤의 보조정리

부분순서집합 $(A, \le)$에 대하여 A의 임의의 사슬이 상계를 가지면 A는 극대원소를 가진다.

[정의 1.32]

부분순서집합 $(A, \le)$에 대하여 임의의 $\varnothing \ne B \subset A$가 최소원소를 가질 경우, 또 그 경우에 한하여 $(A, \le)$를 정렬집합(well ordered set)이라 한다. 그리고 정렬집합 $(A, \le)$에 대하여 관계 $\le$를 정렬순서라고 한다.

정렬집합 $(A, \leq)$은 완전순서집합이다. 왜냐하면, 임의의 a, $b \in A$에 대하여 $\{a, b\}$는 최소원소를 가지므로 $a \leq b$ 또는 $b \leq a$이 성립하기 때문이다. 그러나 $(\mathbb{R}, \leq)$와 같이 완전순서집합이 정렬집합이 되지는 않는다. $(\mathbb{N}, \leq)$은 정렬집합이다.

【정리 1.38】 제어멜로의 정렬원리

임의의 집합은 정렬가능하다.

위 정리는 정렬순서를 줄 수 있는 구성적 방법은 제시하지 못하고 있다. 실제로 실수의 집합 $\mathbb{R}$에서조차 정렬순서를 줄 수 있는 방법은 알려져 있지 않다.

【정리 1.39】

정렬원리는 선택공리를 함의한다.

선택공리 ⇒ 하우스도르프의 극대원리
⇒ 존의 보조원리
⇒ 제어멜로의 정렬원리
⇒ 선택공리

위 과정이 성립하는 것을 증명함으로써 선택공리와 나머지 세 원리가 서로 동치임이 증명되었다.

1938년, 독일의 수학자 괴델은 기존 집합론의 공리계에 선택공리를 더하여 생긴 모순은 기존의 공리계만으로도 그 모순이 유도된다는 것을 주장함으로써 선택공리를 더하여도 기존의 집합 이론에는 아무런 모순도 야기되지 않는다는 것을 증명하였다. 또한 1963년, 스텐포드 대학교의 젊은 수학자 코헨은 기존의 집합론 공리계의 토대 위에서는 선택공리는 하나의 정리로써 증명이 불가능하다고 주장하여 선택공리는 기존의 다른 공리와는 실제로 독립적이라는 것을 증명하였다.

연습문제 1.2

1. 임의의 집합 A, B, C에 대하여 다음이 성립함을 보여라.

$$A\cap(B-C)=(A\cap B)-(A\cap C)$$

2. 두 집합 A와 B의 대칭차집합(symmetric difference) $A\triangle B$는 $A\triangle B=(A-B)\cup(B-A)$으로 정의한다. 다음이 성립함을 보여라.

   (1) $A\triangle A=\varnothing$, $A\triangle\varnothing=A$

   (2) $A\triangle B=B\triangle A$

   (3) $(A\triangle B)\triangle A=B$, $(A\triangle B)\triangle B=A$

   (4) $A\triangle U=A^c$, $A\triangle A^c=U$

3. 다음을 증명하여라.

   (1) $(A\times B)\cap(C\times D)=(A\cap C)\times(B\cap D)$

   (2) $(A\times B)\cup(C\times D)\subset(A\cup C)\times(B\cup D)$

4. 집합 $X=\mathbb{Z}\times(\mathbb{Z}-\{0\})$에서의 관계 $\sim$을 다음과 같이 정의하면 $\sim$은 X에서의 동치관계임을 증명하여라.

$$(a,\ b)\sim(c,\ d)\Leftrightarrow ad=bc$$

5. $X=\{a,\ b,\ c,\ d,\ e\}$, $\mathscr{T}=\{\{a,\ b\},\ \{c\},\ \{d,\ e\}\}$에 대하여 다음에 답하여라.

   (1) $\mathscr{T}$는 집합 X의 분할임을 보여라.

   (2) 순서쌍의 집합으로 X에서의 동치관계 $X/\mathscr{T}$을 구하여라.

   (3) $\mathscr{E}=\mathrm{X}/\mathscr{T}$라고 할 때 $a/\mathscr{E}$, $b/\mathscr{E}$, $c/\mathscr{E}$, $d/\mathscr{E}$, $e/\mathscr{E}$을 구하여라.

6. 집합 $X\neq\varnothing$에서의 동치관계 $\mathscr{E}$에 대하여 다음을 증명하여라.

$$X/(X/\mathscr{E})=\mathscr{E}$$

7. 함수 $f:X\rightarrow Y$와 임의의 부분집합 $A\subset X$, $B\subset Y$에 대하여 다음이 성립함을 보여라.

   (1) f가 단사이면 $f^{-1}(f(A))=A$이다.

   (2) f가 전사이면 $f(f^{-1}(B))=B$이다.

8. $f : X \to Y$와 $g : Y \to Z$이 전단사함수이면 다음이 성립함을 증명하여라.

$$(g \circ f)^{-1} = f^{-1} \circ g^{-1}$$

9. 모든 정수의 집합 $\mathbb{Z}$는 번호 붙일 수 있는 집합임을 증명하여라.

10. 무리수의 집합은 번호 붙일 수 없는 집합임을 증명하여라.

11. 집합 $X = [0, 1]$, $Y = (0, 1)$에 대하여 $X \sim Y$임을 증명하여라.

1.3 실수 집합의 열린 부분집합

위상공간 개념의 이론 전개에 있어서 그 동기가 된 것은 함수 $f : \mathbb{R} \to \mathbb{R}$의 연속성 개념이다. 이 연속성 개념을 확장하고, 일반화하는데 사용된 것이 열린 집합이라 부르는 실수의 특별한 부분집합들이다. 열린 구간과 관련되어 있는 열린 집합의 개념과 성질을 먼저 살펴본다.

[정의 1.33]

실수의 부분집합 U가 열린 집합(open set)이라 하는 것은 $U = \varnothing$이거나 임의의 $x \in U$에 대하여 $x \in I \subset U$인 적당한 열린 구간 I가 존재할 때를 말한다.

〈참고〉 $U \subset \mathbb{R}$가 열린 집합이기 위한 필요충분조건은 임의의 $x \in U$에 대하여 적당한 $\varepsilon > 0$이 존재하여 $|x - y| < \varepsilon$이면 $y \in U$이 성립하는 것임을 알 수 있다.

[보기 1] 집합 $(0, 1)$은 $\mathbb{R}$의 열린 부분집합이다.

[보기 2] 집합 $(0, 1) \cup \{2\}$은 $\mathbb{R}$의 열린 부분집합이 아니다.

【정리 1.40】

$U\subset\mathbb{R}$가 열린 집합이기 위한 필요충분조건은 U가 적당한 열린 구간들의 합집합으로 표시될 수 있는 것이다.

증명 ($\Rightarrow$) $U\subset\mathbb{R}$가 열린 집합이라 하자. 만약 $U=\varnothing$이면 공집합에 속하는 열린 구간들의 합집합으로 보아 분명하고, $U\neq\varnothing$이면 임의의 $x\in U$에 대하여 $x\in I_x\subset U$인 열린 구간 I_x가 존재하므로 $U=\cup\{I_x|x\in U\}$이 되어 성립한다.

($\Leftarrow$) $U=\cup\{I_\alpha|\alpha\in\Lambda\}$인 열린 구간들의 모임 $\{I_\alpha|\alpha\in\Lambda\}$이 존재한다고 하자. 그러면 임의의 $x\in U$에 대하여 적당한 $\beta\in\Lambda$이 있어서 $x\in I_\beta$를 만족한다. 분명히 $I_\beta\subset U$이므로 U는 $\mathbb{R}$의 열린 부분집합이다. ∎

$\mathbb{R}$의 열린 부분집합의 개념은 함수 $f:\mathbb{R}\to\mathbb{R}$의 연속성을 증명하는데 이용될 수 있다.

[정의 1.34]

함수 $f:\mathbb{R}\to\mathbb{R}$에 대하여 임의의 $U\subset\mathbb{R}$가 실수 집합의 열린 부분집합일 때 $f^{-1}(U)$가 실수 집합의 열린 부분집합이 되면 f를 연속(連續, continuous)이라 한다.

다음 정리는 위 연속의 개념이 미적분학이나 해석학에서의 $\varepsilon-\delta$방식의 연속 개념을 일반화한 것임을 보여준다.

【정리 1.41】

함수 $f:\mathbb{R}\to\mathbb{R}$이 연속이기 위한 필요충분조건은 $x_0\in\mathbb{R}$일 때 임의의 $\varepsilon>0$에 대하여 적당한 $\delta=\delta(\varepsilon)>0$가 있어서 $|x-x_0|<\delta$인 모든 x에 대하여 $|f(x)-f(x_0)|<\varepsilon$이 성립하는 것이다.

증명 (⇒) f가 연속이라 하고, $x_0 \in \mathbb{R}$이라 하자. 임의의 $\varepsilon > 0$에 대하여 열린 구간 $(f(x_0)-\varepsilon,\ f(x_0)+\varepsilon)$은 $\mathbb{R}$의 열린 부분집합이므로 연속의 정의에 의하여 $f^{-1}((f(x_0)-\varepsilon,\ f(x_0)+\varepsilon))$도 $\mathbb{R}$의 열린 부분집합이다. 따라서 적당한 $I=(a,\ b)$가 있어서 $x_0 \in I \subset f^{-1}((f(x_0)-\varepsilon,\ f(x_0)+\varepsilon))$이 된다. $\delta = \min\{x_0 - a,\ b - x_0\}$라 하면

$$|x-x_0| < \delta \Rightarrow x \in I \Rightarrow x \in f^{-1}((f(x_0)-\varepsilon,\ f(x_0)+\varepsilon))$$
$$\Rightarrow f(x) \in (f(x_0)-\varepsilon,\ f(x_0)+\varepsilon) \Rightarrow |f(x)-f(x_0)| < \varepsilon$$

이 성립된다.

(⇐) 조건이 성립한다고 하고, 임의의 $U \subset \mathbb{R}$가 실수 집합의 열린 부분집합이라 하자. $f^{-1}(U)$가 열린 집합임을 보이기 위하여 $x_0 \in f^{-1}(U)$이라 하면 U는 열린 집합이므로 $f(x_0) \in I \subset U$을 만족하는 열린 구간 $I=(a,b)$가 존재한다. 그러므로 $\varepsilon = \min\{f(x_0)-a,\ b-f(x_0)\}$라 하면 $(f(x_0)-\varepsilon,\ f(x_0)+\varepsilon) \subset I$이 된다. 또 조건에 의하여 적당한 $\delta > 0$가 있어서 $|x-x_0| < \delta$인 모든 x에 대하여 $|f(x)-f(x_0)| < \varepsilon$이 성립한다. 즉,

$$f((x_0-\delta,\ x_0+\delta)) \subset (f(x_0)-\varepsilon,\ f(x_0)+\varepsilon)$$

이 된다. 따라서 $x_0 \in (x_0-\delta,\ x_0+\delta) \subset f^{-1}(U)$이고, x_0는 $f^{-1}(U)$의 임의의 점이므로 $f^{-1}(U)$는 열린 집합이다. 이것은 함수 f가 연속임을 의미한다. ∎

【정리 1.42】

실수 집합의 열린 부분집합들은 다음 성질을 갖는다.

1. $\varnothing$과 $\mathbb{R}$는 열린 집합이다.
2. 임의의 열린 집합들로 이루어진 모임의 합집합은 열린 집합이다.
3. 두 열린 집합의 교집합은 열린 집합이다.

증명 1. $x \in \varnothing$이면 $x \in I \subset \varnothing$인 열린 구간 I가 존재한다는 명제는 참이므로 $\varnothing$은 열린 집합이다. 임의의 $x \in \mathbb{R}$에 대하여 $\varepsilon > 0$으로 두면 $(x-\varepsilon,\ x+\varepsilon) \subset \mathbb{R}$이 성립하

므로 $\mathbb{R}$는 열린 집합이다.

2. $\{U_\alpha \mid \alpha \in \Lambda\}$을 $\mathbb{R}$의 열린 부분집합들의 모임이라 하자. 임의의 $x \in \bigcup_{\alpha\in\Lambda} U_\alpha \{U_\alpha \mid \alpha \in \Lambda\}$에 대하여 적당한 $\beta \in \Lambda$가 존재하여 $x \in U_\beta$이 되고, U_β가 열린 집합이므로 열린 구간 I가 있어서 $x \in I \subset U_\beta$이다. 그러므로 $x \in I \subset \bigcup_{\alpha\in\Lambda} U_\alpha$이 되어 $\bigcup_{\alpha\in\Lambda} U_\alpha$는 열린 집합이다.

3. $\mathbb{R}$의 두 열린 집합 U와 V에 대하여 $x \in U \cap V$라고 하자. 그러면 적당한 $\varepsilon_1 > 0$과 $\varepsilon_2 > 0$가 있어서 $(x-\varepsilon_1, x+\varepsilon_1) \subset U$와 $(x-\varepsilon_2,\ x+\varepsilon_2) \subset V$을 만족한다. 따라서 $\varepsilon = \min\{\varepsilon_1,\ \varepsilon_2\}$으로 두면 $(x-\varepsilon,\ x+\varepsilon) \subset U \cap V$이므로 $U \cap V$는 열린 집합이다. ▮

다음의 보기는 "임의의 열린 집합들로 이루어진 모임의 교집합은 열린 집합이다"라는 주장은 할 수 없음을 보여준다.

[보기 3] 임의의 $n \in \mathbb{N}$에 대하여 $U_n = (-1/n,\ 1/n)$이라 하면 $\bigcap_{n\in\mathbb{N}} U_n = \{0\}$은 열린 집합이 아니다.

연습문제 1.3

1. 다음 집합들 중에서 실수 집합의 열린 부분집합을 모두 찾아라.

(1) $\{\mathbb{Q}\}$ (2) $\mathbb{R} - \{1, 2\}$

(3) $\{x \in \mathbb{R} \mid x^2 > 9\}$ (4) $\mathbb{R} - [0, 1]$

2. 다음 함수가 연속이 아님을 보여라.

$$f(x) = \begin{cases} -2 & (x < 0) \\ 2 & (x \geq 0) \end{cases}$$

제 2 장

위상공간

〈 학습목표 〉

위상공간의 개념은 실수와 유클리드공간의 연구로부터 시작되었으며 일반거리공간으로 발전되었다. 이 장에서는 수직선위의 위상을 일반화하고 추상화한 일반적인 집합위의 위상을 다룬다. 대수적인 구조나 거리라는 개념은 무시하고, 다만 어떤 집합이 열린 집합이냐 하는 것만을 규정하여 이것으로부터 함수나 집합의 성질들을 규명하고자 한다.

위상공간의 정의와 보기, 닫힌 집합, 닫힘, 집적점, 내부, 외부, 경계 등 기본 개념들을 소개하고, 모든 열린 집합을 생성하는 역할을 하는 기지에 관하여 학습한다. 자연스럽게 유도되는 부분공간에 관하여도 살펴본다.

위상수학의 중요한 개념들은 거리공간 등 여러 공간의 많은 성질들을 더욱 쉽게 증명하는데 사용할 수 있다.

【토론과제】

1. 임의의 집합 $X \neq \varnothing$에 대하여 X위의 위상은 반드시 존재하는가? 만약 존재한다면 위상들은 비교가능한가?
2. X위에 주어진 위상들의 교집합은 X위의 위상이 될까? X위에 주어진 위상들의 합집합은 어떻게 될까?
3. 열린 구간은 $\mathbb{R}$위에 주어지는 위상 $\mathscr{T}$에 관계없이 항상 $\mathbb{R}$의 열린 부분집합이라고 말할 수 있을까?
4. 위상공간 $(X, \mathscr{T})$에 대하여 위상 $\mathscr{T}$에 대한 기저는 항상 존재하는가? 만약 존재한다면 우리가 원하는 기저는 어떠한 형태일까?
5. 위상공간 $(X, \mathscr{T})$에 대하여 위상 $\mathscr{T}$에 대한 기저는 어떻게 구할 수 있을까?
6. 집합 X의 부분집합들의 모임이 주어졌을 때 이것을 이용하여 일의적인 X위의 위상을 구할 수 있을까? 이 때 이 위상에 대한 기저는 무엇일까?

2.1 위상공간 : 정의와 보기

다음 정의는 정리 1.42에 기술된 성질로부터 얻을 수 있다. 일반화된 열린 집합 개념은 연속성 개념을 확대하는데 사용된다.

[정의 2.1]

$X \neq \varnothing$을 임의의 집합이라 하고, $\mathscr{T}$을 X의 부분집합들의 모임, 즉 $\mathscr{T} \subset \mathscr{P}(X)$이라 하자. 만일 $\mathscr{T}$가

(1) $X \in \mathscr{T}$, $\varnothing \in \mathscr{T}$

(2) $\mathscr{V} \subset \mathscr{T}$이면 $\cup \mathscr{V} \in \mathscr{T}$

(즉, 임의의 $\alpha \in \Lambda$에 대하여 $V_\alpha \in \mathscr{T}$이면 $\bigcup_{\alpha \in \Lambda} V_\alpha \in \mathscr{T}$)

(3) $U \in \mathscr{T}$이고 $V \in \mathscr{T}$이면 $U \cap V \in \mathscr{T}$

을 만족하면 $\mathscr{T}$를 X위의 위상(a topology on X, a topology for X)이라 한다. $\mathscr{T}$에 속하는 X의 부분집합을 $\mathscr{T}$-열린 집합 또는 열린 집합(open set)이라 하며 쌍 $(X, \mathscr{T})$를 위상공간(位相空間, topological space)이라 한다.

〈참고〉 1. 조건 (3)에 의하여 유한개 열린 집합들의 교집합은 열린 집합이 됨을 알 수 있다.

2. 혼동의 염려가 없을 때에는 위상공간 $(X, \mathscr{T})$를 위상공간 X라고 말하기도 한다.

[보기 1] 1.3절에서 정의된 $\mathbb{R}$의 열린 부분집합들의 모임은 $\mathbb{R}$위의 위상이 된다. 이것을 $\mathbb{R}$위의 보통위상(usual topology)이라 하며 $\mathscr{U}$로 나타내고, $(\mathbb{R}, \mathscr{U})$를 보통위상공간이라 한다.

[보기 2] $X \neq \varnothing$을 임의의 집합이라 하고, $\mathscr{D}$을 X의 모든 부분집합들의 모임 $\mathscr{P}(X)$이라 하면 $\mathscr{D}$는 X위의 위상이 된다. 이것을 X위의 이산위상(離散位相, discrete topology)이라 하고, $(X, \mathscr{D})$를 이산공간(discrete space)

이라 한다.

[보기 3] $X\neq\varnothing$을 임의의 집합이라 하고, $\mathscr{I}=\{X, \varnothing\}$이라 하면 $\mathscr{I}$는 X위의 위상이 된다. 이것을 X위의 밀착위상(密着位相, indiscrete topology) 또는 자명한 위상(trivial topology)이라 하고, $(X, \mathscr{I})$를 밀착공간(indiscrete space)이라 한다.

[보기 4] $X=\{a, b, c, d, e\}$일 때

$$\mathscr{T}_1=\{X, \varnothing, \{a\}\}$$
$$\mathscr{T}_2=\{X, \varnothing, \{c, d\}\}$$
$$\mathscr{T}_3=\{X, \varnothing, \{a\}, \{c, d\}, \{a, c, d\}, \{b, c, d, e\}\}$$
$$\mathscr{T}_4=\{X, \varnothing, \{a\}, \{c, d\}, \{a, c, d\}, \{b, c, d\}\}$$
$$\mathscr{T}_5=\{X, \varnothing, \{a\}, \{c, d\}, \{a, c, d\}, \{a, b, d, e\}\}$$

이라 하면 $\mathscr{T}_1$, $\mathscr{T}_2$, $\mathscr{T}_3$는 X위의 위상이다. 그러나

$$\{a, c, d\}\cup\{b, c, d\}=\{a, b, c, d\}\notin\mathscr{T}_4,$$
$$\{a, c, d\}\cap\{a, b, d, e\}=\{a, d\}\notin\mathscr{T}_5$$

이므로 $\mathscr{T}_4$, $\mathscr{T}_5$는 X위의 위상이 아니다.

[보기 5] $U\subset\mathbb{R}$가 $\mathscr{H}$에 속하기 위한 필요충분조건은 임의의 $x\in U$에 대하여 적당한 $[a,b)$가 있어서 $x\in[a,b)\subset U$이 성립하는 것이라고 정의하면 $\mathscr{H}$는 $\mathbb{R}$위의 위상이 된다. 이것을 $\mathbb{R}$위의 아래 끝 위상(lower limit topology) 또는 반 열린 구간 위상(half-open interval topology)이라 한다.

[보기 6] $\mathbb{R}$의 부분집합들의 모임 $\mathscr{C}=\{(a, +\infty)\mid a\in\mathbb{R}\}\cup\{\mathbb{R}, \varnothing\}$은 $\mathbb{R}$위의 위상이 된다. 이것을 $\mathbb{R}$위의 열린 반직선 위상(open half-line topology)이라 한다.

[보기 7] $X \neq \varnothing$을 임의의 집합이라 하고, 특수한 점 $x \in X$에 대하여 X의 부분집합들의 모임 $\mathscr{T}_x$을

$$\mathscr{T}_x = \{U \subset X \mid U = \varnothing \vee x \in U\}$$

으로 정의하면 $\mathscr{T}_x$은 X위의 위상이 된다. 이것을 특수점 위상(particular point topology)이라 한다.

[보기 8] $X = \{a,\ b\}$이라 하고, $\mathscr{P} = \{X,\ \varnothing,\ \{a\}\}$이라 하자. 이것은 Sierpinski위상이라고 하는 특수점 위상의 특별한 경우이다.

[보기 9] $\mathbb{R}$의 부분집합들의 모임 $\mathscr{T}_M = \{U \cap F \mid U \in \mathscr{U},\ F \subset \mathbb{R} - \mathbb{Q}\}$은 $\mathbb{R}$위의 위상이 된다. 위상공간 $(\mathbb{R},\ \mathscr{T}_M)$을 Michael직선이라 한다.

[보기 10] $X \neq \varnothing$을 임의의 집합이라 하고, X의 부분집합들의 모임 $\mathscr{T}_f$를

$$\mathscr{T}_f = \{U \subset X \mid U = \varnothing \vee X - U\text{는 유한집합}\}$$

으로 정의하면 $\mathscr{T}_f$는 X위의 위상이 된다. 이것을 X위의 여유한위상(餘有限位相, finite complement topology, co-finite topology)이라 한다.

[보기 11] $X \neq \varnothing$을 임의의 집합이라 하고, X의 부분집합들의 모임 $\mathscr{T}_c$를

$$\mathscr{T}_c = \{U \subset X \mid U = \varnothing \vee X - U\text{는 셀 수 있는 집합}\}$$

으로 정의하면 $\mathscr{T}_c$는 X위의 위상이 된다. 이것을 X위의 여가산위상(餘可算位相, countable complement topology, co-countable topology)이라 한다.

【정리 2.1】

위상공간 $(X,\ \mathscr{T})$의 부분집합 U가 열린 집합이기 위한 필요충분조건은 임의의 $x \in U$에 대하여 적당한 열린 집합 G가 있어서 $x \in G \subset U$이 성립하는 것이다.

증명 (⇒) U가 열린 집합이라 하자. 임의의 $x \in U$에 대하여 $G=U$이면 조건은 분명히 성립된다.

(⇐) 조건이 성립하면 $U=\cup\{G_x \mid x \in G_x \subset U,\ G_x \in \mathscr{T}\}$이 되고, 위상의 조건 (2)에 의하여 U는 열린 집합이다. ∎

[정의 2.2]

$X \neq \varnothing$을 임의의 집합이라 하고 $\mathscr{T}_1$, $\mathscr{T}_2$을 X위의 위상이라 하자. $\mathscr{T}_1 \subset \mathscr{T}_2$이면 $\mathscr{T}_2$는 $\mathscr{T}_1$보다 디 섬세한 위상(finer topology) 또는 더 큰 위상(larger topology)이라고 말하고, $\mathscr{T}_1$은 $\mathscr{T}_2$보다 더 엉성한 위상(coarser topology) 또는 더 작은 위상(smaller topology)이라고 말한다.

[보기 12] $\mathbb{R}$위의 두 위상 $\mathscr{U}$, $\mathscr{T}_f$을 비교하면 $\mathscr{U}$는 $\mathscr{T}_f$보다 더 섬세한 위상, 즉 $\mathscr{T}_f \subset \mathscr{U}$이다.

[보기 13] $X \neq \varnothing$을 임의의 집합이라 하고, $\mathscr{T}$을 X위의 위상이라 하자. 그러면 $\mathscr{I} \subset \mathscr{T} \subset \mathscr{D}$이 성립한다.

【정리 2.2】

$\{\mathscr{T}_\alpha \mid \alpha \in \Lambda\}$가 집합 X위의 위상들의 모임이면 $\mathscr{T}=\cap\{\mathscr{T}_\alpha \mid \alpha \in \Lambda\}$도 X위의 위상이 된다.

증명 (1) 모든 $\alpha \in \Lambda$에 대하여 X, $\varnothing \in \mathscr{T}_\alpha$이므로 X, $\varnothing \in \mathscr{T}$이다.

(2) $\mathscr{V} \subset \mathscr{T}$이면 임의의 $\alpha \in \Lambda$에 대하여 $\mathscr{V} \subset \mathscr{T}_\alpha$이므로 $\cup \mathscr{V} \in \mathscr{T}_\alpha$이다. 따라서 $\cup \mathscr{V} \in \mathscr{T}$이다.

(3) U, $V \in \mathscr{T}$이면 모든 $\alpha \in \Lambda$에 대하여 U, $V \in \mathscr{T}_\alpha$이므로 $U \cap V \in \mathscr{T}_\alpha$이다. 따라서 $U \cap V \in \mathscr{T}$이다. ∎

일반적으로 두 위상 $\mathscr{T}_1$과 $\mathscr{T}_2$의 합집합이 위상이 되지는 않는다. [보기 4]에서와 같이 $\mathscr{T}_1 \cup \mathscr{T}_2 = \{X, \varnothing, \{a\}, \{c, d\}\}$는 X위의 위상이 아니다.

[정의 2.3]

위상공간 $(X, \mathscr{T})$에 대하여 $x \in X$일 때 N가 x의 $\mathscr{T}$-근방 또는 간단히 근방(近傍, neighborhood)이라 하는 것은 적당한 $U \in \mathscr{T}$이 있어서 $x \in U \subset N$이 성립하는 것이다.

x를 포함하는 임의의 열린 집합은 x의 근방이지만 x의 근방이 열린 집합이 되지는 않음을 주목하여야 한다. x의 모든 근방들의 모임을 x에서의 근방 계(neighborhood system)라 하며, 기호 $\mathscr{N}_x$로 나타낸다.

[보기 14] $X = \{a, b, c\}$위의 위상이 $\mathscr{T} = \{X, \varnothing, \{a\}, \{a, b\}\}$이면 X는 c의 유일한 근방이고, 집합 $\{a, c\}$는 a의 근방은 되지만 c의 근방은 아니다. 집합 X와 $\{a, b\}$는 b의 근방이다.

다음 정리는 근방의 정의로부터 곧 얻을 수 있다.

【정리 2.3】

위상공간 X에 대하여 $x \in X$에서의 근방 계 $\mathscr{N}_x$은 다음 성질을 만족한다.

1. $N \in \mathscr{N}_x \wedge N \subset V \Rightarrow V \in \mathscr{N}_x$
2. $N \in \mathscr{N}_x \wedge V \in \mathscr{N}_x \Rightarrow N \cap V \in \mathscr{N}_x$

연습문제 2.1

1. 다음 집합의 모임 중 어느 것이 $\mathbb{R}$위의 위상인가? 만약 위상이 아니라면 그 이유를 설명하여라.

   (1) $\{\mathbb{R}, \varnothing, (-\infty, 0], (0, +\infty)\}$

   (2) $\{\mathbb{R}, \varnothing, (-\infty, 1), (0, +\infty)\}$

2. $X \neq \varnothing$를 임의의 집합이라 하고, $x \in X$라고 하자. $\mathscr{T}=\{U \subset X \mid U=X \vee x \notin U\}$가 X위의 위상임을 보여라.

3. $X \neq \varnothing$를 임의의 집합이라 하자. X위의 두 위상 $\mathscr{T}_f$와 $\mathscr{D}$이 같을 때는 X에 어떤 조건이 주어진 경우인가?

4. $X \neq \varnothing$를 임의의 집합이라 하고, $A, B \subsetneq X$, $A \neq B$이라고 하자. $\mathscr{T}=\{X, \varnothing, A, B\}$가 X위의 위상이면 $\{A, B\}$는 X의 분할이거나 $(\mathscr{T}, \subset)$는 완전순서집합임을 보여라.

5. $X=\mathbb{R}$일 때 X의 부분집합들의 모임 $\mathscr{T}$를

   $$G \in \mathscr{T} \Leftrightarrow (0 \notin G) \vee (0 \in G \wedge G^c\text{가 셀 수 있는 집합})$$

   으로 정의하면 $\mathscr{T}$은 X위의 위상임을 증명하여라.

2.2 닫힌 집합과 닫힘

[정의 2.4]

위상공간 $(X, \mathscr{T})$에 대하여 X의 부분집합 A가 $\mathscr{T}$-닫힌 집합($\mathscr{T}$-closed set) 또는 간단히 닫힌 집합이라 하는 것은 $X-A$가 열린 집합, 즉 $X-A \in \mathscr{T}$일 때를 말한다.

[보기 1] $X=\{a, b, c\}$ 위의 위상이 $\mathscr{T}=\{X, \varnothing, \{a\}, \{a, b\}\}$ 이면 닫힌 집합은 $\varnothing$, X, $\{b, c\}$, $\{c\}$ 이다.

임의의 위상공간 X에 대하여 X, $\varnothing$은 열린 집합이면서 닫힌 집합이다. [보기 1]에서 $\{a, c\}$은 열린 집합도, 닫힌 집합도 아님을 주목하여야 한다.

[보기 2] 위상공간 $(\mathbb{R}, \mathscr{U})$에 대하여 임의의 닫힌 구간 $[a, b]$는 닫힌 집합이다. 임의의 반 열린 구간 $[a, b)$ 또는 $(a, b]$은 열린 집합도, 닫힌 집합도 아니다.

[보기 3] 위상공간 $(\mathbb{R}, \mathscr{H})$에 대하여 임의의 반 열린 구간 $[a, b)$는 열린 집합이면서 닫힌 집합이다. 임의의 반 열린 구간 $(a, b]$은 열린 집합도, 닫힌 집합도 아니다.

[보기 4] 위상공간 $(\mathbb{R}, \mathscr{C})$에 대하여 임의의 집합 $(-\infty, a]$은 닫힌 집합이다.

[보기 5] $X\neq\varnothing$을 임의의 집합이라 하고, $x\in X$이라 하자. x에 관한 특수점 위상 $\mathscr{T}_x=\{U\subset X \mid U=\varnothing \vee x\in U\}$에 대하여 X, $\varnothing$과 x를 포함하지 않는 X의 부분집합은 닫힌 집합이다.

【정리 2.4】

위상공간 X의 모든 닫힌 집합들의 모임을 $\mathscr{F}$라 하면 $\mathscr{F}$는 다음과 같은 닫힌 집합 공리를 만족한다.

1. $X\in\mathscr{F}$, $\varnothing\in\mathscr{F}$
2. $\mathscr{G}\subset\mathscr{F} \Rightarrow \bigcap\mathscr{G}\in\mathscr{F}$
3. $A, B\in\mathscr{F} \Rightarrow A\cup B\in\mathscr{F}$

증명 증명은 닫힌 집합의 정의, 드 모르강의 법칙, 위상의 정의를 이용하여 곧 얻을 수 있으므로 생략한다. ∎

[보기 6] 임의의 닫힌 집합들로 이루어진 모임의 합집합이 반드시 닫힌 집합이라고 할 수는 없다. 예를 들어, 각각의 $n\in\mathbb{Z}^+$에 대응하는 $\mathscr{U}$-닫힌 집합을 $A_n=\left[0,\ 1-\dfrac{1}{n}\right]$이라 하면 $\bigcup_{n\in\mathbb{Z}^+} A_n=[0,\ 1)$은 $\mathscr{U}$-닫힌 집합이 아니다.

A를 위상공간 X의 임의의 부분집합이라 하면 A를 포함하는 닫힌 집합이 적어도 하나 존재한다. 예를 들면, X 자신은 그와 같은 집합 중의 하나이다.

[정의 2.5]

위상공간 $(X,\ \mathscr{T})$의 부분집합 A에 대하여 A를 포함하는 모든 닫힌 집합들의 교집합을 A의 닫힘 또는 폐포(閉包, closure)라 하며 $Cl(A)$ 또는 $\overline{A}$로 나타낸다. 즉,

$$\overline{A}=\cap\{B\,|\,B\supset A,\ B\text{는 닫힌 집합}\}$$

다음 정리는 닫힘의 정의로부터 곧 얻을 수 있다.

【 정리 2.5 】

위상공간 X의 임의의 부분집합 A에 대하여 다음이 성립한다.

1. $\overline{A}$는 A를 포함하는 가장 작은 닫힌 집합이다. 즉 F가 닫힌 집합이고 $A\subset F$이면 $\overline{A}\subset F$이다.
2. A가 닫힌 집합이기 위한 필요충분조건은 $A=\overline{A}$이다.
3. $A\subset B \Rightarrow \overline{A}\subset\overline{B}$

[보기 7] $X=\{a,\ b,\ c\}$ 위의 위상이 $\mathscr{T}=\{X,\ \varnothing,\ \{a\},\ \{b\},\ \{a,\ b\}\}$이고 $A=\{b\}$이면 A를 포함하는 닫힌 집합은 $X,\ \{b,\ c\}$이므로 $\overline{A}=\{b,\ c\}$이다.

[보기 8] 위상공간 $(\mathbb{R}, \mathscr{C})$에 대하여 $\overline{\{1\}}=(-\infty, 1]$이다.

[보기 9] 위상공간 $(\mathbb{R}, \mathscr{H})$에 대하여 $\overline{(0,1)}=[0, 1)$이다.

【정리 2.6】

위상공간 $(X, \mathscr{T})$의 부분집합 A, B에 대하여 다음이 성립한다.

1. $\overline{(A\cup B)}=\overline{A}\cup\overline{B}$
2. $\overline{(A\cap B)}\subset\overline{A}\cap\overline{B}$

증명 1. $A\cup B\subset\overline{A}\cup\overline{B}$이고 $\overline{A}\cup\overline{B}$는 닫힌 집합이므로 $\overline{(A\cup B)}\subset\overline{A}\cup\overline{B}$이다.
그런데 $\overline{A}\subset\overline{(A\cup B)}$이고 $\overline{A}\subset\overline{(A\cup B)}$이므로 $\overline{A}\cup\overline{B}\subset\overline{(A\cup B)}$이 된다.
그러므로 $\overline{(A\cup B)}=\overline{A}\cup\overline{B}$이 성립한다.

2. $\overline{(A\cap B)}\subset\overline{A}$이고 $\overline{(A\cap B)}\subset\overline{B}$이므로 $\overline{(A\cap B)}\subset\overline{A}\cap\overline{B}$이 성립한다. ∎

[보기 10] $(\mathbb{R}, \mathscr{H})$에 대하여 $A=(0, 1]$, $B=(1, 2)$이라 하면 $\overline{A\cap B}=\overline{\varnothing}=\varnothing$이고,
$\overline{A}\cap\overline{B}=[0, 1]\cap[1, 2)=\{1\}$이 된다.

[정의 2.6]

A를 위상공간 X의 임의의 부분집합이라 하고, $x\in X$라고 하자. 만일 x의 임의의 근방 N에 대하여

$$(N\cap A)-\{x\}\neq\varnothing$$

이면, x를 A의 집적점(集積點, accumulation point, cluster point) 또는 극한점(極限點, limit point)이라 하고, A의 모든 집적점들의 집합을 A의 유도집합(誘導集合, derived set)이라 하며 A'로 나타낸다.

〈참고〉 x가 A의 집적점이기 위한 필요충분조건은 $x\in U$인 임의의 열린 집합 U에 대하여 $(U\cap A)-\{x\}\neq\varnothing$이 성립하는 것임을 알 수 있다.

[보기 11] $\mathbb{R}$위의 위상이 $\mathscr{T}=\{U\subset\mathbb{R}\mid U=\varnothing\vee 1\in U\}$이면 $A=\{1\}$일 때 A의 유도집합 $A'=\mathbb{R}-\{1\}$이다.

【정리 2.7】

위상공간 X의 임의의 부분집합 A가 닫힌 집합이기 위한 필요충분조건은 $A'\subset A$이다.

증명 ($\Rightarrow$) A가 닫힌 집합이라 하고, $x\in A'$이고 $x\not\in A$인 x가 존재한다고 하자. $X-A$는 A와는 만나지 않는 x를 포함하는 열린 집합이므로 $x\not\in A'$이다. 이것은 가정에 모순이다. 따라서 $A'\subset A$이 성립한다.

($\Leftarrow$) $A'\subset A$이라 하자. A가 닫힌 집합임을 보이기 위하여 $X-A$가 열린 집합임을 증명한다. 임의의 점 $x\in X-A$에 대하여 $A'\subset A$이므로 $x\not\in A'$이다. 따라서 x를 포함하는 적당한 열린 집합 U가 있어서 $U\cap A-\{x\}=\varnothing$이 성립한다. $x\not\in A$이므로 $U\cap A=\varnothing$이고 $x\in U\subset X-A$이다. 이것은 $X-A$가 열린 집합임을 의미한다. ∎

【정리 2.8】

A가 위상공간 X의 임의의 부분집합이면 $A\cup A'$는 닫힌 집합이다.

증명 $x\in(A\cup A')^c$이라 하자. $x\not\in A$이고 $x\not\in A'$이므로 적당한 열린 집합 U가 있어서 $x\in U$이고 $U\cap A=\varnothing$이 성립한다. U에 속하는 임의의 점은 A의 집적점일 수 없으므로 $U\cap A'=\varnothing$이다. 따라서 $U\cap(A\cup A')=\varnothing$이 되어 $x\in U\subset(A\cup A')^c$이다. 그러므로 $(A\cup A')^c$은 열린 집합이고 $A\cup A'$는 닫힌 집합이다. ∎

【정리 2.9】

위상공간 X의 임의의 부분집합 A에 대하여 다음이 성립한다.

$$\overline{A}=A\cup A'$$

증명 $A\cup A'$는 닫힌 집합이고 A를 포함하므로 $\overline{A}\subset A\cup A'$이다. 그런데 $A\subset\overline{A}$이므로 $A'\subset(\overline{A})'$이고, $\overline{A}$가 닫힌 집합이므로 $(\overline{A})'\subset\overline{A}$이 된다. 따라서 $A'\subset\overline{A}$이 되어 $A\cup A'\subset\overline{A}$이다. 그러므로 $A\cup A'=\overline{A}$이 성립한다. ∎

[보기 12] $X=\{a, b, c, d, e\}$위의 위상이 $\mathscr{T}=\{X, \varnothing, \{a\}, \{c, d\}, \{a, c, d\}, \{b, c, d, e\}\}$이면 $A=\{a, b, c\}$일 때 $A'=\{b, d, e\}$이고 $\overline{A}=A\cup A'=X$이다.

【정리 2.10】

위상공간 X의 임의의 부분집합 A에 대하여 $x\in\overline{A}$이기 위한 필요충분조건은 $x\in U$인 임의의 열린 집합 U에 대하여 $U\cap A\neq\varnothing$이 성립하는 것이다.

증명 $(\Rightarrow)$ $x\in\overline{A}$이라 하자. 그러면 $x\in A$ 또는 $x\in A'$이다. $x\in U$인 임의의 열린 집합 U에 대하여 $x\in A$이면 분명히 $U\cap A\neq\varnothing$이다. $x\in A'$이면 집적점의 정의에 의하여 $U\cap A\neq\varnothing$이 성립한다.

$(\Leftarrow)$ $x\in U$인 임의의 열린 집합 U에 대하여 $U\cap A\neq\varnothing$이 성립한다고 하자. $x\in A$이면 자명하다. $x\notin A$이면 $(U\cap A)-\{x\}\neq\varnothing$이므로 $x\in A'$이다. 따라서 $x\in\overline{A}$이다. ∎

[보기 13] 위상공간 $(\mathbb{R}, \mathscr{U})$에 대하여 A를 유리수 전체의 집합, B를 무리수 전체의 집합이라 하면 $\overline{A\cap B}=\overline{\varnothing}=\varnothing$이고, $\overline{A}\cap\overline{B}=\mathbb{R}$이 된다.

어떤 집합 X위의 위상은 Kuratowski의 닫힘 공리에 의하여 그 특성이 완전히 결정된다. 구체적으로 말하면 다음 정리와 같이 표현할 수 있다.

【정리 2.11】

집합 X의 모든 부분집합들의 모임 $\mathscr{P}(X)$로부터 $\mathscr{P}(X)$로의 사상 C가 Kuratowski의 닫힘 공리

(1) $C(\varnothing)=\varnothing$

(2) $A \subset C(A)$

(3) $C(C(A)) = C(A)$

(4) $C(A \cup B) = C(A) \cup C(B)$

를 만족할 때 $\mathscr{T} = \{U \subset X \mid C(X-U) = X-U\}$이라 하면 $\mathscr{T}$는 X위의 위상이 되고, 이 위상에 관한 $A \subset X$의 닫힘 $\overline{A}$는 $C(A)$와 일치한다.

증명 (1)에 의하여 $C(X-X) = C(\phi) = \phi = X-X$이므로 $X \in \mathscr{T}$이다. (2)에 의하여 $C(X-\phi) = C(X) = X = X-\phi$이므로 $\varnothing \in \mathscr{T}$이다.

A, B가 X의 두 부분집합이라 할 때 $[A \subset B \Rightarrow C(A) \subset C(B)]$가 성립함을 먼저 보인다. $A \subset B$이면 $B = (B-A) \cup A$가 되고, (4)에 의하여 $C(B) = C(B-A) \cup C(A)$가 되어 $C(A) \subset C(B)$이다.

이제 임의의 $\alpha \in \Lambda$에 대하여 $U_\alpha \in \mathscr{T}$이라 하자. 임의의 $\alpha \in \Lambda$에 대하여 $C\left(X - \bigcup_{\alpha \in \Lambda} U_\alpha\right) = C\left(\bigcap_{\alpha \in \Lambda} U_\alpha{}^c\right) \subset C\left(U_\alpha{}^c\right)$이므로 $C\left(\bigcap_{\alpha \in \Lambda} U_\alpha{}^c\right) \subset \bigcap_{\alpha \in \Lambda} C\left(U_\alpha{}^c\right) = \bigcap_{\alpha \in \Lambda} U_\alpha{}^c$이 성립한다. 또 (2)에 의하여 $\bigcap_{\alpha \in \Lambda} U_\alpha{}^c \subset C\left(\bigcap_{\alpha \in \Lambda} U_\alpha{}^c\right)$이다. 따라서 $\bigcup_{\alpha \in \Lambda} U_\alpha \in \mathscr{T}$이다.

U, $V \in \mathscr{T}$이라 하자. (4)에 의하여

$$\begin{aligned} C[X-(U \cap V)] &= C[(X-U) \cup (X-V)] = C(X-U) \cup C(X-V) \\ &= (X-U) \cup (X-V) = X-(U \cap V) \end{aligned}$$

이 성립하므로 $U \cap V \in \mathscr{T}$이다. 따라서 $\mathscr{T}$는 X위의 위상이 된다.

$A \subset X$의 $\mathscr{T}$에 관한 닫힘을 $\overline{A}$으로 나타내면 $\overline{A}$는 $A \subset \overline{A}$인 $\mathscr{T}$-닫힌 집합이므로 $\mathscr{T}$의 정의에 의하여 $C(A) \subset C(\overline{A}) = \overline{A}$이 성립한다. 그런데 (2)와 (3)에 의하여 $C(A)$는 A를 포함 하는 $\mathscr{T}$-닫힌 집합이므로 $\overline{A} \subset C(A)$이 성립한다. 따라서 $C(A) = \overline{A}$이다. ∎

연습문제 2.2

1. 위상공간 $(\mathbb{R}, \mathscr{U})$에 대하여 $\mathbb{R}$의 유한부분집합은 $\mathscr{U}$-닫힌 집합임을 보여라.

2. A를 위상공간 X의 닫힌 부분집합, B를 열린 부분집합이라 할 때 $A-B$는 닫힌 집합이고, $B-A$는 열린 집합임을 보여라.

3. A를 이산공간 $(X, \mathscr{D})$의 부분집합이라 할 때 A의 유도집합 A'을 구하라.

4. A를 밀착공간 $(X, \mathscr{I})$의 부분집합이라 할 때 A의 유도집합 A'을 구하라.

5. 위상공간 $(X, \mathscr{T})$의 부분집합 A, B에 대하여 다음이 성립함을 증명하여라.
   (1) $(A\cup B)'=A'\cup B'$
   (2) $(A\cap B)'\subset A'\cap B'$

6. 위상공간 $(X, \mathscr{T})$의 부분집합 A_α $(\alpha\in\Lambda)$에 대하여 다음이 성립함을 증명하고, 그 역은 성립하지 않음을 보여라.

$$\bigcup_{\alpha\in\Lambda}\overline{A_\alpha}\subset\overline{\bigcup_{\alpha\in\Lambda}A_\alpha}$$

2.3 내부, 외부, 경계

[정의 2.7]

A을 위상공간 X의 임의의 부분집합이라 할 때 A의 모든 열린 부분집합들의 합집합을 A의 내부(內部, interior)라 하고 $\mathrm{Int}(A)$ 또는 A°로 나타낸다. 즉,

$$A^\circ=\cup\{U\mid U\subset A,\ U\text{는 열린 집합}\}$$

이다. 점 x가 A의 내부에 속하면 x를 A의 내점이라 한다.

다음 정리는 내부의 정의로부터 곧 얻을 수 있다.

【정리 2.12】

위상공간 X의 임의의 부분집합 A에 대하여 다음이 성립한다.

1. A°는 A에 포함되는 가장 큰 열린 집합이다. 즉 G가 열린 집합이고 $G \subset A$이면 $G \subset A^\circ$이다.
2. A가 열린 집합이기위한 필요충분조건은 $A = A^\circ$이다.
3. $A \subset B \Rightarrow A^\circ \subset B^\circ$

[보기 1] $A = [0, 1)$이라 하자. $\mathbb{R}$위의 위상이 $\mathscr{U}$, $\mathscr{H}$, $\mathscr{C}$로 주어진 경우에 A°을 구하면 각각 $(0, 1)$, $[0, 1)$, $\varnothing$와 같다.

A^{c-c}가 A의 여집합, 닫힘, 여집합을 순서대로 구하는 것을 의미할 때 다음이 성립한다.

【정리 2.13】

위상공간 X의 임의의 부분집합 A에 대하여

$$A^\circ = A^{c-c}$$

이다.

증명 $x \in A^\circ$이면 $A^c \cap A^\circ - \{x\} = \varnothing$이므로 $x \notin A^{c\prime}$이다. 그런데 $x \notin A^c$이므로 $x \notin A^c \cup A^{c\prime} = A^{c-}$이다. 따라서 $x \in A^{c-c}$이 되어 $A^\circ \subset A^{c-c}$이다. 한편, $A^c \subset A^{c-}$이므로 $A \supset A^{c-c}$이고, A^{c-c}는 A에 포함되는 열린 집합이므로 $A^{c-c} \subset A^\circ$이다. ∎

【정리 2.14】

위상공간 X의 임의의 부분집합 A, B에 대하여 다음이 성립한다.

1. $X^\circ = X$
2. $A^\circ \subset A$
3. $(A^\circ)^\circ = A^\circ$
4. $(A \cap B)^\circ = A^\circ \cap B^\circ$

증명 1~3은 정의로부터 곧 얻을 수 있으므로 4만을 증명한다.

4. $(A\cap B)^\circ \subset A^\circ$, $(A\cap B)^\circ \subset B^\circ$이므로 $(A\cap B)^\circ \subset A^\circ \cap B^\circ$이다. 그런데 $A^\circ \cap B^\circ$은 열린 집합이고 $A^\circ \cap B^\circ \subset A\cap B$이므로 $A^\circ \cap B^\circ \subset (A\cap B)^\circ$이 성립한다. 따라서 $(A\cap B)^\circ = A^\circ \cap B^\circ$이다. ▮

[보기 2] 위상공간 $(\mathbb{R}, \mathscr{U})$에 대하여 A를 유리수 전체의 집합, B를 무리수 전체의 집합이라 하면 $A^\circ = \varnothing$, $B^\circ = \varnothing$이 되어 $A^\circ \cup B^\circ = \varnothing$이다. 그러나 $(A\cup B)^\circ = \mathbb{R}^\circ = \mathbb{R}$이 된다. 따라서 $(A\cup B)^\circ \neq A^\circ \cup B^\circ$이다.

[정의 2.8]

A를 위상공간 X의 임의의 부분집합이라 할 때 $(X-A)^\circ$를 A의 외부(外部, exterior)라 하고 $\mathrm{Ext}(A)$ 또는 $e(A)$로 나타낸다.

[보기 3] $A=[0, 1)$이라 하자. $\mathbb{R}$위의 위상이 $\mathscr{U}$, $\mathscr{H}$, $\mathscr{C}$로 주어진 경우에 $e(A)$을 구하면 각각 $(-\infty, 0)\cup(1, \infty)$, $(-\infty, 0)\cup[1, \infty)$, $(1, \infty)$와 같다.

【정리 2.15】

위상공간 X의 임의의 부분집합 A, B에 대하여 다음이 성립한다.

1. $e(\varnothing)=X$
2. $e(A)\subset A^c$
3. $e(A)=e(e(A)^c)$
4. $e(A\cup B)=e(A)\cap e(B)$

증명 1~2는 정의로부터 곧 얻을 수 있으므로 3, 4만을 증명한다.

3. $e(e(A)^c)=e(A^{c\circ c})=A^{c\circ cc\circ}=A^{c\circ\circ}=A^{c\circ}=e(A)$
4. $e(A\cup B)=(A\cup B)^{c\circ}=(A^c\cap B^c)^\circ=A^{c\circ}\cap B^{c\circ}=e(A)\cap e(B)$ ▮

[정의 2.9]

A를 위상공간 X의 임의의 부분집합이라 할 때 $(A^\circ \cup A^{c\circ})^c$를 A의 경계(境界, boundary 또는 frontier)라고 하고 $b(A)$ 또는 $\mathrm{Fr}(A)$로 나타낸다.

위상공간 X의 임의의 부분집합 A에 대하여 A°, $e(A)$, $b(A)$은 서로 소이며 $X=A^\circ \cup e(A) \cup b(A)$임을 주목하여야 한다.

[보기 4] $\mathbb{R}$위의 위상이 $\mathscr{T}=\{U\subset\mathbb{R} \mid U=\varnothing \vee 1\in U\}$일 때 $A=\{3, 4\}$에 대하여 $A^\circ=\varnothing$이고 $e(A)=\mathbb{R}-A$이므로 $b(A)=A$이다.

[보기 5] $(X, \mathscr{I})$에 대하여 $\varnothing\neq A\subsetneq X$이면 $A^\circ=\varnothing$이고 $e(A)=\varnothing$이므로 $b(A)=X$이다.

[보기 6] $(X, \mathscr{D})$에 대하여 $A\subset X$이면 $A^\circ=A$이고 $e(A)=A^c$이므로 $b(A)=\varnothing$이다.

【정리 2.16】

위상공간 X의 임의의 부분집합 A에 대하여 다음이 성립한다.

1. $b(A)=\overline{A}-A^\circ=\overline{A}\cap A^{c-}$
2. $\overline{A}=A\cup b(A)$
3. $A^\circ=A-b(A)$
4. A가 닫힌 집합이기 위한 필요충분조건은 $b(A)\subset A$이다.
5. A가 열린 집합이기 위한 필요충분조건은 $A\cap b(A)=\varnothing$인 것이다.

증명 1. $b(A)=(A^\circ \cup A^{c\circ})^c=A^{\circ c}\cap A^{c\circ c}$이고 정리 2.13에 의하여 $A^\circ=A^{c-c}$이므로 $A^{\circ c}=A^{c-}$이다. 또한 $A^{c\circ c}=A^-$이므로 $b(A)=A^{c-}\cap A^-$이 성립한다. 그리고 $b(A)=A^{c\circ c}\cap A^{\circ c}=A^-\cap A^{\circ c}=A^- - A^\circ$이다.

2. $A\cup b(A)=A\cup(\overline{A}-A^\circ)=A\cup(A^-\cap A^{\circ c})$

$$=(A\cup A^-)\cap(A\cup A^{\circ c})=\overline{A}\cap X=\overline{A}$$

3. $A-b(A)=A\cap b(A)^c = A\cap (A^\circ \cup A^{c\circ})$

$$= (A\cap A^\circ)\cup (A\cap A^{c\circ}) = A^\circ \cup \varnothing = A^\circ$$

4. A가 닫힌 집합이기 위한 필요충분조건은 $A=\overline{A}=A\cup b(A)$인 것이고, 이것은 $b(A)\subset A$와 동치이다.

5. A가 열린 집합이기 위한 필요충분조건은 $A=A^\circ=A-b(A)$인 것이고, 이것은 $b(A)\cap A=\varnothing$와 동치이다. ▒

연습문제 2.3

1. $X=\{a, b, c\}$ 위의 위상이 $\mathscr{T}=\{X, \varnothing, \{a, b\}, \{a, c\}, \{a\}\}$일 때 집합 $A=\{a, c\}$에 대하여 다음을 구하라.

(1) $\overline{A}$ (2) A' (3) A° (4) $e(A)$ (5) $b(A)$

2. $(\mathbb{R}, \mathscr{U})$의 부분집합 $A=\{1/n \mid n\in\mathbb{N}\}$에 대하여 다음을 구하라.

(1) $\overline{A}$ (2) A' (3) A° (4) $e(A)$ (5) $b(A)$

3. $X=\{a, b\}$ 위의 위상이 $\mathscr{P}=\{X, \varnothing, \{a\}\}$일 때 집합 $A=\{a\}$에 대하여 다음을 구하라.

(1) $\overline{A}$ (2) A' (3) A° (4) $e(A)$ (5) $b(A)$

4. $(\mathbb{R}, \mathscr{U})$의 부분집합 $A=(0, 1)\cup(1, 2)$에 대하여 $A^{-\circ}$을 구하라. 일반적으로 A가 열린 집합일 때 $A^{-\circ}=A$라는 것은 참인 명제인가?

5. $(\mathbb{R}, \mathscr{U})$의 부분집합 $A=[1, 2]\cup\{3\}$에 대하여 $A^{\circ -}$을 구하라. 일반적으로 A가 닫힌 집합일 때 $A^{\circ -}=A$라는 것은 참인 명제인가?

6. 위상공간 X의 임의의 부분집합 A에 대하여 $\overline{A}=A^\circ \cup b(A)$임을 증명하여라.

7. 위상공간 X의 임의의 부분집합 A, B에 대하여 $b(A\cup B)\subsetneq b(A)\cup b(B)$임을 보여라.

8. 위상공간 X의 임의의 부분집합 A에 대하여 다음이 성립함을 보여라.

(1) $b(\varnothing)=\varnothing$ (2) $b(A)=b(A^c)$ (3) $b(b(A))\subsetneq b(A)$

2.4 기저(基底)와 부분기저(部分基底)

위상공간 $(\mathbb{R}, \mathscr{U})$의 열린 집합은 열린 구간들의 합집합으로 표시될 수 있었다. 이와 같이 위상공간 X의 열린 집합 중에서는 모든 열린 집합을 생성하기에 충분한 기본 열린 집합들을 생각할 수 있는데 이들의 모임을 기저라고 한다.

[정의 2.10]

위상공간 $(X, \mathscr{T})$에 대하여 $\mathscr{B}\subset\mathscr{T}$가 위상 $\mathscr{T}$에 대한 기저(基底, a base for the topology $\mathscr{T}$)라고 하는 것은 모든 $\mathscr{T}$-열린 집합들이 $\mathscr{B}$에 속하는 원소들의 합집합으로 표시될 수 있을 때이다. $\mathscr{B}$에 속하는 열린 집합들을 기본 열린 집합(basic open set)이라 한다.

[보기 1] 위상공간 $(X, \mathscr{T})$에 대하여 $\mathscr{T}$는 위상 $\mathscr{T}$에 대한 기저이다.

[보기 2] 집합들의 모임 $\mathscr{B}=\{\{x\}|x\in\mathbb{R}\}$은 $\mathbb{R}$위의 이산위상 $\mathscr{D}$에 대한 기저이다.

【 정리 2.17 】

$(X, \mathscr{T})$를 위상공간이라 하자. $\mathscr{B}\subset\mathscr{T}$가 위상 $\mathscr{T}$에 대한 기저이기 위한 필요충분조건은 $U\in\mathscr{T}$일 때 임의의 $x\in U$에 대하여 적당한 $B\in\mathscr{B}$가 있어서 $x\in B\subset U$이 성립하는 것이다.

증명 $(\Rightarrow)$ $\mathscr{B}$가 위상 $\mathscr{T}$에 대한 기저라고 하고 $U\in\mathscr{T}$일 때 $x\in U$이라 하자. $\mathscr{B}$는 $\mathscr{T}$에 대한 기저이므로 어떤 지표 집합 Λ에 대하여 $U=\cup\{B_\alpha\in\mathscr{B}\,|\,\alpha\in\Lambda\}$이다.

따라서 $x \in B_\beta \subset U$을 만족하는 $\beta \in \Lambda$는 적어도 하나 존재한다.

($\Leftarrow$) $U \in \mathscr{T}$이라 하자. 임의의 $x \in U$에 대하여 $x \in B_x \subset U$을 만족하는 적당한 $B_x \in \mathscr{B}$가 존재하므로 $U = \cup\{B_x \in \mathscr{B} \mid x \in U\}$이 성립한다. 따라서 $\mathscr{B}$가 $\mathscr{T}$에 대한 기저이다. ∎

[보기 3] 다음은 $\mathbb{R}$위의 보통위상 $\mathscr{U}$에 대한 기저이다.

(1) $\mathscr{B}_1 = \{(x-1/n,\ x+1/n) \mid x \in \mathbb{R},\ n \in \mathbb{Z}^+\}$

(2) $\mathscr{B}_2 = \{(a,\ b) \mid a,\ b \in \mathbb{R},\ b-a<1\}$

(3) $\mathscr{B}_3 = \{(a,\ b) \mid a,\ b \in \mathbb{Q}\}$

고정된 집합 X의 부분집합들의 모임은 X위의 어떤 위상에 대한 기저가 될 수도 있고, 되지 않을 수도 있다. 다음 정리는 X위의 어떤 위상에 대한 기저가 될 수 있는 조건을 말해주고 있다.

【정리 2.18】

X를 임의의 집합, $\mathscr{B}$을 X의 부분집합들의 모임이라 하자. $\mathscr{B}$가 X위의 어떤 위상에 대한 기저가 되기 위한 필요충분조건은

(1) $X = \cup\{B \mid B \in \mathscr{B}\}$

(2) $B_1,\ B_2 \in \mathscr{B}$이고 $x \in B_1 \cap B_2$이면 적당한 $B \in \mathscr{B}$가 있어서 $x \in B \subset B_1 \cap B_2$이 성립하는 것이다.

증명 ($\Rightarrow$) $\mathscr{B}$가 X위의 어떤 위상 $\mathscr{T}$에 대한 기저라고 하면 $\mathscr{B} \subset \mathscr{T}$이므로 조건 (1)과 (2)가 성립하는 것은 분명하다.

($\Leftarrow$) $\mathscr{T}$을 $\mathscr{B}$에 속하는 원소들의 합집합들 전체로 이루어진 모임이라 하고, $\mathscr{T}$가 X위의 위상임을 보이면 된다.

조건 (1)에 의하여 $X \in \mathscr{T}$이고 $\varnothing = \cup\{B \mid B \in \varnothing\}$, $\varnothing \subset \mathscr{B}$이므로 $\varnothing \in \mathscr{T}$이다. $\mathscr{T}$에 속하는 임의의 원소들의 합집합이 $\mathscr{T}$에 속하는 것은 $\mathscr{T}$의 정의로부터 자명하다. $U \in \mathscr{T}$이고 $V \in \mathscr{T}$이면 $U \cap V \in \mathscr{T}$임을 보이기 위하여 $x \in U \cap V$라고 하자. 그러면 적당한 $B_1,\ B_2 \in \mathscr{B}$이 있어서 $x \in B_1 \subset U$이고 $x \in B_2 \subset V$이 성립한다.

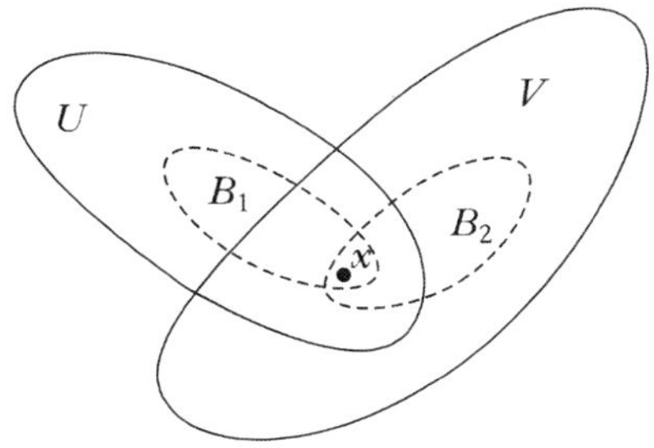

[그림 1]

그러므로 $x \in B_1 \cap B_2 \subset U \cap V$이다. 그런데 조건 (2)에 의하여 적당한 $B_x \in \mathscr{B}$가 있어서 $x \in B_x \subset B_1 \cap B_2$을 만족한다. 따라서 $x \in B_x \subset U \cap V$이다. 이것은 $U \cap V$가 $\mathscr{B}$에 속하는 원소들의 합집합으로 표시됨을 의미한다. 그러므로 $U \cap V \in \mathscr{T}$이다. ▒

$\mathscr{B}$를 기저로 가지는 위상 $\mathscr{T}(\mathscr{B})$은 일의적으로 결정되고, $\mathscr{B}$를 포함하는 위상 중에서 가장 작은 위상이다. $\mathscr{B}$를 포함하는 모든 위상들의 교집합이 $\mathscr{T}(\mathscr{B})$이기 때문이다.

[보기 4] 평면 $\mathbb{R}^2 = \mathbb{R} \times \mathbb{R}$에서

$$\mathscr{B} = \{(a,\ b) \times (c,\ d) \mid a < b,\ c < d,\ a,\ b,\ c,\ d \in \mathbb{R}\}$$

이라 하면 $\mathscr{B}$는 위 정리의 조건을 만족하므로 $\mathscr{B}$는 $\mathbb{R}^2$위의 일의적인 위상에 대한 기저가 된다. 이 위상을 평면 $\mathbb{R}^2$위의 보통위상이라 하고 이것도 $\mathscr{U}$로 나타낸다.

주어진 기저를 서로 비교하여 한 위상이 다른 위상보다 더 섬세한지의 여부를 판단하는 방법은 매우 유용하다. 다음 정리에서 그 기준을 설명하고 있다.

【정리 2.19】

$\mathscr{B}$와 $\mathscr{B}'$을 각각 X의 위상 $\mathscr{T}$와 $\mathscr{T}'$에 대한 기저라고 하자. $\mathscr{T} \subset \mathscr{T}'$이기 위한 필요충분조건은 임의의 점 $x \in X$와 임의의 집합 $x \in B \in \mathscr{B}$에 대하여 적당한 $B' \in \mathscr{B}'$이 있어서 $x \in B' \subset B$가 성립하는 것이다.

증명 ($\Rightarrow$) $x \in X$이고 $x \in B \in \mathscr{B}$이라 하자. $\mathscr{T} \subset \mathscr{T}'$이므로 $B \in \mathscr{T}'$이다. 따라서 적당한 $B' \in \mathscr{B}'$가 있어서 $x \in B' \subset B$이다.

($\Leftarrow$) 임의의 $U \in \mathscr{T}$와 임의의 $x \in U$에 대하여 $x \in B \subset U$을 만족하는 적당한 $B \in \mathscr{B}$이 존재한다. 그런데 조건에 의하여 $x \in B' \subset B$을 만족하는 적당한 $B' \in \mathscr{B}'$가 존재하므로 $x \in B' \subset U$이 성립한다. 그러므로 $U \in \mathscr{T}'$이 되어 $\mathscr{T} \subset \mathscr{T}'$이다. ∎

[보기 5] 평면에서의 열린 원판들의 모임과 열린 직사각형의 모임은 $\mathbb{R}^2$위의 동일한 위상 $\mathscr{U}$에 대한 기저이다.

[보기 6] $\mathbb{R}$의 반 열린 구간 위상 $\mathscr{H}$는 보통위상 $\mathscr{U}$보다 더 섬세하다. 즉 $\mathscr{U} \subset \mathscr{H}$이다.

[정의 2.11]

위상공간 $(X, \mathscr{T})$에 대하여 $\Sigma \subset \mathscr{T}$가 위상 $\mathscr{T}$에 대한 부분기저(部分基底, a subbase for the topology $\mathscr{T}$)라고 하는 것은 Σ에 속하는 원소들의 유한 교집합들의 모임이 $\mathscr{T}$에 대한 기저가 될 때이다.

[보기 7] $\Sigma = \{(a, b) \times \mathbb{R},\ \mathbb{R} \times (c, d) \mid a < b,\ c < d,\ a, b, c, d \in \mathbb{R}\}$은 $\mathbb{R}^2$위의 위상 $\mathscr{U}$에 대한 부분기저이다.

【정리 2.20】

집합 $X \neq \varnothing$에 대하여 임의의 X의 부분집합들의 모임 $\Sigma \subset \mathscr{P}(X)$는 X위의 일의적인 위상에 대한 부분기저가 된다. 이 위상은 Σ를 포함하는 위상 중에서 가장 작은 위상이고, Σ에 의하여 생성된 위상이라 하며 $\mathscr{T}(\Sigma)$로 나타낸다.

증명 Σ에 속하는 원소들의 유한교집합들의 모임 $\mathscr{B}$가 X위의 위상에 대한 기저임을 보이면 된다. $X = \cap\{B \mid B \in \varnothing\}$, $\varnothing \subset \Sigma$이므로 $X \in \mathscr{B}$이다. 따라서 $\mathscr{B}$는 정리 2.18

의 조건 (1)을 만족한다. 또 B_1, $B_2 \in \mathscr{B}$이면 B_1, B_2는 Σ에 속하는 원소들의 유한교집합이므로 $B_1 \cap B_2$도 Σ에 속하는 원소들의 유한교집합이다. 따라서 $B_1 \cap B_2 \in \mathscr{B}$이므로 정리 2.18의 조건 (2)를 만족하는 것은 쉽게 알 수 있다. 그러므로 $\mathscr{B}$는 X위의 일의적인 위상에 대한 기저이고 Σ는 X위의 위상에 대한 부분기저가 된다. $\mathscr{T}(\Sigma)$가 Σ을 포함하는 가장 작은 위상이 되는 것은 분명하다. ∎

[보기 8] $(X, <)$를 단순순서집합이라 하고, 모든 $p \in X$에 대하여 $E_p = \{x \in X \mid x < p\}$, $F_p = \{x \in X \mid p < x\}$이라 할 때 $\{E_p, F_p \mid p \in X\}$은 X의 일의적인 위상 $\mathscr{T}$에 대한 부분기저가 된다. $\mathscr{T}$를 X위의 순서위상(順序位相, order topology)이라 한다. $\mathbb{R}$위의 위상 $\mathscr{U}$는 $(\mathbb{R}, <)$에 주어진 순서위상의 보기이다.

[보기 9] $X = \{a, b, c, d, e\}$, $\Sigma = \{\{a, b, c\}, \{c, d\}, \{d, e\}\}$일 때 Σ에 의하여 생성된 위상 $\mathscr{T}(\Sigma)$는 다음과 같다. Σ에 속하는 원소들의 유한교집합들의 모임이 $\mathscr{B} = \{X, \{a, b, c\}, \{c, d\}, \{d, e\}, \{c\}, \{d\}, \varnothing\}$이므로 $\mathscr{T}(\Sigma)$은 $\mathscr{B}$에 속하는 원소들의 합집합들의 모임인 $\{X, \{a, b, c\}, \{c, d\}, \{d, e\}, \{c\}, \{d\}, \varnothing, \{a, b, c, d\}, \{c, d, e\}\}$이다.

[정의 2.12]

위상공간 X와 $x \in X$에서의 근방 계 $\mathscr{N}_x$에 대하여 $\mathscr{B}_x \subset \mathscr{N}_x$이 x에서의 국소기저(局所基底, local base)라 하는 것은 임의의 $N \in \mathscr{N}_x$에 대하여 $B \subset N$인 $B \in \mathscr{B}_x$가 존재하는 경우를 말한다.

[보기 10] (1) 위상공간 X와 임의의 $x \in X$에 대하여 점 x의 모든 열린 집합들의 모임은 x에서의 국소기저이다.

(2) $\mathscr{B}$가 X위의 위상 $\mathscr{T}$의 기저이면 $\mathscr{B}_x = \{B \in \mathscr{B} \mid x \in B\}$는 x에서의 국소기저이다.

국소기저의 정의로부터 다음 정리를 얻을 수 있다.

【정리 2.21】

위상공간 X와 $A\subset X$에 대하여 $x\in X$가 A의 집적점이 되기 위한 필요충분조건은 x에서의 국소기저에 속하는 모든 B에 대하여 $(B\cap A)-\{x\}\neq\varnothing$이 성립하는 것이다.

연습문제 2.4

1. 다음 각 모임은 $\mathbb{R}$위의 위상에 대한 기저가 아님을 보여라.
   (1) $\{(n,\ n+1)|n\in\mathbb{Z}\}$ (2) $\{(x-1,\ x+1)|x\in\mathbb{R}\}$
   (3) $\{[x,\ x+1]|x\in\mathbb{R}\}$

2. $\mathscr{B}=\{(-x,\ x)|x\in\mathbb{R}^+\}$는 $\mathbb{R}$위의 어떤 위상에 대한 기저임을 보여라. $\mathscr{B}$는 $\mathscr{U}$에 대한 기저인가?

3. $\mathscr{A}=\{\{x\}|x\in\mathbb{R}\}$은 $\mathbb{R}$위의 보통위상 $\mathscr{U}$에 대한 기저가 되는가?

4. $X=\{a,\ b,\ c\}$위의 위상이 $\mathscr{T}_1=\{X,\ \varnothing,\ \{a\},\ \{a,\ b\}\}$, $\mathscr{T}_2=\{X,\ \varnothing,\ \{a\},\ \{b,\ c\}\}$일 때 $\mathscr{T}_1$, $\mathscr{T}_2$를 포함하는 가장 작은 위상과 $\mathscr{T}_1$, $\mathscr{T}_2$에 포함되는 가장 큰 위상을 구하라.

5. $X=\{a,\ b,\ c,\ d,\ e\}$위의 이산위상 $\mathscr{D}$에 대하여 어떠한 한원소집합도 포함하지 않는 $\mathscr{D}$에 대한 부분기저 Σ를 구하라.

2.5 부분공간(部分空間)

【정리 2.22】

위상공간 $(X, \mathscr{T})$에 대하여 $\varnothing \neq Y \subset X$일 때 $\mathscr{T}_Y = \{U \cap Y \mid U \in \mathscr{T}\}$는 Y위의 위상이다.

증명 $X, \varnothing \in \mathscr{T}$이므로 $Y = X \cap Y \in \mathscr{T}_Y$이고 $\varnothing = \varnothing \cap Y \in \mathscr{T}_Y$이다. 임의의 $\alpha \in \Lambda$에 대하여 $V_\alpha \in \mathscr{T}_Y$이라 하자. 그러면 각 $\alpha \in \Lambda$에 대하여 $V_\alpha = U_\alpha \cap Y$인 $U_\alpha \in \mathscr{T}$가 존재하고, $\cup\{V_\alpha \mid \alpha \in \Lambda\} = \cup\{U_\alpha \cap Y \mid \alpha \in \Lambda\} = (\cup\{U_\alpha \mid \alpha \in \Lambda\}) \cap Y$이 된다. 그런데 $\cup\{U_\alpha \mid \alpha \in \Lambda\} \in \mathscr{T}$이므로 $\cup\{V_\alpha \mid \alpha \in \Lambda\} \in \mathscr{T}_Y$이다. 또한 $V_1, V_2 \in \mathscr{T}_Y$이라 하자. $V_1 = U_1 \cap Y$, $V_2 = U_2 \cap Y$인 $U_1, U_2 \in \mathscr{T}$가 존재하여 $V_1 \cap V_2 = (U_1 \cap Y) \cap (U_2 \cap Y) = (U_1 \cap U_2) \cap Y$이 되고, $U_1 \cap U_2 \in \mathscr{T}$이다. 따라서 $V_1 \cap V_2 \in \mathscr{T}_Y$이다. 그러므로 $\mathscr{T}_Y$는 Y위의 위상이다. ∎

[정의 2.13]

위상공간 $(X, \mathscr{T})$에 대하여 $\varnothing \neq Y \subset X$일 때 $(Y, \mathscr{T}_Y)$을 $(X, \mathscr{T})$의 부분공간(subspace)이라고 한다. 이 때 $\mathscr{T}_Y$를 Y위의 $\mathscr{T}$의 상대위상(相對位相, relative topology) 또는 부분공간위상(subspace topology)이라 하고, $W \in \mathscr{T}_Y$이면 W는 Y에 관하여 열린 집합 또는 Y에서 열린 집합이라 한다.

[보기 1] $X = \{a, b, c\}$위의 위상이 $\mathscr{T} = \{X, \varnothing, \{a\}, \{a, b\}\}$일 때 집합 $Y = \{a, c\}$에 대하여 $\mathscr{T}_Y = \{Y, \varnothing, \{a\}\}$이다.

[보기 2] 이산공간의 부분공간은 이산공간이고, 밀착공간의 부분공간은 밀착공간이다.

[보기 3] $X = \mathbb{R}$위의 위상이 $\mathscr{T} = \{U \subset X \mid U = \varnothing \vee 1 \in U\}$일 때 집합 $Y = \{2, 5\}$에 대하여 $\mathscr{T}_Y$는 이산위상이다. 왜냐하면 임의의 $x \in Y$에 대하여 집합

$\{1,\ x\}$는 $\mathscr{T}$-열린집합이고, $\{x\}=\{1,\ x\}\cap Y$이므로 $\{x\}$이 $\mathscr{T}_Y$-열린집합이 되기 때문이다.

【정리 2.23】

$(Y,\ \mathscr{T}_Y)$는 위상공간$(X,\ \mathscr{T})$의 부분공간, $A\subset Y$일 때 다음이 성립한다.

1. A가 $\mathscr{T}_Y$-닫힌 집합이기 위한 필요충분조건은 적당한 $\mathscr{T}$-닫힌 집합 F가 있어서 $A=F\cap Y$이 되는 것이다.
2. A의 $\mathscr{T}_Y$에 관한 유도집합을 A'_Y로 나타내면 $A'_Y=A'\cap Y$이다.
3. A의 $\mathscr{T}_Y$에 관한 닫힘을 $\overline{A}_Y$로 나타내면 $\overline{A}_Y=\overline{A}\cap Y$이다.

증명 1. A가 $\mathscr{T}_Y$-닫힌 집합이기 위한 필요충분조건은 $Y-A$가 Y에서 열린 집합인 것이고, 이것은 적당한 $\mathscr{T}$-열린 집합 U가 있어서 $Y-A=U\cap Y$인 것과 동치이다. 그런데 이 등식이 성립하기 위한 필요충분조건은 $A=Y\cap(X-U)$이 성립하는 것이므로 $X-U=F$라고 하면 정리가 성립한다.

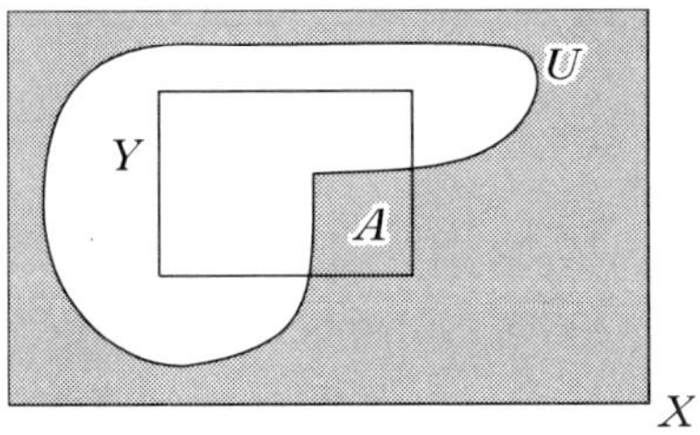

[그림 2]

2. $x\in A'_Y$이라 하자. $x\in U$인 임의의 $\mathscr{T}$-열린 집합 U에 대하여 $U\cap Y$는 $\mathscr{T}_Y$-열린 집합이고 $x\in U\cap Y$이므로 $(U\cap Y)\cap A-\{x\}=U\cap A-\{x\}\neq\varnothing$이다. 따라서 $x\in A'$이 되어 $A'_Y\subset A'\cap Y$이다. 역으로 $x\in A'\cap Y$이라 하면 $x\in W$인 임의의 $\mathscr{T}_Y$-열린 집합 W에 대하여 $W=U\cap Y$인 $\mathscr{T}$-열린 집합 U가 존재하여

$$U\cap A-\{x\}=U\cap(Y\cap A)-\{x\}=(U\cap Y)\cap A-\{x\}=W\cap A-\{x\}\neq\varnothing$$

이 성립한다. 따라서 $x\in A'_Y$이 되어 $A'\cap Y\subset A'_Y$이다.

3. 정리 2.9에 의하여 다음이 성립한다.

$$\overline{A}_Y=A\cup A'_Y=A\cup(A'\cap Y)=(A\cup A')\cap(A\cup Y)=\overline{A}\cap Y$$ ∎

【정리 2.24】

$(Y, \mathscr{T}_Y)$는 위상공간$(X, \mathscr{T})$의 부분공간, $A \subset Y$일 때 다음이 성립한다.

1. A의 $\mathscr{T}_Y$에 관한 내부를 $A^\circ{}_Y$로 나타내면 $A^\circ \cap Y \subset A^\circ{}_Y$이다.
2. A의 $\mathscr{T}_Y$에 관한 경계를 $b(A)_Y$로 나타내면 $b(A)_Y \subset b(A) \cap Y$이다.

증명 1. $A^\circ \cap Y$이 A에 포함되는 Y에서의 열린 집합이므로 $A^\circ \cap Y \subset A^\circ{}_Y$이 성립한다.

2. $b(A)_Y = \overline{A}_Y - A^\circ{}_Y = (\overline{A} \cap Y) - A^\circ{}_Y \subset (\overline{A} \cap Y) - (A^\circ \cap Y)$

$= (\overline{A} - A^\circ) \cap Y = b(A) \cap Y$ ∎

[보기 4] $(\mathbb{R}, \mathscr{U})$의 부분공간 $Y = [0, 1]$에 대하여 $A = Y$일 때 $A^\circ{}_Y = Y$, $A^\circ \cap Y = (0, 1)$, $b(A)_Y = \varnothing$, $b(A) \cap Y = \{0, 1\} \cap Y = \{0, 1\}$이다.

다음 정리는 부분공간의 정의와 정리 2.17에 의하여 분명하다.

【정리 2.25】

$(X, \mathscr{T})$을 위상공간이라 하자. $\mathscr{B}$가 위상 $\mathscr{T}$에 대한 기저이고, $Y \subset X$일 때 집합들의 모임 $\{B \cap Y \mid B \in \mathscr{B}\}$은 Y위의 상대위상 $\mathscr{T}_Y$에 대한 기저가 된다.

【정리 2.26】

위상공간 $(X, \mathscr{T})$의 부분집합 Y에 대하여 Y가 $\mathscr{T}$-열린 집합이기 위한 필요충분조건은 $\mathscr{T}_Y \subset \mathscr{T}$이다.

증명 $(\Rightarrow)$ 임의의 $W \in \mathscr{T}_Y$에 대하여 $W = U \cap Y$인 $\mathscr{T}$-열린 집합 U가 존재한다. 그런데 Y가 $\mathscr{T}$-열린 집합이므로 $W \in \mathscr{T}$이다.

$(\Leftarrow)$ $Y \in \mathscr{T}_Y$이고 $\mathscr{T}_Y \subset \mathscr{T}$이므로 Y가 $\mathscr{T}$-열린 집합이다. ∎

【정리 2.27】

위상공간 $(X, \mathscr{T})$의 부분집합 A, B에 대하여 $A \subset B$일 때 $\mathscr{T}_A = (\mathscr{T}_B)_A$이다.

증명 임의의 $U \in \mathscr{T}$에 대하여 $U \cap A \in \mathscr{T}_A$이고 $(U \cap B) \cap A \in (\mathscr{T}_B)_A$이다. 그런데 $A \subset B$이므로 $U \cap A = (U \cap B) \cap A$이다. 따라서 $\mathscr{T}_A = (\mathscr{T}_B)_A$이다. ▮

연습문제 2.5

1. 보통위상공간 $\mathbb{R}$의 부분공간 $Y = [0, 1) \cup \{2\}$에 대하여 Y에서 열린 집합이면서 동시에 닫힌 집합인 부분집합을 모두 구하라.

2. $X = \{a, b, c\}$ 위의 위상이 $\mathscr{T} = \{X, \varnothing, \{a\}, \{a, b\}\}$일 때 집합 $Y = \{a, c\}$에 대하여 다음을 구하라.

   (1) $\overline{\{a\}}$　　(2) $\overline{\{a\}}_Y$　　(3) $e(\{a\})$　　(4) $e(\{a\})_Y$

3. $(Y, \mathscr{T}_Y)$는 $(X, \mathscr{T})$의 부분공간, $A \subset Y$일 때 $A^\circ = (A^\circ)_Y \cap Y^\circ$임을 보여라.

제 3 장

연속과 위상동형

〈 학습목표 〉

위상수학의 연구는 함수의 연속성 개념을 확대하고 일반화하는 과정에서 그 이론적 동기를 찾을 수 있다. 연속성의 동치조건을 살펴보고, 위상구조가 보존되는 위상동형함수를 학습하여 위상동형인 두 공간은 같은 것으로 볼 수 있음을 확인한다. 또한 위상동형인 위상공간이 공통적으로 지니는 성질로서 위상적인 성질을 소개한다. 위상수학이란 위상적인 성질들을 연구하는 학문이라고 말할 수 있다.

【토론과제】

1. 함수 $f:\mathbb{R}\to\mathbb{R}$의 그래프가 이어져 있으면 f는 연속함수인가?
2. 함수 $f:\mathbb{R}\to\mathbb{R}$의 그래프가 끊긴 곳이 있으면 f는 불연속함수인가?
3. 상수함수는 정의역과 치역의 위상에 관계없이 항상 연속인가?

3.1 연속성

연속성 개념은 위상공간의 개념을 이론적으로 발전시켜야 하는 주요한 이유 중의 하나이다.

[정의 3.1]

$(X, \mathscr{T})$와 (Y, Φ)을 두 위상공간이라 하고, $f : X \to Y$를 함수라 할 때 임의의 $V \in \Phi$에 대하여 $f^{-1}(V) \in \mathscr{T}$이 성립하면 f는 $\mathscr{T}-\Phi$ 연속 또는 간단히 연속(連續, continuous)이라 말한다.

【정리 3.1】

$(X, \mathscr{T})$와 (Y, Φ)를 두 위상공간이라 하고, $f : X \to Y$를 함수라 할 때 다음 명제들은 서로 동치이다.

(1) 함수 f는 연속이다.

(2) F가 Φ-닫힌 집합이면 $f^{-1}(F)$는 $\mathscr{T}$-닫힌 집합이다.

(3) $\mathscr{B}$가 위상 Φ에 대한 기저이고, $B \in \mathscr{B}$이면 $f^{-1}(B) \in \mathscr{T}$이다.

(4) 임의의 $x \in X$와 $f(x)$의 임의의 Φ-근방 W에 대하여 $f^{-1}(W)$는 x의 $\mathscr{T}$-근방이다. 이 경우 함수 f는 임의의 점 $x \in X$에서 연속이라 한다.

(5) 임의의 $x \in X$와 $f(x)$의 임의의 Φ-근방 W에 대하여 적당한 x의 $\mathscr{T}$-근방 N이 존재하여 $f(N) \subset W$이 성립한다.

(6) 임의의 $A \subset X$에 대하여 $f(\overline{A}) \subset \overline{f(A)}$이 성립한다.

증명 (1) $\Rightarrow$ (3) $\Rightarrow$ (4) $\Rightarrow$ (5) $\Rightarrow$ (6) $\Rightarrow$ (2) $\Rightarrow$ (1)을 보인다.

(1) $\Rightarrow$ (3) $\mathscr{B} \subset \Phi$이므로 분명하다.

(3) $\Rightarrow$ (4) 임의의 $x \in X$에 대하여 W을 $f(x)$의 임의의 Φ-근방이라 하자. 그러면 $f(x) \in H \subset W$을 만족하는 적당한 열린 집합 $H \in \Phi$이 존재한다. 그리고 위상 Φ에 대한 기저 $\mathscr{B}$에 속하는 적당한 B가 있어서 $f(x) \in B \subset H$을 만족한다. $f^{-1}(B) \in \mathscr{T}$이고, $x \in f^{-1}(B) \subset f^{-1}(H) \subset f^{-1}(W)$이므로 $f^{-1}(W)$가 x의 $\mathscr{T}$-근방

이다.

(4) $\Rightarrow$ (5) 임의의 $x\in X$와 $f(x)$의 임의의 Φ-근방 W에 대하여 $f^{-1}(W)$는 x의 $\mathscr{T}$-근방이다. 따라서 $N\in\mathscr{T}$이 있어서 $x\in N\subset f^{-1}(W)$이 성립하므로 $f(N)\subset f(f^{-1}(W))\subset W$이다.

(5) $\Rightarrow$ (6) $A\subset X$이고 $y\in f(\overline{A})$이라 하자. $y\in\overline{f(A)}$임을 보이려면 임의의 $y\in G\in\varnothing$에 대하여 $G\cap f(A)\neq\varnothing$임을 보이면 충분하다. $y\in f(\overline{A})$이므로 적당한 $x\in\overline{A}$이 있어서 $y=f(x)$이다. G가 $f(x)$의 Φ-근방이므로 적당한 x의 $\mathscr{T}$-근방 N이 존재하여 $f(N)\subset G$이 성립한다. 따라서 $M\in\mathscr{T}$이 있어서 $x\in M\subset N$이고, $x\in\overline{A}$이므로 $z\in M\cap A$가 존재한다. 그러므로

$$f(z)\in f(M\cap A)\subset f(M)\cap f(A)\subset f(N)\cap f(A)\subset G\cap f(A)$$

이 성립한다.

(6) $\Rightarrow$ (2) F가 Φ-닫힌 집합이라 하자. $f\left(\overline{f^{-1}(F)}\right)\subset\overline{f\left(f^{-1}(F)\right)}\subset\overline{F}=F$이므로 $\overline{f^{-1}(F)}\subset f^{-1}(F)$이다. 그러므로 $f^{-1}(F)$는 $\mathscr{T}$-닫힌 집합이다.

(2) $\Rightarrow$ (1) 임의의 $V\in\Phi$에 대하여 $Y-V$는 Φ-닫힌 집합이고 $f^{-1}(Y-V)$는 $\mathscr{T}$-닫힌 집합이다. 그런데 $f^{-1}(Y-V)=X-f^{-1}(V)$이므로 $f^{-1}(V)\in\mathscr{T}$이다. ▮

[보기 1]

$$f(x)=\begin{cases} x+1, & x\geq 1 \\ -1, & x<1 \end{cases}$$

로 정의된 함수 $f:\mathbb{R}\to\mathbb{R}$의 연속성은 정의역과 공역에 주어진 위상에 따라 결정된다. 몇 가지 보기를 들면 다음과 같다.

(1) $f^{-1}((1,\ 3))=[1,\ 2)$이므로 함수 $f:\mathbb{R}\to\mathbb{R}$는 $\mathscr{U}$-$\mathscr{U}$연속이 아니다.

(2) $(1,\ 3)\in\mathscr{H}$이므로 함수 $f:\mathbb{R}\to\mathbb{R}$는 $\mathscr{U}$-$\mathscr{H}$연속도 아니다.

(3) $f^{-1}((0,\ \infty))=[1,\ \infty)$이므로 함수 $f:\mathbb{R}\to\mathbb{R}$는 $\mathscr{C}$-$\mathscr{C}$ 연속이 아니다.

(4) 함수 $f:\mathbb{R}\to\mathbb{R}$는 $\mathscr{H}$-$\mathscr{U}$연속이고 $\mathscr{H}$-$\mathscr{H}$연속이다.

(5) $\mathscr{T}$가 $\mathbb{R}$ 위의 임의의 위상일 때 함수 $f:(\mathbb{R},\ \mathscr{D})\to(\mathbb{R},\ \mathscr{T})$는 항상 연속이다.

(6) $\mathscr{T}$가 $\mathbb{R}$위의 임의의 위상일 때 함수 $f:(\mathbb{R},\ \mathscr{T})\to(\mathbb{R},\ \mathscr{I})$는 항상 연속이다.

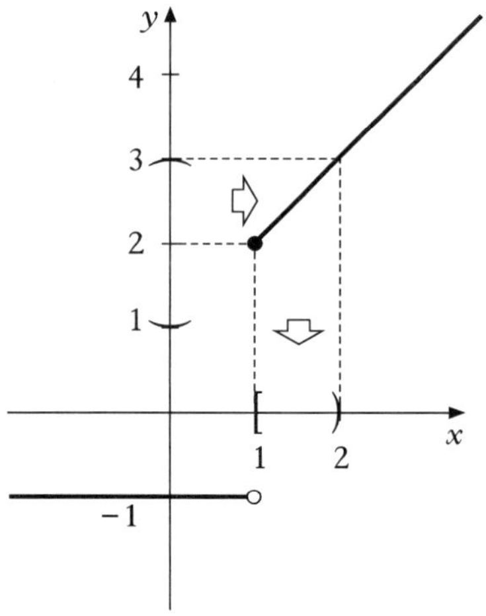

[그림 1]

【정리 3.2】

위상공간 $(X, \mathscr{T})$, (Y, φ)와 (Z, Φ)에 대하여 함수 $f:(X, \mathscr{T}) \to (Y, \varphi)$와 $g:(Y, \varphi) \to (Z, \Phi)$가 연속이면 함수 $g\circ f:(X, \mathscr{T}) \to (Z, \Phi)$도 연속이다.

증명 함수 g와 f가 연속이므로 임의의 $G\in\Phi$에 대하여 $g^{-1}(G)\in\varphi$이고, $(g\circ f)^{-1}(G) = f^{-1}(g^{-1}(G))\in\mathscr{T}$이다. 따라서 함수 $g\circ f$는 연속이다. ∎

【정리 3.3】

위상공간 $(X, \mathscr{T})$, (Y, φ)와 $A\subset X$에 대하여 함수 $f:(X, \mathscr{T}) \to (Y, \varphi)$가 연속이면 A로의 제한함수 $f|_A:(A, \mathscr{T}_A) \to (Y, \varphi)$도 연속이다.

증명 함수 f가 연속이므로 임의의 $G\in\varphi$에 대하여 $f^{-1}(G)\in\mathscr{T}$이고, $f|_A{}^{-1}(G) = f^{-1}(G)\cap A\in\mathscr{T}_A$이다. 따라서 $f|_A:(A, \mathscr{T}_A) \to (Y, \varphi)$는 연속이다. ∎

일반적으로 이 역은 성립하지 않지만 다음 정리에서와 같이 역이 성립할 경우가 있다.

【정리 3.4】

$A_1, A_2, \cdots, A_n$이 위상공간 X의 닫힌 부분집합이고, $\bigcup_{i=1}^{n} A_i = X$일 때 임의의 $i=1, 2, \cdots, n$에 대하여 $f|_{A_i} : A_i \to Y$가 연속이면 $f : X \to Y$도 연속이다.

증명 각 $i=1, 2, \cdots, n$에 대하여 F가 Y의 닫힌 부분집합이면 $f|_{A_i}{}^{-1}(F) = f^{-1}(F) \cap A_i$는 A_i에서 닫힌 집합이고, A_i는 X의 닫힌 부분집합이므로 $f|_{A_i}{}^{-1}(F)$는 X에서 닫힌 집합이다. 그런데

$$\bigcup_{i=1}^{n} f|_{A_i}{}^{-1}(F) = \bigcup_{i=1}^{n} (f^{-1}(F) \cap A_i) = f^{-1}(F) \cap \left(\bigcup_{i=1}^{n} A_i\right) = f^{-1}(F) \cap X = f^{-1}(F)$$

이고, $\bigcup_{i=1}^{n} f|_{A_i}{}^{-1}(F)$는 X에서 닫힌 집합이므로 $f : X \to Y$는 연속이다. ∎

다음 정리의 증명은 정리 3.4의 증명과 비슷하므로 생략한다.

【정리 3.5】

임의의 $\alpha \in \Lambda$에 대하여 A_α가 위상공간 X의 열린 부분집합이고, $\bigcup_{\alpha \in \Lambda} A_\alpha = X$일 때 임의의 $\alpha \in \Lambda$에 대하여 $f|_{A_\alpha} : A_\alpha \to Y$가 연속이면 $f : X \to Y$도 연속이다.

연습문제 3.1

1. $X = \{a, b, c\}$ 위의 위상이 $\mathscr{T} = \{X, \varnothing, \{a\}, \{b\}, \{a, b\}\}$일 때 $f(a) = a$, $f(b) = c$, $f(c) = b$로 정의된 함수 $f : X \to X$가 $\mathscr{T}$-$\mathscr{T}$연속이 되는지를 결정하여라.

2. 함수 $f:(X, \mathscr{T}) \to (Y, \varphi)$이 연속이기 위한 필요충분조건은 Σ가 φ의 부분기저라고 할 때 임의의 $S \in \Sigma$에 대하여 $f^{-1}(S) \in \mathscr{T}$이 성립하는 것임을 증명하여라.

3. f가 위상공간 X로부터 보통위상공간 $(\mathbb{R}, \mathscr{U})$로의 함수이면 f가 연속이기 위한 필요충분조건은 임의의 $a, b \in \mathbb{R}$에 대하여

$$\{x \in X \mid f(x) > a\}, \quad \{x \in X \mid f(x) < b\}$$

이 열린 집합이 되는 것임을 증명하여라.

4. 항등함수 $1:(X, \mathscr{T}) \to (X, \varphi)$가 연속이기 위한 필요충분조건은 $\varphi \subset \mathscr{T}$임을 증명하여라.

3.2 위상동형사상

이 절에서는 두 위상공간 X, Y에 대하여 X, Y를 위상적으로 동일한 것으로 볼 수 있는 조건을 살펴본다. X, Y가 위상적으로 동일한 공간이라고 하는 것은 위상적인 관점으로는 X, Y를 구별할 수 없어야 한다. 이것은 두 위상공간이 동일한 위상 구조를 가지고 있음을 의미한다.

[정의 3.2]

$(X, \mathscr{T})$와 (Y, φ)를 위상공간이라 하자.

(1) 함수 $f: X \to Y$가 열린 사상(open mapping)이라고 하는 것은 임의의 $U \in \mathscr{T}$에 대하여 $f(U) \in \varphi$이 성립할 때이다.

(2) 함수 $f: X \to Y$가 닫힌 사상(closed mapping)이라고 하는 것은 임의의 $\mathscr{T}$-닫힌 집합 F에 대하여 $f(F)$가 φ-닫힌 집합이 될 때이다.

[정의 3.3]

$(X, \mathscr{T})$와 (Y, φ)를 위상공간이라 하자. 함수 $f: X \to Y$가 전단사이고 연속이며 열린 사상일 때 f를 위상동형사상(位相同型寫像, homeomorphism)이라 한다. $(X, \mathscr{T})$로부터 (Y, φ)위로의 위상동형사상이 존재할 때 위상공간 $(X, \mathscr{T})$와 (Y, φ)는 위상동형(homeomorphic)이라고 하며 $(X, \mathscr{T}) \cong (Y, \varphi)$로 표시한다.

두 위상공간 사이의 위상동형사상은 두 공간의 원소들 사이에서 뿐만 아니라 열린 집합들, 즉 위상 사이에서도 일대일 대응이 됨을 쉽게 확인할 수 있다. 따라서 두 위상공간 사이의 위상동형사상은 위상 구조를 보존하게 되고, 열린 집합에 의하여 정의된 성질들은 두 공간에서 동일하게 성립한다. 그 때문에 위상수학에서 위상동형인 두 공간은 동일한 것으로 본다.

만일 함수 $f: X \to Y$가 전단사이면 임의의 $A \subset X$에 대하여 $f^{-1}(f(A)) = A$이 성립하므로 $(f^{-1})^{-1}(A) = f(A)$이 된다. 따라서 f가 열린 사상이라는 것과 f^{-1}가 연속이라는 것은 동치이다. 그러므로 다음 정리가 성립한다.

【정리 3.6】

X, Y는 위상공간이고, $f: X \to Y$는 함수일 때 f가 위상동형사상이 되기 위한 필요충분조건은 f가 전단사이고, f와 f^{-1}가 둘 다 연속이 되는 것이다.

[보기 1] (1) 함수 $f(x) = \tan(\pi x/2)$는 $((-1, 1), \mathscr{U}_{(-1, 1)})$로부터 보통위상공간 $(\mathbb{R}, \mathscr{U})$위로의 위상동형사상이다. 따라서 $((-1, 1), \mathscr{U}_{(-1, 1)}) \cong (\mathbb{R}, \mathscr{U})$이다.

(2) 함수 $f(x) = e^x$는 $(\mathbb{R}, \mathscr{U})$로부터 $(\mathbb{R}^+, \mathscr{U}_{\mathbb{R}^+})$위로의 위상동형사상이다. 따라서 $(\mathbb{R}, \mathscr{U}) \cong (\mathbb{R}^+, \mathscr{U}_{\mathbb{R}^+})$이다.

(3) 함수 $f(x) = \tanh(x)$는 $(\mathbb{R}, \mathscr{U})$로부터 $((-1, 1), \mathscr{U}_{(-1, 1)})$위로의

위상동형사상이다. 따라서 $(\mathbb{R}, \mathscr{U}) \cong ((-1, 1), \mathscr{U}_{(-1, 1)})$이다.

(4) $f(x)=2x$로 정의된 함수 $f : ((0, 1), \mathscr{U}_{(0, 1)}) \to ((0, 2), \mathscr{U}_{(0, 2)})$는 위상동형사상이다. 따라서 $((0, 1), \mathscr{U}_{(0, 1)}) \cong ((0, 2), \mathscr{U}_{(0, 2)})$이다.

[보기 2] $X=\{a, b, c\}$ 위의 위상이 $\{X, \varnothing, \{a\}, \{b\}, \{a, b\}\}$이고, $Y=\{x, y, z\}$ 위의 위상이 $\{Y, \varnothing, \{x\}, \{y\}, \{x, y\}\}$일 때 $f(a)=y$, $f(b)=x$, $f(c)=z$로 정의된 함수 $f : X \to Y$는 위상동형사상이다. 그러나 $g(a)=x$, $g(b)=z$, $g(c)=y$로 정의된 함수 $g : X \to Y$는 전단사이지만 위상동형사상이 아니다.

[정의 3.4]

P를 위상공간 X의 어떤 성질이라고 할 때, X와 위상동형인 모든 위상공간이 또한 성질 P를 가지면 P는 위상적인 성질(topological property)이라고 한다.

[보기 1]에서 보는 바와 같이 $((-1, 1), \mathscr{U}_{(-1, 1)}) \cong (\mathbb{R}, \mathscr{U})$이므로 길이, 유계 등은 위상적인 성질이 아니다. 두 위상공간이 위상동형이 아니라는 것은 한 공간에서는 만족되지만 다른 공간에서는 만족되지 않는 어떤 위상적인 성질을 찾으면 충분하다.

[보기 3] $(\mathbb{R}, \mathscr{U})$와 $(\mathbb{R}, \mathscr{H})$는 위상동형이 아니다. 왜냐하면 $[0, 1)$은 $\mathscr{H}$-열린 집합이면서 동시에 $\mathscr{H}$-닫힌 집합이지만 $\mathscr{U}$-열린 집합이면서 $\mathscr{U}$-닫힌 집합인 $\mathbb{R}$의 공집합이 아닌 진부분집합은 존재하지 않기 때문이다.

다음 정리들의 증명은 분명하므로 생략한다.

【정리 3.7】

$(X, \mathscr{T})$와 (Y, φ)를 위상공간이라 하자. 함수 $f : X \to Y$가 전단사이면 다음 명제는 동치이다.

(1) f가 열린 사상이다.

(2) f가 닫힌 사상이다.

【정리 3.8】

$(X, \mathscr{T})$, (Y, φ)와 (Z, ϕ)를 위상공간이라 하자.

1. 함수 $f : X \to Y$와 $g : Y \to Z$가 위상동형사상이면 $g \circ f : X \to Z$도 위상동형사상이다.
2. 함수 $f : X \to Y$이 위상동형사상이면 $f^{-1} : Y \to X$도 위상동형사상이다.

[보기 1]에서 두 열린구간이 위상동형임을 보았다. 주어진 열린구간은 늘이거나 줄여서 다른 열린구간으로 변형될 수 있다. 이와 같은 늘림(stretching), 줄임(shrinking), 구부림(bending), 뒤틀림(twisting)과 같은 운동을 탄성운동(elastic motion)이라 한다. 기하적인 해석으로는 탄성운동에 의한 변형이 한 공간에서 다른 공간으로의 위상동형사상을 정의한다. 그러므로 위상수학에서는 찢어지지 않게 하고 서로 다른 점을 동일한 점으로 변형하지 않는 한, 늘이거나 줄이거나 구부리거나 자른 다음에 다시 붙여(단, 자르기 전에 서로 가까이 있는 점은 붙인 후에도 가까이 놓이게 하여야 함) 서로 겹치게 할 수 있는 것은 같은 도형으로 본다.

[보기 4] 다음 공간들은 모두 위상동형이다.

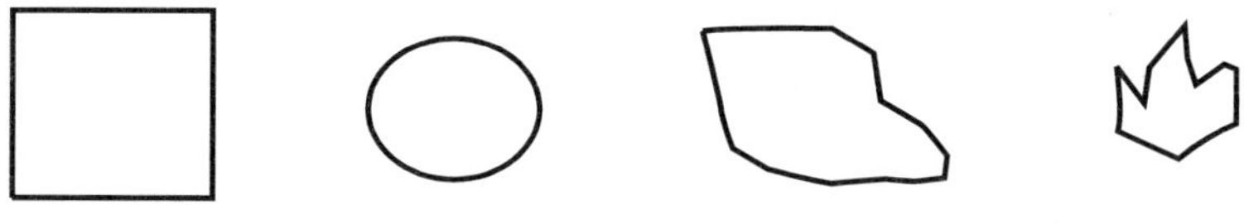

[보기 5] 다음 공간들은 모두 위상동형이다.

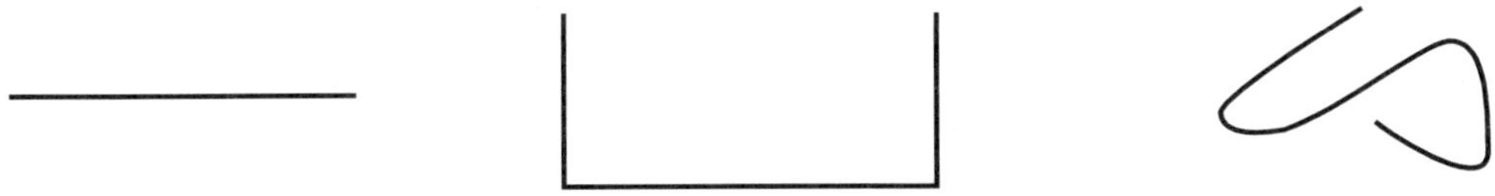

[보기 6] 다음 공간들은 어느 두 개도 위상동형이 아니다.

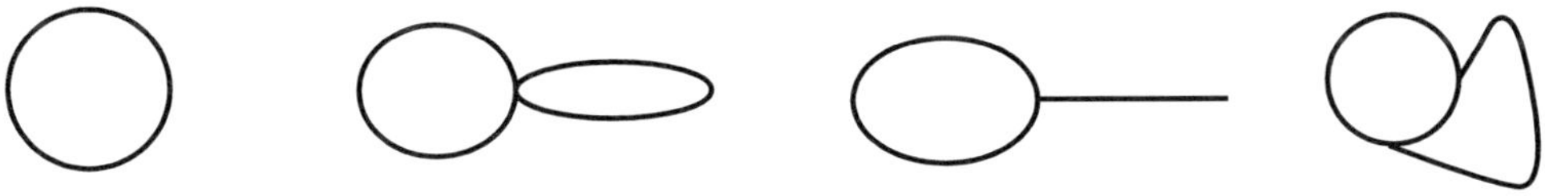

연습문제 3.2

1. $(X,\ \mathscr{T})$와 $(Y,\ \varphi)$를 위상공간이라 할 때 다음을 증명하여라.
   (1) 함수 $f: X \to Y$가 열린 사상이 되기 위한 필요충분조건은 임의의 $A \subset X$에 대하여 $f(A^{\circ}) \subset [f(A)]^{\circ}$이 성립할 때이다.
   (2) 함수 $f: X \to Y$가 닫힌 사상이 되기 위한 필요충분조건은 임의의 $A \subset X$에 대하여 $\overline{f(A)} \subset f(\overline{A})$이 성립할 때이다.

2. $(X,\ \mathscr{T})$와 $(Y,\ \varphi)$를 위상공간이라 하고, $f: X \to Y$가 전단사함수일 때 다음 명제들은 서로 동치임을 증명하여라.
   (1) 함수 $f: X \to Y$는 위상동형사상이다.
   (2) 함수 $f: X \to Y$는 열린 사상이고 연속이다.
   (3) 함수 $f: X \to Y$는 닫힌 사상이고 연속이다.
   (4) 임의의 $A \subset X$에 대하여 $\overline{f(A)} = f(\overline{A})$이다.
   (5) 임의의 $A \subset X$에 대하여 $f(A^{\circ}) = [f(A)]^{\circ}$이다.

3. $\mathscr{T}$와 $\mathscr{T}^*$을 X위의 두 위상이라 할 때 다음을 증명하여라.
   (1) 항등함수 $1_X: (X,\ \mathscr{T}) \to (X,\ \mathscr{T}^*)$가 열린 사상이 되기 위한 필요충분조

건은 $\mathscr{T} \subset \mathscr{T}^*$이다.

(2) 항등함수 $1_X : (X, \mathscr{T}) \to (X, \mathscr{T}^*)$가 연속이기 위한 필요충분조건은 $\mathscr{T}^* \subset \mathscr{T}$이다.

4. 함수 $f : X \to Y$가 닫힌 사상일 때 임의의 $S \subset Y$와 임의의 열린 집합 $f^{-1}(S) \subset U$ 에 대하여 적당한 열린 집합 $S \subset V$가 있어서 $f^{-1}(V) \subset U$가 성립함을 증명하여라.

5. 알파벳 대문자들로 이루어진 위상공간들을 서로 소인 위상동형공간들의 보임으로 분할하여라.

제 4 장

곱 공간과 몫 공간

〈 학습목표 〉

두 개의 위상공간 X, Y가 주어져 있을 때 X, Y위의 위상을 이용하여 곱집합 $X \times Y$위의 위상을 정의하는 자연스러운 방법을 소개하고, 무한개의 곱으로 확대한다. 또한 기하학으로부터 유래된 몫 공간의 개념을 소개한다.
토러스는 직사각형에서 그것의 대응하는 변을 서로 붙여놓은 것으로 볼 수 있다. 새로 생성된 토러스에 위상을 주는 방법은 여러 가지이지만 위상이 주어진 직사각형을 이용하여 위상을 주려고 하는 것이 몫 위상의 개념이다.
몫 위상이 주어진 몫 공간의 성질을 학습한다.

【토론과제】

1. 특별한 언급이 없으면 곱집합 $X = \prod_{\alpha \in \Lambda} X_\alpha$위의 위상은 곱 위상인 것으로 가정한다. X위의 곱 위상을 상자 위상보다 선호하는 이유는 무엇일까?
2. 임의의 $\alpha \in \Lambda$에 대하여 A_α가 X_α의 닫힌 부분집합이면 $\prod_{\alpha \in \Lambda} A_\alpha$은 곱 공간 $\prod_{\alpha \in \Lambda} X_\alpha$의 닫힌 부분집합이 될까?

4.1 곱 공간(Product spaces)

위상공간 $(X, \mathscr{T})$, (Y, φ)에 대하여 곱집합 $X\times Y$위의 위상을 주는 방법은 여러 가지이지만 자연스러운 방법은 X와 Y의 열린 부분집합 U, V를 이용한 곱집합 $U\times V$들의 모임을 생각할 수 있을 것이다. 그런데 이 모임은 합집합의 연산에 관하여 닫혀있지 않기 때문에 위상이 되지는 못한다. 그러나 다음 정리에서 보듯이 어떤 위상에 대한 기저가 됨을 알 수 있다.

【정리 4.1】

위상공간 $(X, \mathscr{T})$, (Y, φ)에 대하여 $\mathscr{B}=\{U\times V \mid U\in\mathscr{T},\ V\in\varphi\}$는 $X\times Y$위의 어떤 위상에 대한 기저이다.

증명 정리 2.18의 (1), (2) 조건이 성립하는 것을 보이면 충분하다. $X\times Y\in\mathscr{B}$이므로 분명히 $X\times Y=\cup\{B \mid B\in\mathscr{B}\}$이다. 임의의 B_1, $B_2\in\mathscr{B}$에 대하여 $(x, y)\in B_1\cap B_2$이면 $B_1=U_1\times V_1$, $B_2=U_2\times V_2$을 만족하는 적당한 U_1, $U_2\in\mathscr{T}$와 V_1, $V_2\in\varphi$이 존재한다. 그러면 $B_1\cap B_2=(U_1\times V_1)\cap(U_2\times V_2)=(U_1\cap U_2)\times(V_1\cap V_2)\in\mathscr{B}$이므로 $B_3=B_1\cap B_2\in\mathscr{B}$가 있어서 $(x, y)\in B_3\subset B_1\cap B_2$이 성립한다. ∎

[정의 4.1]

위상공간 $(X, \mathscr{T})$, (Y, φ)에 대하여 $\mathscr{B}=\{U\times V \mid U\in\mathscr{T},\ V\in\varphi\}$를 기저로 갖는 위상을 $X\times Y$위의 곱 위상(product topology)이라 한다. 곱 위상이 주어진 $X\times Y$를 곱 공간(product space)이라 한다.

[보기 1] $(\mathbb{R}, \mathscr{U})$에 대하여 $\mathbb{R}\times\mathbb{R}$위의 곱 위상은 $\mathbb{R}\times\mathbb{R}$위의 보통위상과 같다.

[보기 2] $(\mathbb{R}, \mathscr{H})$에 대하여 곱 공간 $\mathbb{R}\times\mathbb{R}$의 전형적인 기본 열린 집합은 [그림 1]과 같이 $[a, b)\times[c, d)$형태의 반 열린 직사각형(half-open rectangle)이다.

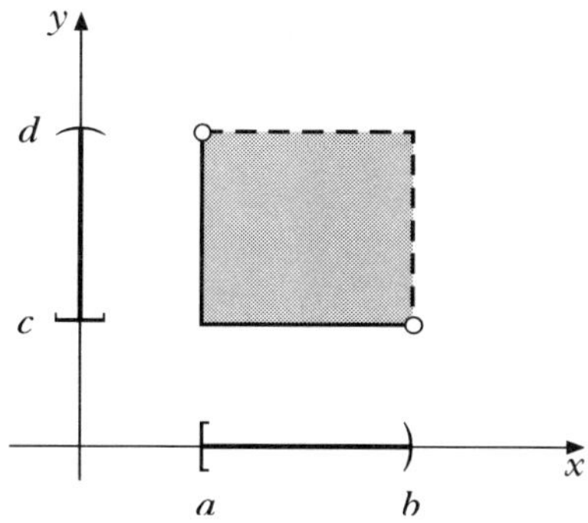

[그림 1]

[보기 3] X, Y가 이산공간이면 곱 공간 $X\times Y$도 이산공간이고, X, Y가 밀착공간이면 곱 공간 $X\times Y$도 밀착공간이다.

다음 정리는 $X\times Y$위의 곱 위상에 대한 기저는 X, Y의 기본 열린 집합들의 곱만으로도 충분히 생성된다는 것을 강조하고 있다. 증명은 곱집합과 기저의 정의와 정리 2.17에 의해 분명하다.

【정리 4.2】

$\mathscr{B}_1$와 $\mathscr{B}_2$를 각각 X위의 위상 $\mathscr{T}_1$와 Y위의 위상 $\mathscr{T}_2$에 대한 기저라고 하자. $\mathscr{B}=\{B_1\times B_2 | B_1\in\mathscr{T}_1,\ B_2\in\mathscr{T}_2\}$는 $X\times Y$위의 곱 위상에 대한 기저이다.

[정의 4.2]

두 집합 X_1, X_2와 임의의 $i\in\{1,\ 2\}$에 대하여 $p_i(x_1,\ x_2)=x_i$로 정의된 함수 $p_i : X_1\times X_2 \to X_i$를 i번째 사영(projection) 또는 사영함수라고 한다.

두 위상공간 $(X_1, \mathscr{T}_1)$와 $(X_2, \mathscr{T}_2)$에 대하여 곱집합 $X_1 \times X_2$위의 곱 위상에 대한 기저는 $\mathscr{B}=\{U_1 \times U_2 | U_i \in \mathscr{T}_i,\ i=1, 2\}$임을 보았다. 이 기본 열린 집합들을 사영을 이용하여 나타내면 $U_1 \times U_2=(U_1 \times X_2) \cap (X_1 \times U_2)=p_1^{-1}(U_1) \cap p_2^{-1}(U_2)$이다. 따라서 $\{p_i^{-1}(U_i) | U_i \in \mathscr{T}_i,\ i=1, 2\}$는 곱 공간 $X_1 \times X_2$위의 곱 위상에 대한 부분기저가 된다.

[보기 4] $X=\{a, b, c\}$위의 위상 $\mathscr{T}=\{X, \varnothing, \{a\}, \{b, c\}\}$와 $Y=\{u, v\}$위의 위상 $\varphi=\{Y, \varnothing, \{u\}\}$에 대하여 $X \times Y$위의 곱 위상에 대한 부분기저를 구하여라.

풀이 $X \times Y=\{(a, u), (a, v), (b, u), (b, v), (c, u), (c, v)\}$이므로

$$p_1^{-1}(X)=p_2^{-1}(Y)=X \times Y,$$
$$p_1^{-1}(\varnothing)=p_2^{-1}(\varnothing)=\varnothing,$$
$$p_1^{-1}(\{a\})=\{(a, u), (a, v)\},$$
$$p_1^{-1}(\{b, c\})=\{(b, u), (b, v), (c, u), (c, v)\},$$
$$p_2^{-1}(\{u\})=\{(a, u), (b, u), (c, u)\}$$

이다. 따라서 곱 위상을 정의하는 부분기저는 다음과 같다.

$$\{X \times Y, \varnothing, \{(a, u), (a, v)\}, \{(b, u), (b, v), (c, u), (c, v)\}, \{(a, u), (b, u), (c, u)\}\}$$

□

이제 임의 개수의 위상공간에 대한 곱 공간의 개념으로 확대한다.

$A \times B=\{(a, b) | a \in A, b \in B\}$의 원소 (a, b)는 $x(1)=x_1=a \in A$, $x(2)=x_2=b \in B$인 함수 $x:\{1, 2\} \to A \cup B$로 생각할 수 있다. 이와 같은 생각을 임의 개수의 집합들의 곱집합으로 확대한다.

―[정의 4.3]―

$\Lambda \neq \varnothing$을 임의의 지표 집합이라 하고, $\{X_\alpha | \alpha \in \Lambda\}$을 집합들의 모임이라 할 때 모든 $\alpha \in \Lambda$에 대하여 $x(\alpha) \in X_\alpha$인 함수 $x : \Lambda \to \bigcup_{\alpha \in \Lambda} X_\alpha$들의 집합을 $\{X_\alpha | \alpha \in \Lambda\}$의 곱집합이라 하고, $\prod_{\alpha \in \Lambda} X_\alpha$로 나타낸다. $x \in \prod_{\alpha \in \Lambda} X_\alpha$이면 $x = (x_\alpha : \alpha \in \Lambda)$로 나타내기도 하며 $x(\alpha) = x_\alpha$을 x의 α-좌표(coordinate)라고 한다. 만일 모든 $\alpha \in \Lambda$에 대하여 $X_\alpha = X$이면 $\prod_{\alpha \in \Lambda} X_\alpha$을 X^Λ라고 쓰기도 한다.

$\Lambda = \{1, 2, \cdots, n\}$일 때 $\mathbb{R}^\Lambda$을 $\mathbb{R}^n$으로 쓰는 것이 보통이다.

―[정의 4.4]―

$X = \prod_{\alpha \in \Lambda} X_\alpha$이고 $\alpha \in \Lambda$일 때 모든 $x \in X$에 대하여 $p_\alpha(x) = x_\alpha$로 정의된 함수 $p_\alpha : X \to X_\alpha$를 α-사영 또는 사영함수라고 한다.

―[정의 4.5]―

임의의 지표 집합 $\Lambda \neq \varnothing$에 대하여 $\{(X_\alpha, \mathscr{T}_\alpha) | \alpha \in \Lambda\}$을 위상공간들의 모임이라 하고, $X = \prod_{\alpha \in \Lambda} X_\alpha$이라 할 때

$$\mathscr{S} = \{p_\alpha^{-1}(U_\alpha) | U_\alpha \in \mathscr{T}_\alpha, \ \alpha \in \Lambda\}$$

는 X의 일의적인 위상에 대한 부분기저가 된다. 이와 같이 사영함수에 의하여 유도된 위상을 X위의 곱 위상(product topology)이라 하고, $\mathscr{T}_p$로 나타낸다. 이 때, $(X, \mathscr{T}_p)$를 곱 공간(product space)이라 한다.

곱 공간의 정의에 의하여 다음 사실들은 명백하다.

(1) 곱 위상에 대한 기저의 원소 B는 Λ의 적당한 유한부분집합 F에 대하여 $B=\bigcap_{\alpha\in F} p_\alpha^{-1}(U_\alpha)$: $U_\alpha\in\mathscr{T}_\alpha$이 된다. 즉,

$$p_\alpha(B)=\begin{cases} U_\alpha, & \alpha\in F \\ X_\alpha, & \alpha\notin F \end{cases}$$

이다.

(2) 모든 $\alpha\in\Lambda$에 대하여 사영 $p_\alpha : X\to X_\alpha$는 연속이고 열린 사상이며 전사함수이다.

(3) 곱 위상은 모든 사영이 연속인 가장 엉성한 위상이다. 즉, $\mathscr{T}$을 모든 사영이 연속이 되는 X위의 위상이라 하면 $\mathscr{T}_P\subset\mathscr{T}$이다.

〈참고〉 임의의 지표 집합 $\Lambda\neq\varnothing$에 대하여 $\{(X_\alpha, \mathscr{T}_\alpha)|\alpha\in\Lambda\}$을 위상공간들의 모임이라 하고, $X=\prod_{\alpha\in\Lambda} X_\alpha$이라 할 때 모든 $\prod_{\alpha\in\Lambda}\{U_\alpha|U_\alpha\in\mathscr{T}_\alpha, \alpha\in\Lambda\}$을 기저로 가지는 X위의 위상을 상자 위상(box topology)이라 한다.

(1) 유한 곱집합 $\prod_{\alpha=1}^{n} X_\alpha$위의 곱 위상과 상자 위상은 분명히 같은 위상이다.

(2) 일반적으로 상자 위상은 곱 위상보다 더 섬세한 위상이다.

[보기 5] 지표 집합 $I=[0, 1]$이라 하고, 모든 $i\in I$에 대하여 $\mathbb{R}_i=(\mathbb{R}, \mathscr{U})$이라 하면 $\prod_{i\in I}\mathbb{R}_i=\mathbb{R}^I$ 는 함수 $x : I\to\mathbb{R}$들의 집합이고, 곱 공간 $\mathbb{R}^I$위의 곱 위상에 대한 부분기저는 임의의 $j_0\in I$와 $G_{i_0}\in\mathscr{U}$에 대하여 $p_{j_0}^{-1}(G_{j_0})=\left\{x\in\mathbb{R}^I \mid x_{j_0}\in G_{j_0}\right\}$이다. 즉, $j_0\in I$에서의 값이 열린 집합 $G_{j_0}\in\mathscr{U}$에 속하는 함수 $x : I\to\mathbb{R}$들의 집합이 된다.

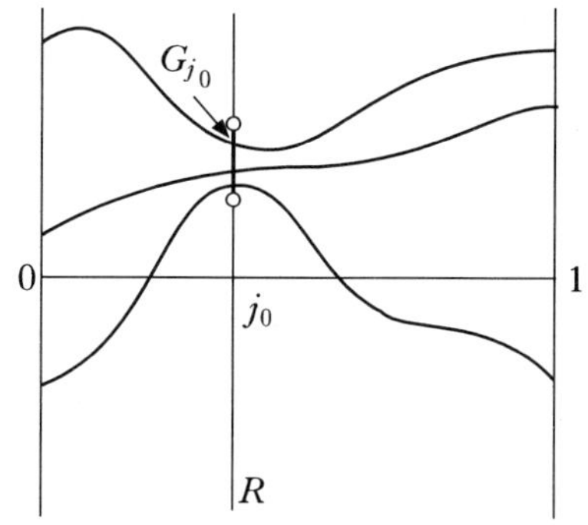

[그림 2] $p_{j_0}^{-1}(G_{j_0})$의 원소들

【정리 4.3】

$(Y, \mathscr{T})$를 위상공간, $\{(X_\alpha, \mathscr{T}_\alpha) \mid \alpha \in \Lambda\}$을 위상공간들의 모임이라 할 때 함수 $f : Y \to \prod_{\alpha \in \Lambda} X_\alpha$가 연속이기 위한 필요충분조건은 임의의 $\alpha \in \Lambda$에 대하여 $p_\alpha \circ f$가 연속이 되는 것이다.

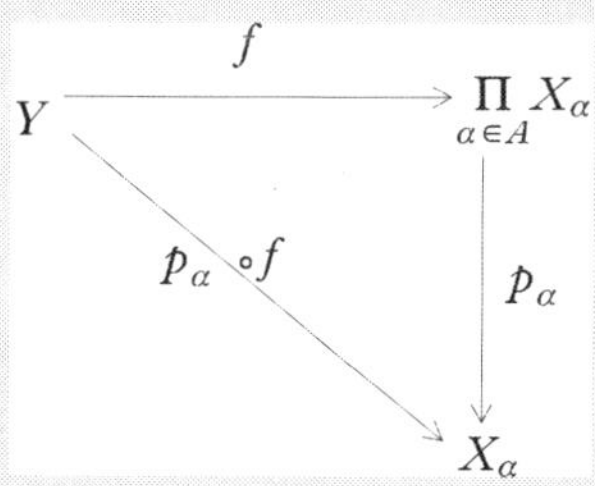

증명 (⇒) 모든 사영이 연속이므로 f가 연속이면 임의의 $i \in \{1, 2, \cdots, n\}$에 대하여 $p_\alpha \circ f$가 연속인 것은 분명하다.

(⇐) 임의의 $\alpha \in \Lambda$에 대하여 $p_\alpha \circ f$가 연속이라고 하자. 연습문제 3.1의 2번 성질에 의하여 곱 공간의 부분기저의 원소 S에 대하여 $f^{-1}(S) \in \mathscr{T}$임을 보이면 충분하다. 적당한 $\alpha \in \Lambda$와 적당한 $U_\alpha \in \mathscr{T}_\alpha$가 있어서 $S = p_\alpha^{-1}(U_\alpha)$이므로 $f^{-1}(S) = f^{-1}(p_\alpha^{-1}(U_\alpha)) = (p_\alpha \circ f)^{-1}(U_\alpha)$이 성립한다. 그런데 $p_\alpha \circ f$가 연속이므로 $(p_\alpha \circ f)^{-1}(U_\alpha) \in \varphi$이다. 그러므로 f는 연속이다. ∎

[보기 6] $\Lambda=\mathbb{N}$이라 하고, 임의의 $i\in\Lambda$에 대하여 $X_i=\mathbb{R}$, $\mathscr{T}_i=\mathscr{U}$이라 하자. 곱 공간 $X=\prod_{i\in\Lambda}X_i$에 대하여 다음이 성립한다.

(1) 임의의 $i\in\Lambda$에 대하여 i가 홀수이면 $W_i=(0,\ 1)$이고, i가 짝수이면 $W_i=X_i$인 $\prod_{i\in\Lambda}W_i$는 X에서 열린 집합도 닫힌 집합도 아니다.

(2) 임의의 $i\in\Lambda$에 대하여 $F_i=[0,\ 1]$인 $\prod_{i\in\Lambda}F_i$는 X에서 닫힌 집합이다 (연습문제 4.1의 5번 참조).

(3) 모든 $i\in\Lambda$에 대하여 $x_i=1$인 $\{x\}$는 다음과 같은 이유로 X에서 닫힌 집합이다. $y\in X-\{x\}$이면 $y_j\neq1$인 적당한 $j\in\Lambda$가 존재한다. $y_j\in U_j$, $1\notin U_j$이고, $i\neq j$이면 $U_i=X_i$인 $U=\prod_{i\in\Lambda}U_i$는 X에서 열린 집합이고 $y\in U\subset X-\{x\}$을 만족한다. 따라서 $X-\{x\}$는 열린 집합이므로 $\{x\}$는 X에서 닫힌 집합이다.

[보기 7] $\Lambda=\mathbb{N}$이라 하고, 모든 $i\in\Lambda$에 대하여 $X_i=\mathbb{R}$, $\mathscr{T}_i=\mathscr{D}$이라 하자. 그러나 곱 공간 $X=\prod_{i\in\Lambda}X_i$는 이산공간이 아니다. 왜냐하면, 만약 모든 $i\in\Lambda$에 대하여 $U_i=\{i\}$이면 $U=\prod_{i\in\Lambda}U_i$는 $\prod_{i\in\Lambda}X_i$에서 열린 집합이 되지 않기 때문이다.

연습문제 4.1

1. 위상공간 $(X,\ \mathscr{T})$, $(Y,\ \varphi)$에 대하여 $A\subset X$, $B\subset Y$일 때 다음을 증명하여라.

   (1) $\overline{A\times B}=\overline{A}\times\overline{B}$ (2) $(A\times B)^\circ=A^\circ\times B^\circ$

2. $(\mathbb{R},\ \mathscr{U})$에 대하여 각각 $a(p,\ q)=p+q$, $m(p,\ q)=pq$, $i_a(p)=-p$, $i_m(p)=1/p$로 정의된 대수적 연산 $a:\mathbb{R}\times\mathbb{R}\to\mathbb{R}$, $m:\mathbb{R}\times\mathbb{R}\to\mathbb{R}$, $i_a:\mathbb{R}\to\mathbb{R}$, $i_m:\mathbb{R}-\{0\}\to\mathbb{R}$은 모두 연속함수임을 증명하여라.

3. $(\mathbb{R}, \mathscr{H})$에 대하여 각각 $m(p, q)=pq$, $i_a(p)=-p$, $i_m(p)=1/p$로 정의된 대수적 연산 $m:\mathbb{R}\times\mathbb{R}\to\mathbb{R}$, $i_a:\mathbb{R}\to\mathbb{R}$, $i_m:\mathbb{R}-\{0\}\to\mathbb{R}$은 모두 연속함수가 아님을 보여라.

4. $(\mathbb{R}, \mathscr{H})$에 대하여 $f(x)=x$로 정의된 함수 $f:\mathbb{R}\to\mathbb{R}$은 연속이다. 그러나 f의 곱 $(f\cdot f)(x)=x^2$은 연속이 아님을 보여라.

5. $\{(X_\alpha, \mathscr{T}_\alpha)\,|\,\alpha\in\Lambda\}$을 위상공간들의 모임이라 하자. 임의의 $\alpha\in\Lambda$에 대하여 $A_\alpha\subset X_\alpha$ 일 때 $\overline{\prod_{\alpha\in\Lambda}A_\alpha}=\prod_{\alpha\in\Lambda}\overline{A_\alpha}$임을 증명하여라.

6. 곱 공간 $\prod_{\alpha\in\Lambda}X_\alpha$의 한 점 x^0을 고정하고 임의의 $\beta\in\Lambda$에 대하여 $S(x^0\,;\beta)$를 $S(x^0\,;\beta)=\left\{x\in\prod_{\alpha\in\Lambda}X_\alpha\,|\,x_\alpha=x_\alpha^0,\ \alpha\neq\beta\right\}$라고 하면 $S(x^0\,;\beta)$는 $\prod_{\alpha\in\Lambda}X_\alpha$의 부분공간으로 X_β와 위상동형임을 증명하여라. 이 때 $S(x^0\,;\beta)$를 x^0을 지나고 X_β에 평행인 얇은 조각(slice)이라 한다.

4.2 몫 공간(Quotient spaces)

몫 공간의 개념은 기하학으로부터 유래되었다고 볼 수 있다. [그림 3]과 같이 구면은 원판에서 그것의 둘레를 한 점으로 모아 놓은 것으로 볼 수 있고, 토러스는 직사각형에서 그것의 대응하는 변을 서로 붙여놓은 것으로 볼 수 있다. 새로 생성된 구면이나 토러스에 위상을 주는 방법은 여러 가지 있으나 이미 위상이 주어진 직사각형이나 원판을 이용하여 위상을 주려는 것이 몫 공간의 개념인 것이다.

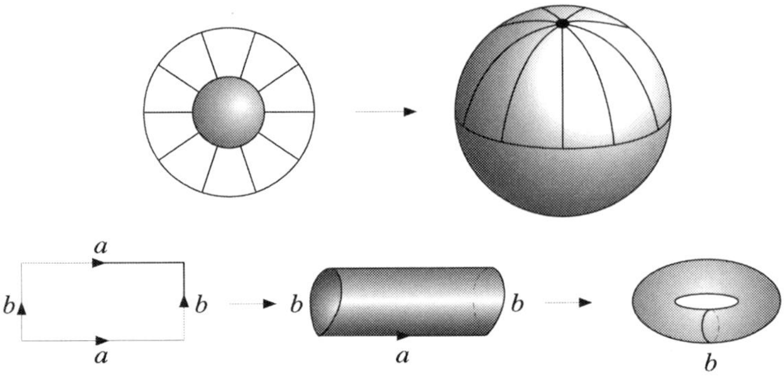

[그림 3]

[정의 4.6]

$(X,\ \mathscr{T})$를 위상공간이라 하고 $Y \neq \varnothing$를 임의의 집합이라 할 때 임의의 전사함수 $f: X \to Y$에 대하여 $\mathscr{T}^* = \{G \subset Y \mid f^{-1}(G) \in \mathscr{T}\}$는 Y위의 위상이 된다. 이것을 f에 의한 동일화위상(identification topology)이라 한다. 이 때 f는 동일화사상(identification mapping)이라 한다.

위 정의에 따라 함수 $f: (X,\ \mathscr{T}) \to Y$에 대하여 다음이 성립한다.

(1) Y위의 위상이 f에 의한 동일화위상 $\mathscr{T}^*$이면 f는 $\mathscr{T}$-$\mathscr{T}^*$연속이다.

(2) $\mathscr{T}'$가 Y위의 위상이고, f가 $\mathscr{T}$-$\mathscr{T}'$연속이면 $\mathscr{T}' \subset \mathscr{T}^*$이다. 즉, 동일화위상 $\mathscr{T}^*$는 f가 연속이 되게 하는 Y위의 위상가운데 가장 큰 것이다.

【정리 4.4】

위상공간 $(X,\ \mathscr{T})$, $(Y,\ \mathscr{T}^*)$에 대하여 $f: (X,\ \mathscr{T}) \to (Y,\ \mathscr{T}^*)$를 전사함수라고 하자. 만일 f가 연속이고 열린 사상이면 $\mathscr{T}^*$는 f에 의한 동일화위상이다.

증명 f가 $\mathscr{T}$-$\mathscr{T}'$연속이 되는 임의의 Y위의 위상을 $\mathscr{T}'$라고 하자. 임의의 $G \in \mathscr{T}'$에 대하여 $f^{-1}(G) \in \mathscr{T}$이 되고, $f: (X,\ \mathscr{T}) \to (Y,\ \mathscr{T}^*)$가 전사함수이고 열린 사상이므로 $f(f^{-1}(G)) = G \in \mathscr{T}^*$이다. 따라서 $\mathscr{T}' \subset \mathscr{T}^*$이 되어 $\mathscr{T}^*$는 f에 의한 동일화위상이다. ∎

모든 사영은 연속이고 열린 사상이며 전사함수이므로 동일화사상이다.

동일화사상 $p: X \to Y$가 열린 사상 또는 닫힌 사상이 되는 조건을 구하는 것은 중요하다.

【정리 4.5】

위상공간 $(X, \mathscr{T})$, $(Y, \mathscr{T}^*)$에 대하여 $p: X \to Y$를 동일화사상이라 하자. p가 열린 사상[닫힌 사상]이기 위한 필요충분조건은 $U \subset X$가 열린 집합[닫힌 집합]이면 $p^{-1}(p(U))$도 열린 집합[닫힌 집합]이 되는 것이다.

증명 첫 번째만 증명한다.

($\Rightarrow$) $U \subset X$가 열린 집합이면 p가 열린 사상이고 연속이므로 $p^{-1}(p(U))$도 열린 집합인 것은 분명하다.

($\Leftarrow$) $U \subset X$가 열린 집합일 때 $p^{-1}(p(U))$도 열린 집합이고 p는 동일화사상이므로 $p(U)$는 열린 집합이다. 따라서 p는 열린 사상이다. ∎

【정리 4.6】

위상공간 X, Y, Z에 대하여 $p: X \to Y$는 동일화사상이고 $g: X \to Z$는 임의의 $y \in Y$에 대하여 $g(p^{-1}(\{y\}))$이 한 점이 되는 연속함수라고 하면 $f \circ p = g$를 만족하는 연속함수 $f: Y \to Z$가 존재한다.

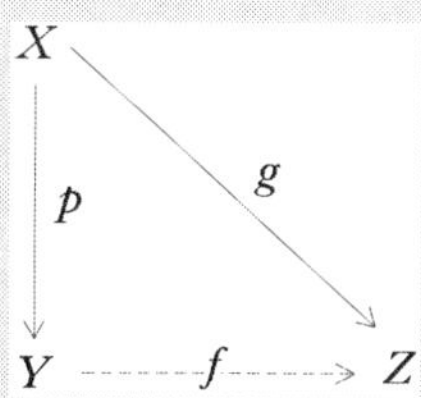

증명 $f: Y \to Z$를 각 $y \in Y$에 대하여 $f(y) = g(p^{-1}(\{y\}))$로 정의하면 $g(p^{-1}(\{y\}))$이 한 점이므로 f는 잘 정의된다. 임의의 $x \in X$에 대하여

$$g(x) = gp^{-1}p(x) = (gp^{-1})(p(x)) = f(p(x)) = f \circ p(x)$$

이 성립하므로 $f\circ p=g$이다. 이제 연속성을 증명하기 위하여 G를 Z에서의 열린 집합이라 하자. g가 연속이므로 $g^{-1}(G)=(f\circ p)^{-1}(G)=p^{-1}\big(f^{-1}(G)\big)$는 X에서 열린 집합이다. 그런데 p는 동일화사상이므로 $f^{-1}(G)$는 Y에서 열린 집합이다. 따라서 $f:Y\to Z$는 연속이다. ∎

일반적으로 $g\circ f$가 연속일 때 f가 연속이라고 하여 g가 연속이 되지는 않는다. 다음 정리는 g가 연속이 되는 필요충분조건을 제시해준다.

【정리 4.7】

X, Y, Z를 위상공간, $f:X\to Y$, $g:Y\to Z$를 함수라고 하자. f가 전사함수이고 Y위의 위상이 f에 의한 동일화위상이면 g가 연속이기 위한 필요충분조건은 $g\circ f$가 연속이 되는 것이다.

증명 ($\Rightarrow$) Y위의 위상이 f에 의한 동일화위상이면 f가 연속이므로 g가 연속이면 $g\circ f$가 연속인 것은 분명하다.

($\Leftarrow$) 임의의 열린 집합 $W\subset Z$에 대하여 $(g\circ f)^{-1}(W)=f^{-1}\big(g^{-1}(W)\big)$는 X에서 열린 집합이므로 동일화위상의 정의에 의하여 $g^{-1}(W)$는 Y에서 열린 집합이다. 따라서 g는 연속이다. ∎

[정의 4.7]

$X\neq\varnothing$을 임의의 집합이라 하고, $\mathscr{G}$를 X의 분할이라고 하자. 임의의 $x\in X$에 x가 포함되는 분할 $\mathscr{G}$의 원소 $[x]$를 대응시키는 전사함수 $p:X\to\mathscr{G}$를 몫 함수(quotient mapping)라고 한다.

임의의 $x\in X$는 단 하나의 $\mathscr{G}$의 원소 $[x]$에 포함되므로 몫 함수는 잘 정의된 함수이다. 주어진 집합 $X\neq\varnothing$을 분할하는 방법은 여러 가지 있을 수 있으나 가장 전형적인 것은 동치류에 의한 분할이다. 즉, $\mathscr{E}$이 집합 $X\neq\varnothing$에서의 동치관계일 때 $X/\mathscr{E}=\{x/\mathscr{E}\mid x\in X\}$은 X의 분할이다. 여기서 $x/\mathscr{E}=\{y\in X\mid y\mathscr{E}x\}$이다. 이 경우 몫 함수 $p:X\to X/\mathscr{E}$는 임의의 $x\in X$에 $x/\mathscr{E}$을 대응시키는 함수이다.

---[정의 4.8]---

$(X, \mathscr{T})$를 위상공간, $\mathscr{G}$를 X의 분할, $p: X \to \mathscr{G}$를 몫 함수라고 할 때, $\mathscr{G}$에 주어진 p에 의한 동일화위상 $\mathscr{T}^*$를 몫 위상(quotient topology)이라 하고 $(\mathscr{G}, \mathscr{T}^*)$를 몫 공간(quotient space)이라 한다.

[보기 1] $X=[0, 2\pi]$이라 하고, X에서의 동치관계 "~"를

(i) $0 \sim 2\pi$

(ii) $x_1 \sim x_2 \Leftrightarrow x_1 = x_2 \qquad (x_1, x_2 \in [0, 2\pi])$

으로 정의하면 $X/\sim = \{\{0, 2\pi\}, \{x\} \mid x \in [0, 2\pi]\}$이다. 이 경우 몫 공간 $X/\sim$은 구간 $[0, 2\pi]$에서 양 끝점을 연결한 형태로서 원이 된다. $X/\sim$ 위의 몫 위상이 $X/\sim$위의 $(\mathbb{R}^2, \mathscr{U})$의 상대위상과 같음을 주목해야 한다.

[보기 2] $X=[0, 1]\times[0, 1]$이라 하고, X에서의 동치관계 "~"를

$$(0, x_2) \sim (1, x_2),\ (x_1, 0) \sim (x_1, 1),\ (0, 0) \sim (0, 1) \sim (1, 0) \sim (1, 1)$$

으로 정의하면, 즉 정사각형 X의 서로 마주보는 변위의 대응점들을 서로 관계있는 것으로 정의하면 $X/\sim$은 다음과 같다.

$$\{\{(0, 0), (0, 1), (1, 0), (1, 1)\}, \{(x_1, 0), (x_1, 1)\},$$
$$\{(0, x_2), (1, x_2)\}, \{(x_1, x_2)\} \mid 0 < x_1, x_2 < 1\}$$

이 경우 X는 대응되는 두 변이 서로 붙은 원통으로, 그 다음에는 원통의 끝이 마주 붙은 형태로 변형된다. 즉, 몫 공간 $X/\sim$은 토러스(Torus)이다.

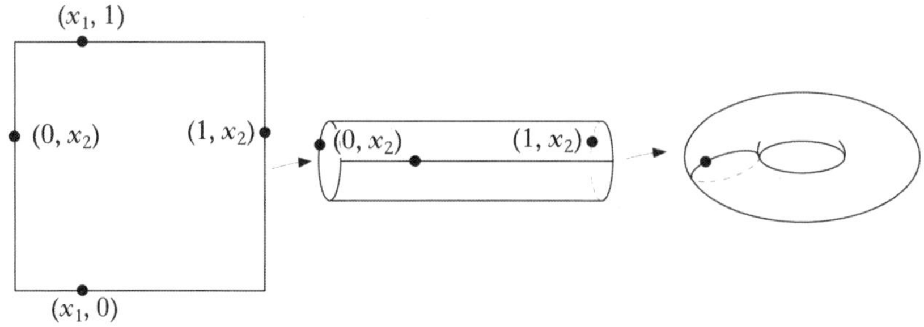

[그림 4] 토러스

[보기 3] 보통위상공간 $(\mathbb{R}, \mathscr{U})$에 대하여 $\mathbb{R}$에서의 관계 $\mathscr{R}$을

$$(x, y) \in \mathscr{R} \Leftrightarrow x-y \in \mathbb{Q}$$

으로 정의하면 $\mathscr{R}$은 $\mathbb{R}$에서의 동치관계가 된다. 임의의 $G \neq \varnothing$을 몫 공간 $\mathbb{R}/\mathscr{R}$의 열린 부분집합이라고 하면 다음과 같은 이유로 $G=\mathbb{R}/\mathscr{R}$이 되어 몫 공간 $\mathbb{R}/\mathscr{R}$은 밀착공간이 된다.

몫 함수 $p : \mathbb{R} \to \mathbb{R}/\mathscr{R}$는 연속이므로 $\varnothing \neq p^{-1}(G) \in \mathscr{U}$이다. 따라서 임의의 $x \in p^{-1}(G)$에 대하여 적당한 열린구간 (a, b)가 있어서 $x \in (a, b) \subset p^{-1}(G)$이 성립한다. 그런데 임의의 $y \in \mathbb{R}$에 대하여 $y-z \in \mathbb{Q}$인 적당한 $z \in (a, b)$는 반드시 존재하므로 $(y, z) \in \mathscr{R}$이고, $p(y)=p(z) \in G$이다. 따라서 $y \in p^{-1}(G)$이다. 그러므로 $p^{-1}(G)=\mathbb{R}$이 되어 $G=\mathbb{R}/\mathscr{R}$이다.

$\mathscr{R}$을 위상공간 X에서의 동치관계라 하고, $p : X \to X/\mathscr{R}$을 몫 함수라 하자. 임의의 $\mathbb{H} \subset X/\mathscr{R}$가 열린 집합이라는 말은 $p^{-1}(\mathbb{H}) = \cup\{A | A \in \mathbb{H}\}$가 X에서 열린 집합이라는 말과 동치가 된다.

연습문제 4.2

1. 지표 집합 Λ에 대하여 $\{X_\alpha | \alpha \in \Lambda\}$와 $\{Y_\alpha | \alpha \in \Lambda\}$을 위상공간들의 집합이라 하고, 임의의 $\alpha \in \Lambda$에 대하여 $f_\alpha : X_\alpha \to Y_\alpha$을 함수라 할 때 $f(x)_\alpha = f_\alpha(x_\alpha)$로 정의된 함수 $f : \prod_{\alpha \in \Lambda} X_\alpha \to \prod_{\alpha \in \Lambda} Y_\alpha$가 연속이기 위한 필요충분조건은 임의의 $\alpha \in \Lambda$에 대하여 f_α가 연속이 되는 것임을 증명하여라.

2. 위상공간 $(X, \mathscr{T})$, (Y, φ)에 대하여 $p : X \to Y$를 연속함수라고 할 때 $p \circ s = 1_Y$인 연속함수 $s : Y \to X$가 존재하면 p는 동일화사상이 됨을 증명하여라.

3. 임의의 위상공간 X에 대하여 $X \times [-1, 1]$에서의 동치관계 "$\sim$"를 모든 $x \in X$에 대하여 $(x, 1) \sim (x', 1)$, $(x, -1) \sim (x', -1)$으로 정의하면 몫 공간 $X \times [-1, 1]/\sim$은 현수(suspension)가 됨을 보여라.

제 5 장

가산공리와 분리공리

〈 학습목표 〉

어떤 집합의 부분집합들의 모임이 위상이 되기 위해서는 몇 가지 공리를 만족해야만 했다. 이 장에서는 위상의 공리에 새로운 조건들을 첨가하여 조건이 첨가된 위상공간이 갖는 여러 가지 특징을 조사한다. 첨가되는 조건은 가산공리와 분리공리 성질이다.

이 공리들은 미적분학이나 해석학에서 나타나지 않는 위상수학 문제를 해결하기 위해서 필요로 되는 성질들이다. 이 성질들이 첨가된 위상공간이 제1가산공간, 제2가산공간, Lindelöf공간, 분해가능공간, T_0, T_1, T_2, T_3, T_4-공간 등이다.

이 성질들이 위상적인 성질인가?, 부분공간으로 유전되는가?, 곱 공간으로 전수되는가? 등도 살펴본다.

【토론과제】

1. 가산공리를 만족하는 공간들에 대하여 부분공간으로의 유전성과 곱 공간으로의 전수성에 관하여 살펴보아라.
2. T_0, T_1, T_2, T_3-공간들은 각각 유전성과 전수성이 보존되지만 T_4-공간의 부분공간은 T_4-공간일 필요가 없고, T_4-공간들의 곱 공간도 T_4-공간일 필요가 없음을 살펴보아라.

5.1 가산공리

[정의 5.1]

위상공간 X에 대하여 임의의 점 $x \in X$에서 가산인 국소기저가 존재하면 X는 제1가산공리(first axiom of countability)를 만족한다고 한다. 이 경우 X는 제1가산공간(first countable space)이라고 말한다.

[보기 1] $(\mathbb{R}, \mathscr{U})$는 제1가산공간이다. 임의의 $x \in \mathbb{R}$에 대하여 x에서의 가산 국소기저 $\mathscr{B}_x = \{(x-1/n,\ x+1/n) \mid n=1,\ 2,\ \cdots\}$가 존재하기 때문이다.

$B_1 \supset B_2 \supset \cdots$ 인 성질을 갖는 국소기저 $\mathscr{B} = \{B_n \mid n \in \mathbb{N}\}$을 가산 축소국소기저(countable nested local base)라 한다.

【정리 5.1】

X가 제1가산공간이면 임의의 점 $x \in X$에 대하여 x에서의 가산 축소국소기저가 존재한다.

증명 X가 제1가산공간이므로 임의의 점 $x \in X$에 대하여 x에서의 가산 국소기저 $\tau = \{G_1,\ G_2,\ \cdots\}$가 존재한다. 모든 $n \in \mathbb{N}$에 대하여 $B_n = \bigcap_{i=1}^{n} G_i$이라고 하면 $B_1 \supset B_2 \supset \cdots$이고 각 B_n은 점 x의 근방이다. 한편 점 x의 임의의 근방 W에 대하여 적당한 $n_0 \in \mathbb{N}$가 존재하여 $B_{n_0} \subset G_{n_0} \subset W$이므로 $\mathscr{B}_x = \{B_n \mid n \in \mathbb{N}\}$은 x에서의 가산 축소국소기저이다. ∎

[정의 5.2]

위상공간 $(X,\ \mathscr{T})$에 대하여 $\mathscr{T}$에 대한 가산 기저가 존재하면 X는 제2가산공리(second axiom of countability)를 만족한다고 한다. 이 경우 X는 제2가산공간(second countable space)이라고 말한다.

X가 제2가산공간이면 X위의 위상은 가산 기저 $\mathscr{B}$를 갖고, 임의의 점 $x \in X$에 대하여 $\mathscr{B}_x = \{B \in \mathscr{B} \mid x \in B\}$는 x에서의 가산 국소기저가 된다. 따라서 모든 제2가산공간은 제1가산공간도 된다.

[보기 2] 이산공간 $(X, \mathscr{D})$은 제1가산공간이나 제2가산공간은 아니다. 임의의 점 $x \in X$에 대하여 단집합 $\{x\}$이 열린 근방이므로 $\mathscr{B}_x = \{\{x\}\}$은 가산 국소기저가 된다. 그러나 X가 셀 수 없는 집합(비가산집합, uncountable set)일 때 $\mathscr{D}$의 임의의 기저는 X내의 모든 한원소집합을 포함해야 하므로 $(X, \mathscr{D})$는 제2가산공간이 아니다.

[보기 3] $(\mathbb{R}, \mathscr{U})$는 제2가산공간이다. $(\mathbb{R}, \mathscr{U})$에서 유리수를 양 끝점으로 하는 열린 구간들 전체로 이루어진 모임은 $\mathscr{U}$에 대한 가산 기저가 되기 때문이다.

[보기 4] $(\mathbb{R}, \mathscr{T}_f)$은 다음과 같은 이유로 제1가산공간이 아니다. 따라서 제2가산공간도 아니다. 만약 $(\mathbb{R}, \mathscr{T}_f)$이 제1가산공간이라고 가정하면 임의의 점 $x \in \mathbb{R}$에서의 가산 국소기저 $\{G_1, G_2, \cdots\}$가 존재하며, 모든 G_n은 열린 집합이라고 생각해도 좋다. 따라서 모든 $n \in \mathbb{N}$에 대하여 G_n^c는 유한집합이고, $A = \bigcup_{n=1}^{\infty} G_n{}^c$라 하면 A는 가산집합이 된다. 그런데 $\mathbb{R}$은 비가산집합이므로 $p \in \mathbb{R} - A$, $p \neq x$인 점 p를 택하면 $p \in A^c = \bigcap_{n=1}^{\infty} G_n$이 되어 p는 모든 G_n에 속해야 한다. 그러나 $x \in \{p\}^c$이고 $\{p\}^c$는 열린 집합이므로 $x \in G_n \subset \{p\}^c$을 만족하는 적당한 $n \in \mathbb{N}$이 존재하여야 한다. 이것은 p가 모든 G_n에 속해야 한다는 사실에 모순이다. 따라서 $(\mathbb{R}, \mathscr{T}_f)$는 제1가산공간이 아니다.

항등함수 $1_{\mathbb{R}} : (\mathbb{R}, \mathscr{U}) \to (\mathbb{R}, \mathscr{T}_f)$은 연속함수이므로 제1가산성과 제2가산성은 위상적인 성질이나 연속함수에 의해 보존되지 않음을 알 수 있다.

【정리 5.2】

1. 제1가산공간의 부분공간은 제1가산공간이고, 제1가산공간들의 가산개의 곱 공간도 제1가산공간이다.
2. 제2가산공간의 부분공간은 제2가산공간이고, 제2가산공간들의 가산개의 곱 공간도 제2가산공간이다.

증명 증명방법이 비슷하므로 정리 2만 증명한다.

2. Y를 제2가산공간 X의 부분공간이라 하고 $\mathscr{B}$를 X의 가산 기저라 하면 $\{G \cap Y \mid G \in \mathscr{B}\}$는 부분공간 Y의 가산 기저가 된다. 그리고 $\mathscr{B}_i$을 공간 X_i의 가산 기저라 하면 유한개의 지표 i에 대하여 $U_i \in \mathscr{B}_i$이고 그 외의 지표에 대하여 $U_i = X_i$인 U_i들의 곱집합 $\prod U_i$들의 모임 $\mathscr{B}$는 $\prod X_i$의 가산 기저가 된다. ∎

일반적으로 Λ을 비가산 지표 집합이라 할 때, 제1가산공간들의 곱 공간 $\prod_{\alpha \in \Lambda} X_\alpha$은 제1가산공간이 되지 않고, 따라서 제2가산공간들의 곱 공간 $\prod_{\alpha \in \Lambda} X_\alpha$도 제2가산공간이 되지 않음이 알려져 있다(연습문제 5.1의 5번 참조).

위와 같이 위상공간 X의 어떤 성질 P가 X의 모든 부분공간에서도 성립하면 P는 유전적인 성질(hereditary property)이라고 한다.

[정의 5.3]

위상공간 X에 대하여 $X = \bigcup_{\alpha \in \Lambda} U_\alpha$인 $\{U_\alpha \subset X \mid \alpha \in \Lambda\}$을 X의 덮개(cover 또는 covering)라 한다. 특히, U_α가 열린 집합들일 때 $\{U_\alpha \subset X \mid \alpha \in \Lambda\}$을 X의 열린 덮개(open cover)라고 한다. X의 덮개 $\mathscr{V}$에 대하여 $\mathscr{A} \subset \mathscr{V}$가 또한 X의 덮개이면 $\mathscr{A}$를 $\mathscr{V}$의 부분덮개(subcover)라고 한다.

[정의 5.4]

위상공간 X의 임의의 열린 덮개가 가산인 부분덮개를 가지면 X를 Lindelöf 공간이라고 부른다.

【정리 5.3】 Lindelöf

X를 제2가산공간이라 하고, $A\subset X$일 때 A의 임의의 열린 덮개는 가산인 부분덮개를 갖는다. 그러므로 제2가산공간은 Lindelöf공간이다.

증명 X는 $\mathscr{B}=\{B_1, B_2, \cdots\}$을 가산 기저로 갖는 제2가산공간이고 $A\subset X$일 때 $\mathscr{A}=\{U_\alpha\subset X\mid \alpha\in\Lambda\}$을 A의 열린 덮개라고 하자. 임의의 점 $a\in A$에 대하여 $a\in U_a$인 적당한 $U_a\in\mathscr{A}$가 존재하며 $\mathscr{B}$는 기저이므로 $x\in B_a\subset U_a$인 적당한 $B_a\in\mathscr{B}$가 존재한다. 이들 B_a들의 모임을 $\mathscr{B}^*$라 하면 $\mathscr{B}^*$는 가산인 A의 열린 덮개가 된다. 이제 $\mathscr{B}^*$에 속하는 각각의 B_a에 대하여 $B_a\subset U_a$인 U_a를 하나씩 택하여 만든 모임을 $\mathscr{A}^*$라 하면 $\mathscr{A}^*$는 $\mathscr{A}$의 가산 부분덮개가 된다. ∎

【정리 5.4】

제2가산공간 $(X, \mathscr{T})$에 대하여 $\mathscr{T}$에 대한 임의의 기저 $\mathscr{A}$는 가산인 기저 $\mathscr{A}'\subset\mathscr{A}$를 갖는다.

증명 $\mathscr{B}=\{B_1, B_2, \cdots\}$는 $\mathscr{T}$에 대한 가산 기저이고 $\mathscr{A}$는 $\mathscr{T}$에 대한 임의의 기저라 하자. 각 $n\in\mathbb{N}$에 대하여 $B_n=\cup\{G|G\in\mathscr{A}_n\}$을 만족하는 적당한 $\mathscr{A}_n\subset\mathscr{A}$이 존재한다. 따라서 정리 5.3에 의하여 $\mathscr{A}_n$은 가산인 부분덮개 $\mathscr{A}_n{}^*$을 갖는다. $\mathscr{A}^*=\bigcup_{n\in\mathbb{N}}\mathscr{A}_n{}^*$이라 하면 $\mathscr{A}^*$는 가산이고 $\mathscr{B}$가 기저이므로 $\mathscr{A}^*$도 기저가 된다. ∎

[정의 5.5]

위상공간 X의 부분집합 D가 $\overline{D}=X$이면 D는 X내에서 조밀(dense)하다고 말하고, D는 X의 조밀집합이라 한다. 위상공간 X가 가산 조밀집합(countable dense subset)을 가질 때 X를 분해가능공간(separable space)이라 한다.

[보기 5] ($\mathbb{R}$, $\mathscr{U}$)은 분해가능공간이지만 ($\mathbb{R}$, $\mathscr{D}$)은 분해가능공간이 아니다. 유리수의 집합 $\mathbb{Q}$는 가산집합이고, 임의의 열린 구간은 반드시 유리수를 포함하므로 $\mathbb{Q}$는 ($\mathbb{R}$, $\mathscr{U}$)내에서 조밀하다. 따라서 ($\mathbb{R}$, $\mathscr{U}$)는 분해가능공간이다. 그러나 이산위상을 가지는 ($\mathbb{R}$, $\mathscr{D}$)내에서 조밀한 부분집합은 비가산인 $\mathbb{R}$ 자신뿐이기 때문에 ($\mathbb{R}$, $\mathscr{D}$)는 분해가능공간이 아니다.

【정리 5.5】

모든 제2가산공간은 분해가능공간이다.

증명 X는 $\mathscr{B}=\{B_1, B_2, \cdots\}$을 가산 기저로 갖는 제2가산공간이라 하고, 각 $n\in\mathbb{N}$에 대하여 B_n에서 한 점 x_n을 택하여 $A=\{x_1, x_2, \cdots\}$이라 하면 A는 X의 가산 부분집합이고, 모든 $n\in\mathbb{N}$에 대하여 $B_n\cap A\neq\varnothing$이므로 A는 X에서 조밀하다. 따라서 X는 분해가능공간이다. ∎

[보기 6] ($\mathbb{R}$, $\mathscr{T}_f$)은 분해가능공간이다. $\mathbb{R}$의 닫힌 부분집합은 $\mathbb{R}$, $\varnothing$과 유한집합뿐이므로 $A\subset\mathbb{R}$가 임의의 가산인 무한부분집합이면 $\overline{A}=\mathbb{R}$이 되기 때문이다.

[보기 6]은 정리 5.5의 역이 일반적으로 성립하지 않음을 보여준다.

[보기 7] ($\mathbb{R}$, $\mathscr{H}$)는 제1가산공간이고 분해가능공간이며 Lindelöf공간이다. 그러나 제2가산공간은 아니다.

임의의 점 $x\in\mathbb{R}$에 대하여 $\mathscr{B}_x=\{[x, x+1/n) \mid n=1, 2, \cdots\}$은 x에서의 가산 국소기저이므로 ($\mathbb{R}$, $\mathscr{H}$)은 제1가산공간이다.

유리수집합 $\mathbb{Q}$는 가산 조밀집합이므로 ($\mathbb{R}$, $\mathscr{H}$)는 분해가능공간이다.

그러나 ($\mathbb{R}$, $\mathscr{H}$)는 가산 기저를 갖지 못한다. $\mathscr{B}$를 ($\mathbb{R}$, $\mathscr{H}$)의 임의의 기저라 하자. 임의의 $x\in\mathbb{R}$에 대하여 $x\in B_x\subset[x, x+1)$인 $B_x\in\mathscr{B}$을 택할

때 $x \neq y$이면 $B_x \neq B_y$이다. 왜냐하면 x는 B_x의 최대하계이고 y는 B_y의 최대하계이기 때문이다. 그러므로 $\mathscr{B}$는 비가산이어야 한다. 따라서 $(\mathbb{R}, \mathscr{H})$는 제2가산공간이 아니다. $(\mathbb{R}, \mathscr{H})$이 Lindelöf공간임을 보이는 것은 기저 원소들로 구성된 열린 덮개에 대하여 그것의 가산 부분덮개가 존재한다는 사실만 보이면 충분하다.

$\mathscr{A} = \{[a_\alpha, b_\alpha) \mid \alpha \in \Lambda\}$을 $\mathbb{R}$의 덮개라고 하자. 이 때, $C = \bigcup_{\alpha \in \Lambda} (a_\alpha, b_\alpha)$를 보통위상공간 $\mathbb{R}$의 부분공간으로 보면 C는 제2가산공간인 $\mathbb{R}$의 부분공간이므로 제2가산공간이다. $\{(a_\alpha, b_\alpha) \mid \alpha \in \Lambda\}$은 보통위상공간 $\mathbb{R}$의 부분공간 C의 열린 덮개이므로 가산 부분덮개 $\{(a_{\alpha_i}, b_{\alpha_i}) \mid i = 1, 2, \cdots\}$가 존재한다. $\mathscr{A}' = \{[a_{\alpha_i}, b_{\alpha_i}) \mid i = 1, 2, \cdots\}$도 C의 덮개이고, $\mathbb{R} - C$가 다음과 같은 이유로 가산이므로 각 $x \in \mathbb{R} - C$에 대하여 $x \in [a_\alpha, b_\alpha)$인 $[a_\alpha, b_\alpha)$를 $\mathscr{A}$에서 하나씩 택하여 $\mathscr{A}'$에 더한 것을 $\mathscr{A}^*$라고 하면 $\mathscr{A}^*$는 $\mathscr{A}$의 가산 부분덮개가 된다.

$x \in \mathbb{R} - C$이면 적당한 $\alpha \in \Lambda$에 대하여 $x = a_\alpha$이다. 이 때 q_x을 구간 (a_α, b_α)에 속하는 어떤 유리수라 하자. 이 구간은 C에 포함되므로 (x, q_x)도 C에 포함된다. 여기서 함수 $f : \mathbb{R} - C \to \mathbb{Q}$를 $f(x) = q_x$로 정의하면 f는 단사이다. 왜냐하면 $x, y \in \mathbb{R} - C$이고 $x < y$이면 $q_x < q_y$이기 때문이다. 만일 $q_x \geq q_y$이면 $x < y < q_y \leq q_x$이므로 $y \in (x, q_x) \subset C$이 되어 모순이다. 따라서 $\mathbb{R} - C$는 가산집합이다.

다음 도표는 이 절에서 소개한 공간들의 관계를 정리한 것으로 화살표는 어느 경우에도 역방향으로 갈 수 없음을 주목하여야 한다.

Lindelöf공간 ← 제2가산공간 → 분해가능공간

제2가산공간 ↓ 제1가산공간

[보기 8] 두 Lindelöf공간의 곱 공간이 Lindelöf공간일 필요는 없다. $(\mathbb{R}, \mathscr{H})$에 대하여 $\mathbb{R}$은 Lindelöf공간이나 곱 공간 $\mathbb{R}\times\mathbb{R}$은 Lindelöf공간이 아니다. $\mathbb{R}\times\mathbb{R}$의 부분공간 $L=\{(x, -x)|x\in\mathbb{R}\}$은 닫힌 집합이므로 $[a, b)\times[-a, d)$형의 기본 열린 집합들과 $(\mathbb{R}\times\mathbb{R})-L$로 구성된 $\mathbb{R}\times\mathbb{R}$의 열린 덮개는 가산 부분덮개를 가지지 않기 때문이다. 왜냐하면 위 기저 원소들은 [그림 1]에서와 같이 비가산인 L과 한 점에서 만나기 때문이다.

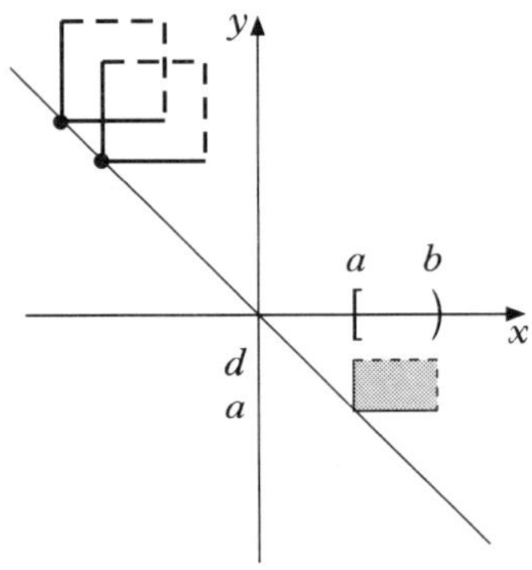

[그림 1]

[보기 9] $(\mathbb{R}, \mathscr{H})$에 대하여 $(\mathbb{R}, \mathscr{H})$은 분해가능공간이므로 곱 공간 $\mathbb{R}\times\mathbb{R}$도 분해가능공간이다. 그러나 $\mathbb{R}\times\mathbb{R}$의 부분공간 $A=\{(x, -x)\,|\,x\in\mathbb{R}-\mathbb{Q}\}$는 분해가능공간이 아니다. 비가산집합인 A에는 이산위상이 주어지기 때문이다.

Lindelöf공간들의 곱 공간이나 Lindelöf공간의 부분공간이 Lindelöf공간일 필요가 없음은 알려져 있다. 이와 같은 성질은 분해가능공간에 대해서도 마찬가지로 성립한다. 자세한 반례는 위상 심화과정의 교재를 참고하길 바란다.

연습문제 5.1

1. 위상공간 $(X, \mathscr{T})$에 대하여 $\mathscr{T}$에 대한 가산 부분기저가 존재하면 X는 제2가산공간임을 보여라.

2. 함수 $f : X \to Y$가 연속이고 전사함수일 때 X가 분해가능공간이면 Y도 분해가능공간임을 증명하여라.

3. 분해가능공간의 부분공간이라 하여 반드시 분해가능공간이 되지는 않음을 보여라.

4. Lindelöf공간의 연속함수에 의한 상은 Lindelöf공간이 됨을 증명하여라.

5. Λ을 비가산인 지표 집합이라 하고, 모든 $\alpha \in \Lambda$에 대하여 위상공간 X_α는 공집합이 아닌 진부분 열린 집합 H_α을 갖는다고 하면 곱 공간 $\prod_{\alpha \in \Lambda} X_\alpha$은 제1가산공간이 되지 않음을 증명하여라.

6. Michael직선은 분해가능공간이 아님을 보여라.

5.2 T_0-공간, T_1-공간, T_2-공간

일반적인 위상공간은 보통위상공간 $(\mathbb{R}, \mathscr{U})$를 추상화한 것으로서, 열린 집합에 관한 위상의 조건 (1)~(3)을 만족하기만 하면 충분하기 때문에 수직선에서 직관적으로 생각할 수 있었던 성질들이 성립하지 않는 경우가 나타날 수 있다. 보통위상공간 $(\mathbb{R}, \mathscr{U})$와 조금 더 유사한 위상공간을 생각하기 위하여 부가적인 조건을 만족하는 위상공간을 생각할 필요가 있다. 이 절에서는 서로 다른 두 개의 점이 열린 집합에 의하여 분리되어지는 공리들을 다룬다.

[정의 5.6]

$(X, \mathscr{T})$를 위상공간이라 하자.

(1) 임의의 서로 다른 두 점 $x, y \in X$에 대하여 $x \in U$, $y \notin U$ 또는 $y \in V$, $x \notin V$인 $\mathscr{T}$-열린 집합 U, V가 존재하면 $(X, \mathscr{T})$를 T_0- 공간이라 한다.

(2) 임의의 서로 다른 두 점 $x, y \in X$에 대하여 $x \in U$, $y \notin U$이며 $y \in V$, $x \notin V$인 $\mathscr{T}$-열린 집합 U, V가 존재하면 $(X, \mathscr{T})$를 T_1- 공간이라 한다.

(3) 임의의 서로 다른 두 점 $x, y \in X$에 대하여 $x \in U$, $y \in V$이고 $U \cap V = \varnothing$인 $\mathscr{T}$-열린 집합 U, V가 존재하면 $(X, \mathscr{T})$를 T_2- 공간이라 한다. T_2- 공간을 Hausdorff공간이라고도 한다.

T_1- 공리는 위상공간이 가질 수 있는 매우 중요한 성질로서 Kuratowski나 Sierpinski는 $(X, \mathscr{T})$가 T_1- 공리까지 만족할 때에만 이를 위상공간이라 불렀다. 정의로부터 T_2- 공간이면 T_1- 공간이고, T_1- 공간이면 T_0- 공간이다. 그러나 다음 보기에서 보듯이 T_0- 공간이 T_1- 공간일 필요는 없다. 또한 T_1- 공간이 T_2- 공간일 필요도 없다. 위와 같은 성질들을 분리공리(separation axiom)라고 한다.

[보기 1] (1) Sierpinski위상 $\mathscr{P} = \{X, \varnothing, \{a\}\}$이 주어진 $X = \{a, b\}$은 T_0- 공간이지만 T_1- 공간은 아니다.

(2) $\mathscr{C}$- 위상이 주어진 실수 공간 $\mathbb{R}$은 T_0- 공간이지만 T_1- 공간은 아니다. 서로 다른 두 점 $x, y \in \mathbb{R}$, $x < y$에 대하여 $U = (x, \infty)$는 $y \in U$, $x \notin U$이다. 그러나 $x \in V$, $y \notin V$인 V는 존재하지 않기 때문이다.

【정리 5.6】

위상공간 X가 T_1- 공간이기 위한 필요충분조건은 임의의 점 $x \in X$에 대하여 $\{x\}$가 닫힌 집합인 것이다.

증명 (⇒) X가 T_1-공간이고 $x \in X$라 하자. $y \in X - \{x\}$이면 $x \neq y$이므로 T_1-공리에 의하여 $y \in U$, $x \notin U$인 열린 집합 U가 존재한다. 따라서 $y \in U \subset \{x\}^c$이 되어 $\{x\}^c$는 열린 집합이다. 그러므로 $\{x\}$는 닫힌 집합이다.

(⇐) 임의의 점 $x \in X$에 대하여 $\{x\}$가 닫힌 집합이라 하자. 임의의 서로 다른 두 점 x, $y \in X$에 대하여 $\{x\}^c$, $\{y\}^c$는 열린 집합이고, $y \in \{x\}^c$, $x \in \{y\}^c$이므로 X는 T_1-공간이다. ∎

다음 정리는 여유한위상이 X위에 주어질 수 있는 T_1-위상 중에 가장 작은 것이라는 것을 나타내고 있다.

【정리 5.7】

$\mathscr{T}_f$가 X위의 여유한위상이라 할 때, X위의 어떤 위상 $\mathscr{T}$에 대하여 $(X, \mathscr{T})$가 T_1-공간이기 위한 필요충분조건은 $\mathscr{T}_f \subset \mathscr{T}$이 되는 것이다.

증명 (⇒) $(X, \mathscr{T})$가 T_1-공간이고, $G \in \mathscr{T}_f$이라 하자. 만일 $G = \varnothing$이면 $G \in \mathscr{T}$이 되고, $G \neq \varnothing$이면 G^c가 유한집합이므로 정리 5.6에 의하여 G^c는 $\mathscr{T}$-닫힌 집합이다. 따라서 $G \in \mathscr{T}$이 되어 $\mathscr{T}_f \subset \mathscr{T}$이다.

(⇐) $\mathscr{T}_f \subset \mathscr{T}$이라 하자. 임의의 점 $x \in X$에 대하여 $\{x\}^c \in \mathscr{T}_f$이므로 $\{x\}^c \in \mathscr{T}$이다. 따라서 $\{x\}$는 $\mathscr{T}$-닫힌 집합이다. 정리 5.6에 의하여 $(X, \mathscr{T})$는 T_1-공간이다. ∎

[보기 2] 여유한위상 $\mathscr{T}_f$이 주어진 실수 공간 $\mathbb{R}$은 T_1-공간이지만 T_2-공간은 되지 않는다.

서로 다른 두 점 x, $y \in \mathbb{R}$에 대하여 $U = \mathbb{R} - \{x\}$, $V = \mathbb{R} - \{y\}$이라 하면 U, $V \in \mathscr{T}_f$이고 $y \in U$, $x \notin U$이며 $x \in V$, $y \notin V$이다. 따라서 $(\mathbb{R}, \mathscr{T}_f)$는 T_1-공간이다. 그러나 $x \in A$, $y \in B$이고 $A \cap B = \varnothing$인 A, $B \in \mathscr{T}_f$이 존재한다면 $\mathbb{R} = \mathbb{R} - (A \cap B) = A^c \cup B^c$이 되어 $\mathbb{R}$은 무한집합이고 $A^c \cup B^c$는 유한집합이 된다. 이것은 모순이므로 위와 같은 A, $B \in \mathscr{T}_f$는 존재하지 않는다. 그러므로 $(\mathbb{R}, \mathscr{T}_f)$는 T_2-공간이 아니다.

【정리 5.8】

X가 T_1-공간이고, $A \subset X$일 때 점 $x \in X$가 A의 집적점이기 위한 필요충분조건은 x의 모든 열린 집합 U에 대하여 $U \cap A$가 무한집합이 되는 것이다.

증명 ($\Leftarrow$) 정의에 의하여 분명하다.

($\Rightarrow$) x가 A의 집적점이고 $U \cap A$가 유한집합인 x의 어떤 열린 집합 U가 존재한다고 가정하면 $F = (U \cap A) - \{x\}$는 T_1-공간 X의 유한집합이므로 정리 5.6에 의하여 F는 닫힌 집합이다. 따라서 $X - F = F^c$는 x를 포함하는 열린 집합이 되어 $V = U \cap F^c$도 x를 포함하는 열린 집합이 된다. 그런데 V는 x를 제외한 A의 점을 하나도 포함하지 않으므로, 즉 $(A \cap V) - \{x\} = \varnothing$이므로 x는 A의 집적점이 아니다. 이것은 모순이다. 그러므로 x의 모든 열린 집합 U에 대하여 $U \cap A$는 무한집합이다. ∎

다음 정리들의 증명은 분명하므로 생략한다.

【정리 5.9】

T_1-공간 X의 모든 유한부분집합은 집적점을 갖지 않는다.

【정리 5.10】

임의의 $i \in \{0, 1, 2\}$에 대하여 T_i-공리들은 위상적인 성질이다.

【정리 5.11】

임의의 $i \in \{0, 1, 2\}$에 대하여 X가 T_i-공간이고 $A \subset X$이면 A도 T_i-공간이다.

임의의 $i \in \{0, 1, 2\}$에 대하여 T_i-공간의 연속함수에 의한 상이 반드시 T_i-공간이 되는 것은 아니다. 예를 들어, $(X, \mathscr{T})$을 원소가 두 점 이상인 T_2-공간, $(X, \mathscr{I})$를 밀착공간, $1 : (X, \mathscr{T}) \to (X, \mathscr{I})$을 항등함수라고 하면 함수 1은 분명히 연속이다. 그러나 $(X, \mathscr{I})$는 T_0-공간조차도 아니다.

【정리 5.12】

X가 T_2-공간이고 Y가 임의의 공간일 때 전단사이며 닫힌 사상인 함수 $f : X \to Y$가 존재하면 Y도 T_2-공간이다.

증명 임의의 서로 다른 두 점 $y, z \in Y$에 대하여 f가 전단사이므로 $f^{-1}(y)$와 $f^{-1}(z)$은 X에서 서로 다른 두 점이 되고 X가 T_2-공간이므로 X에서의 적당한 열린 집합 U, V에 대하여 $f^{-1}(y) \in U$, $f^{-1}(z) \in V$, $U \cap V = \varnothing$이다. 이 때, f가 전단사이고 닫힌 사상이므로 열린 사상이 되어 $f(U)$, $f(V)$는 Y에서 열린 집합이 된다. 그러므로

$$y = f\left(f^{-1}(y)\right) \in f(U), \quad z = f\left(f^{-1}(z)\right) \in f(V),$$
$$f(U) \cap f(V) = f(U \cap V) = f(\varnothing) = \varnothing$$

이 성립되어 Y는 T_2-공간이다. ∎

【정리 5.13】

$\prod_{\alpha \in \Lambda} X_\alpha$가 T_2-공간이기 위한 필요충분조건은 모든 $\alpha \in \Lambda$에 대하여 X_α가 T_2-공간인 것이다.

증명 $(\Rightarrow)$ $\prod_{\alpha \in \Lambda} X_\alpha$가 T_2-공간일 때 한 점 $x^0 \in \prod_{\alpha \in \Lambda} X_\alpha$을 고정하고 임의의 $\beta \in \Lambda$에 대하여

$$S(x^0 ; \beta) = \left\{ x \in \prod_{\alpha \in \Lambda} X_\alpha \mid x_\alpha = x_\alpha^0, \ \alpha \neq \beta \right\}$$

라고 두면 연습문제 4.1의 6번 성질에 의하여 $S(x^0 ; \beta)$은 $\prod_{\alpha\in\Lambda} X_\alpha$의 부분 공간으로 X_β와 위상동형이므로 정리 5.11과 정리 5.12에 의하여 X_β는 T_2-공간이다.

($\Leftarrow$) 모든 $\alpha\in\Lambda$에 대하여 X_α가 T_2-공간이고 x, $y\in\prod_{\alpha\in\Lambda} X_\alpha$, $x\neq y$이라고 가정하자. 그러면 어떤 $\alpha\in\Lambda$에 대하여 $x_\alpha\neq y_\alpha\in X_\alpha$이다. 그런데 X_α가 T_2-공간이므로 $x_\alpha\in U$, $y_\alpha\in V$, $U\cap V=\varnothing$인 X_α의 열린 부분집합 U, V가 존재한다. 따라서 $x\in p_\alpha^{-1}(U)$, $y\in p_\alpha^{-1}(V)$, $p_\alpha^{-1}(U)\cap p_\alpha^{-1}(V)=\varnothing$이 성립하고, $p_\alpha^{-1}(U)$와 $p_\alpha^{-1}(V)$은 $\prod_{\alpha\in\Lambda} X_\alpha$에서 열린 집합이므로 $\prod_{\alpha\in\Lambda} X_\alpha$는 T_2-공간이다. ▮

【정리 5.14】

X와 Y를 위상공간이라 하고, $f : X\to Y$와 $g : X\to Y$를 연속함수라 하면 다음이 성립한다.

1. Y가 T_2-공간이면 집합 $A=\{x\in X\,|\,f(x)=g(x)\}$는 X에서 닫힌 집합이다.
2. Y가 T_2-공간이고 D는 X의 조밀집합일 때 임의의 $x\in D$에 대하여 $f(x)=g(x)$이면 $f=g$이다.

증명 1. $X-A$가 열린 집합임을 보이면 충분하다. 임의의 $x\in X-A$에 대하여 $f(x)\neq g(x)$이고 Y는 T_2-공간이므로 $f(x)\in U$, $g(x)\in V$, $U\cap V=\varnothing$인 Y의 열린 부분집합 U, V가 존재한다. f와 g의 연속성에 의하여 $f^{-1}(U)$와 $g^{-1}(V)$는 X의 열린 부분집합이므로 $f^{-1}(U)\cap g^{-1}(V)$는 x를 포함하는 X의 열린 부분집합이다. 그런데 $z\in f^{-1}(U)\cap g^{-1}(V)$이면 $f(z)\in U$, $g(z)\in V$이며 $U\cap V=\varnothing$이므로 $f(z)\neq g(z)$이다. 따라서 $z\notin A$이다. 이것은 $f^{-1}(U)\cap g^{-1}(V)\subset X-A$를 의미한다. 그러므로 $X-A$는 열린 집합이다.

2. 가정과 1에 의하여 $X=\overline{D}\subset\overline{A}=A$이므로 $A=X$이다. 따라서 모든 $x\in X$에 대하여 $f(x)=g(x)$이다. ▮

연습문제 5.2

1. 특수점 위상 $\mathscr{T}=\{U\subset\mathbb{R}|U=\varnothing\vee 1\in U\}$이 주어진 실수 공간 $\mathbb{R}$이 T_i-공간 $(i\in\{0, 1, 2\})$인지를 결정하여라.

2. 위상공간 X가 T_0-공간이기 위한 필요충분조건은 임의의 서로 다른 두 점 $x, y\in X$에 대하여 $\overline{\{x\}}\neq\overline{\{y\}}$인 것임을 증명하여라.

3. 위상공간 X가 T_1-공간이기 위한 필요충분조건은 임의의 $x\in X$에 대하여 $\{x\}=\cap\{G\in\mathscr{T}\mid x\in G\}$인 것임을 증명하여라.

4. 유한인 T_1-공간은 이산공간임을 보여라.

5. 여가산위상 $\mathscr{T}_c$이 주어진 비가산 무한집합은 T_2-공간이 아님을 보여라.

6. 다음 성질들은 서로 동치임을 증명하여라.
   (1) Y가 T_2-공간이다.
   (2) $p\in Y$일 때 임의의 $q\neq p$에 대하여 $q\notin\overline{U}$인 p의 열린 근방 U가 존재한다.
   (3) 임의의 $p\in Y$에 대하여 $\cap\{\overline{U}\mid U$는 p의 열린 근방$\}=\{p\}$이다.
   (4) $\Delta=\{(y, y)\mid y\in Y\}$는 $Y\times Y$에서 닫힌 집합이다.

7. X와 Y를 위상공간이라 하고, $f:X\to Y$를 연속함수라 할 때 Y가 T_2-공간이면 f의 그래프(graph) $G(f)=\{(x, y)\in X\times Y\mid y=f(x)\}$는 곱 공간 $X\times Y$의 닫힌 부분집합임을 증명하여라.

5.3 정칙공간(正則空間)

이 절에서는 한 점과 그 점을 포함하지 않는 닫힌 집합이 두 개의 열린 집합에 의하여 분리되는 공리에 관하여 학습한다.

---[정의 5.7]---

X를 위상공간이라 할 때 X의 임의의 닫힌 부분집합 A와 A에 속하지 않는 임의의 점 x에 대하여 $x \in U$, $A \subset V$, $U \cap V = \varnothing$인 열린 집합 U와 V가 존재하면 X를 정칙공간(正則空間, regular space)이라 한다.

[보기 1] $X=\{a, b, c\}$라 하고 X위의 위상을 $\mathscr{T}=\{X, \varnothing, \{a, b\}, \{c\}\}$라 하면, 닫힌 집합은 $\varnothing$, X, $\{c\}$, $\{a, b\}$가 되고 $A=\{c\}$와 $x=a$ 또는 b에 대하여 $U=\{c\}$, $V=\{a, b\}$을 택하고, $A=\{a, b\}$와 $x=c$에 대하여 $U=\{a, b\}$, $V=\{c\}$를 택하면 $(X, \mathscr{T})$가 정칙공간임을 쉽게 알 수 있다. 그러나 한원소집합 $\{a\}$, $\{b\}$가 닫힌 집합이 아니므로 $(X, \mathscr{T})$는 T_1-공간이 아니다.

[보기 2] 무한집합 X에 대하여 $a \in X$일 때

$$\mathscr{T}=\{U \subset X \mid X-U\text{는 유한집합 또는 } a \in X-U\}$$

는 X위의 위상이다. $(X, \mathscr{T})$를 Fort공간이라 한다. Fort공간은 정칙공간이다. F를 X의 닫힌 부분집합이라 하고, $x \in X-F$이라 하자. 만약 $x \neq a$이면, $X-(X-\{x\})$은 유한집합이고 $a \in X-\{x\}$이므로 $X-\{x\}$와 $\{x\}$은 모두 열린 집합이다. $U=X-\{x\}$, $V=\{x\}$로 놓으면 U와 V는 각각 F와 x를 포함하는 서로 소인 열린 집합이다. 만약 $x=a$이면 $a \in X-F$이므로 F는 열린 집합이다. $X-F$는 가정에 의하여 열린 집합이므로 $U=F$, $V=X-F$로 놓으면 U와 V는 각각 F와 x를 포함하는 서로 소인 열린 집합이다. 따라서 $(X, \mathscr{T})$는 정칙공간이다.

[보기 3] $X=\mathbb{R}$이라 하고 X위의 위상을 $\mathscr{T}_1=\{U\subset X|U=\varnothing\vee 1\in U\}$이라 하면, $(X, \mathscr{T})$는 정칙공간이 아니다. 왜냐하면 닫힌 집합 $\{3, 5\}$와 점 1은 임의의 열린 집합에 의하여 분리될 수 없기 때문이다.

[정의 5.8]

X가 정칙공간이면서 T_1-공간이면 X를 T_3-공간이라 한다.

모든 T_3-공간은 T_2-공간이 된다. 또 X가 정칙이라는 성질은 유전적이고 위상적인 성질이라는 것도 쉽게 알 수 있다.

【정리 5.15】

위상공간 X가 정칙공간이 되기 위한 필요충분조건은 임의의 점 $x\in X$와 x의 임의의 열린 근방 U에 대하여 적당한 열린 집합 V가 있어서 $x\in V\subset\overline{V}\subset U$이 성립하는 것이다.

증명 ($\Rightarrow$) X를 정칙공간이라 하고, U는 x를 포함하는 열린 근방이라 하자. 그러면 U^c는 닫힌 집합이고 $x\not\in U^c$이므로 $x\in V$, $U^c\subset H$, $V\cap H=\varnothing$을 만족하는 적당한 열린 집합 V와 H가 존재한다. 따라서 $V\subset H^c\subset U$이 되고, H^c는 닫힌 집합이므로 $V\subset\overline{V}\subset\overline{H^c}\subset H^c$이 되어 조건이 성립한다.

($\Leftarrow$) 조건이 성립한다고 가정하고 A를 X의 임의의 닫힌 부분집합이라 하자. 임의의 $x\not\in A$에 대하여 $x\in A^c$이고 A^c는 열린 집합이므로 적당한 열린 집합 U가 있어서 $x\in U\subset\overline{U}\subset A^c$가 된다. 따라서 $(\overline{U})^c=V$라 하면 $x\in U$, $A\subset V$, $U\cap V=\varnothing$이 되어 X는 정칙공간이다. ∎

정리 5.15의 조건이 부분기저의 원소들에 대하여 성립한다는 것이 보장되어도 그 공간이 정칙인 것은 쉽게 증명할 수 있다.

【정리 5.16】

$\prod_{\alpha\in\Lambda} X_\alpha$가 정칙공간이기 위한 필요충분조건은 모든 $\alpha\in\Lambda$에 대하여 X_α가 정칙공간인 것이다.

증명 ($\Rightarrow$) $\prod_{\alpha\in\Lambda} X_\alpha$을 정칙공간이라 하고, 한 점 $x^0\in\prod_{\alpha\in\Lambda} X_\alpha$을 고정하자. 그러면 임의의 $\beta\in\Lambda$에 대하여 얇은 조각 $S(x^0\ ;\ \beta)$은 $\prod_{\alpha\in\Lambda} X_\alpha$의 부분공간으로 X_β와 위상동형이므로 임의의 $\beta\in\Lambda$에 대하여 X_β는 정칙공간이다.

($\Rightarrow$) 모든 $\alpha\in\Lambda$에 대하여 X_α가 정칙공간이라 하고 $\prod_{\alpha\in\Lambda} X_\alpha$의 부분기저의 원소에 대하여 정리 5.15의 조건을 만족함을 보이자. $x\in p_\alpha^{-1}(U_\alpha)$이면 $x_\alpha\in U_\alpha$이고 X_α가 정칙공간이므로 $x_\alpha\in V_\alpha\subset\overline{V_\alpha}\subset U_\alpha$인 열린 집합 $V_\alpha\subset X_\alpha$가 존재한다. 그러므로 연습문제 4.1의 5번 성질에 의하여 $x\in p_\alpha^{-1}(V_\alpha)\subset p_\alpha^{-1}(\overline{V_\alpha})=$ $x\in p_\alpha^{-1}(V_\alpha)\subset p_\alpha^{-1}(\overline{V_\alpha})=\overline{p_\alpha^{-1}(V_\alpha)}\subset p_\alpha^{-1}(U_\alpha)$이 성립한다. ∎

연습문제 5.3

1. X가 정칙공간일 때 임의의 두 점 $x,\ y\in X$에 대하여 다음이 성립함을 증명하여라.

$$\overline{\{x\}}=\overline{\{y\}}\ \text{ 또는 }\ \overline{\{x\}}\cap\overline{\{y\}}=\varnothing$$

2. X가 정칙공간이고 $A\subset X$이면 A도 정칙공간임을 증명하여라.

3. T_3-성질은 위상적인 성질임을 증명하여라.

4. 보통위상공간 $\mathbb{R}$과 밀착위상이 주어진 공간 $X=\{0,\ 1\}$에 대하여 $\mathbb{R}\times X$은 정칙공간이지만 T_0-공간이 되지 않음을 증명하여라.

5. X가 정칙공간이 되기 위한 필요충분조건은 X내의 임의의 점에서 닫힌 집합들로 구성된 국소기저가 존재하는 것임을 증명하여라.

6. 위상공간 X가 정칙공간이 되기 위한 필요충분조건은 X내의 임의의 점 x와 임의의 부분기저의 원소 U에 대하여 적당한 열린 집합 V가 있어서 $x \in V \subset \overline{V} \subset U$이 성립하는 것임을 증명하여라.

5.4 정규공간(正規空間)

[정의 5.9]

X를 위상공간이라 할 때 X의 서로 소인 임의의 두 닫힌 부분집합 A와 B에 대하여 $A \subset U$, $B \subset V$, $U \cap V = \varnothing$인 열린 집합 U와 V가 존재하면 X를 정규공간(正規空間, normal space)이라 한다.

[보기 1] $X = \{a, b, c\}$라 하고 X위의 위상을 $\mathscr{T} = \{X, \varnothing, \{a\}, \{b\}, \{a, b\}\}$라 하면, 닫힌 집합은 $\varnothing$, X, $\{b, c\}$, $\{a, c\}$, $\{c\}$이므로 A와 B가 서로 소인 두 닫힌 집합이면 그 중 하나는 공집합이어야 한다. 따라서 A와 B를 각각 포함하는 서로 소인 열린 집합으로 X와 $\varnothing$을 택하면 되므로 $(X, \mathscr{T})$는 정규공간이 된다. 그러나 X는 정칙공간도 아니고 T_1-공간도 아니다.

[보기 2] $\mathscr{C}$위상이 주어진 $\mathbb{R}$은 정규공간이다. 서로 소인 공집합이 아닌 닫힌 집합은 존재하지 않기 때문이다. 그러나 이 공간은 정칙공간이 되지는 않는다.

[보기 3] 이산공간과 밀착공간은 모두 정규공간이다.

【정리 5.17】

보통위상공간 $(\mathbb{R}, \mathscr{U})$는 정규공간이다.

증명 A와 B를 서로 소인 두 닫힌 집합이라 하자. 임의의 $a\in A$에 대하여 $a\in B^c$이므로 $(a-\varepsilon_a,\ a+\varepsilon_a)\cap B=\varnothing$을 만족하는 적당한 $\varepsilon_a>0$가 존재한다. 마찬가지로 임의의 $b\in B$에 대하여 $(b-\varepsilon_b,\ b+\varepsilon_b)\cap A=\varnothing$을 만족하는 적당한 $\varepsilon_b>0$가 존재한다. $U=\cup\{(a-(\varepsilon_a/2),\ a+(\varepsilon_a/2))|a\in A\}$, $V=\cup\{(b-(\varepsilon_b/2),\ b+(\varepsilon_b/2))\mid b\in B\}$이라고 하면 U와 V는 각각 A와 B를 포함하는 열린 집합이 된다. 이제 $U\cap V=\varnothing$임을 보인다. $x\in U\cap V$이라고 가정하자. $x\in U$이므로 적당한 $a\in A$가 존재하여 $x\in(a-(\varepsilon_a/2),\ a+(\varepsilon_a/2))$을 만족한다. 마찬가지로 $x\in V$이므로 적당한 $b\in B$가 존재하여 $x\in(b-(\varepsilon_b/2),\ b+(\varepsilon_b/2))$을 만족한다. 따라서 삼각부등식에 의하여

$$|a-b|=|(a-x)+(x-b)|\le|a-x|+|x-b|<\varepsilon_a/2+\varepsilon_b/2$$

을 얻는다.
$\varepsilon_a\le\varepsilon_b$ 또는 $\varepsilon_b\le\varepsilon_a$이므로 $\varepsilon_a\le\varepsilon_b$일 때는 $|a-b|<\varepsilon_b$이 되어 $a\in(b-\varepsilon_b,\ b+\varepsilon_b)$이고, 이것은 $(b-\varepsilon_b,\ b+\varepsilon_b)\cap A=\varnothing$이라는 사실에 모순이다. 마찬가지로 $\varepsilon_b\le\varepsilon_a$일 때도 $|a-b|<\varepsilon_a$이 되어 모순이다. 그러므로 $U\cap V=\varnothing$이고 $(\mathbb{R},\ \mathscr{U})$는 정규공간이다. ∎

【정리 5.18】

정칙인 Lindelöf공간은 정규공간이다.

증명 X를 정칙인 Lindelöf공간이라 하고, A와 B를 서로 소인 X의 두 닫힌 집합이라 하자. 임의의 $a\in A$에 대하여 $a\in B^c$이고, B^c는 열린 집합이므로 X의 정칙성에 의하여 적당한 열린 집합 G_a가 있어서 $x\in G_a\subset\overline{G_a}\subset B^c$이 된다. 이와 같은 열린 집합들의 모임 $\mathscr{G}$을

$$\mathscr{G}=\{G_a\mid a\in G_a,\ \overline{G_a}\cap B=\varnothing,\ a\in A\}$$

이라 하면 $\mathscr{G}$는 A의 열린 덮개가 된다. 같은 방법으로 B의 열린 덮개

$$\mathscr{F}=\{H_b\mid b\in H_b,\ \overline{H_b}\cap A=\varnothing,\ b\in B\}$$

을 얻을 수 있다. 따라서 $\mathscr{G}\cup\{A^c\}$와 $\mathscr{F}\cup\{B^c\}$는 모두 X의 열린 덮개이고 X는 Lindelöf공간이므로 가산인 부분덮개를 갖는다. 그러므로 $\mathscr{G}$와 $\mathscr{F}$도 각각 가산

인 부분덮개 $\{G_1, G_2, \cdots\}$와 $\{H_1, H_2, \cdots\}$을 갖는다. 이제 각 $n \in \mathbb{N}$에 대하여

$$G_n^* = G_n - \bigcup_{i=1}^{n} \overline{H_i},\ \ H_n^* = H_n - \bigcup_{i=1}^{n} \overline{G_i},\ \ G = \bigcup_{n \in \mathbb{N}} G_n^*,\ \ H = \bigcup_{n \in \mathbb{N}} H_n^*$$

이라고 하자. 그러면 G_n^*와 H_n^*이 열린 집합이므로 G와 H도 열린 집합이 된다. 또한 모든 $n \in \mathbb{N}$에 대하여 $\overline{G_n} \cap B = \varnothing$이고 $\overline{H_n} \cap A = \varnothing$이므로 $B \subset H$이고 $A \subset G$이다. 그런데 다음과 같은 이유로 $G \cap H = \varnothing$이므로 X는 정규공간이 된다.

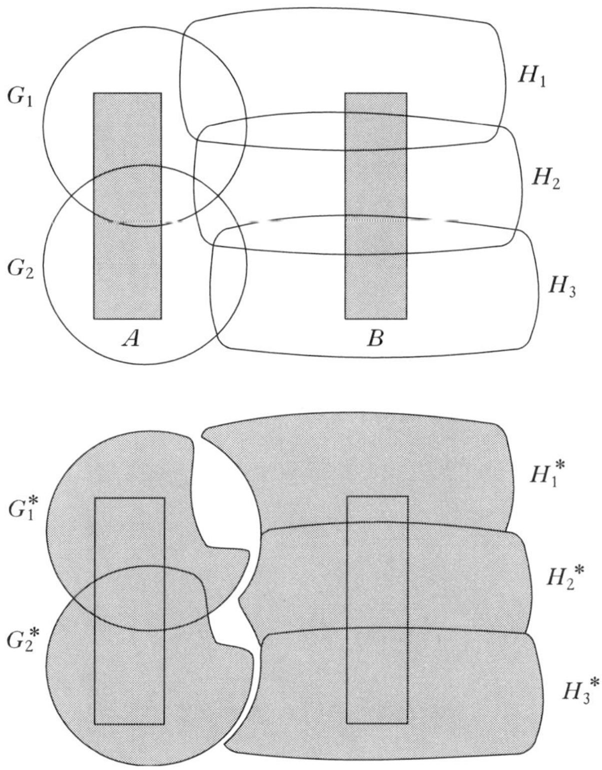

[그림 2]

만약 $x \in G \cap H$이면 적당한 $j,\ k \in \mathbb{N}$가 있어서 $x \in G_j^* \cap H_k^*$이다. $j \leq k$이라고 가정하면 G_j^*의 정의에 의하여 $x \in G_j$이고, H_k^*의 정의에 의하여 $x \notin \overline{G_j}$이다. 이것은 모순이다. $k \leq j$일 때도 같은 방법으로 모순이 되므로 $G \cap H = \varnothing$이다. ∎

제2가산공간은 Lindelöf공간이므로 다음 정리를 얻는다.

【정리 5.19】

제2가산인 정칙공간은 정규공간이다.

다음 정리의 증명은 그 방법이 정리 5.15와 비슷하므로 생략한다.

【정리 5.20】

위상공간 X가 정규공간이 되기 위한 필요충분조건은 X의 임의의 닫힌 부분집합 A와 A를 포함하는 임의의 열린 집합 U에 대하여 적당한 열린 집합 V가 있어서 $x \in V \subset \overline{V} \subset U$이 성립하는 것이다.

[보기 4] 두 정규공간의 곱 공간이 정규공간일 필요는 없다. $\mathscr{H}$-위상이 주어진 $\mathbb{R}$은 정규공간이지만 Sorgenfrey공간이라 불리는 곱 공간 $\mathbb{R} \times \mathbb{R}$은 정규공간이 되지 않는다.

$$A = \{(x,\ y) \in \mathbb{R} \times \mathbb{R} \mid y = -x\}$$

이라 하면 A는 닫힌 집합이고, A위의 $\mathbb{R} \times \mathbb{R}$의 상대위상은 이산위상이 됨을 알 수 있다. 그러므로

$$F_1 = \{(x,\ y) \in A \mid x \in \mathbb{Q}\},$$

$$F_2 = \{(x,\ y) \in A \mid x \in \mathbb{R} - \mathbb{Q}\}$$

는 A에서 닫힌 집합이고, A는 $\mathbb{R} \times \mathbb{R}$에서 닫힌 집합이므로 F_1과 F_2는 서로 소가 되고 $\mathbb{R} \times \mathbb{R}$에서 닫힌 집합이다. 그런데 F_1과 F_2를 포함하는 서로 소인 열린 집합은 존재하지 않으므로 $\mathbb{R} \times \mathbb{R}$은 정규공간이 아니다.

그러나 보통위상 $\mathscr{U}$가 주어진 $\mathbb{R}$은 정규공간이고 임의의 $n \in \mathbb{N}$에 대하여 그것들의 곱 공간 $\mathbb{R}^n$도 정규공간이 된다는 사실은 중요하고 주목할 만하다. 그 중

명은 정리 5.17 증명과 비슷하다. 한편 정규공간의 부분공간이라 하여 정규공간일 필요는 없다. 그 보기는 위상 심화과정 교재를 참고하길 바란다. 닫힌 부분공간에서 닫힌 집합인 것은 전 공간에서도 닫힌 집합이므로 다음 정리를 얻을 수 있다.

【정리 5.21】

정규공간의 닫힌 부분공간은 정규공간이다.

다음 정리는 정규공간이 갖는 중요한 특징을 나타내는 성질이다. 특히 이 정리는 많은 정리들을 증명하는데 사용되어진다. 아래 정리들의 증명도 위상 심화과정 교재를 참고하길 바란다.

【정리 5.22】 Urysohn의 보조정리

위상공간 X가 정규공간이 되기 위한 필요충분조건은 X의 서로 소인 임의의 두 닫힌 부분집합 A와 B에 대하여 $f(A)=\{0\}$, $f(B)=\{1\}$인 연속함수 $f: X \to [0, 1]$가 존재하는 것이다. 여기서 $[0, 1]$은 $(\mathbb{R}, \mathscr{U})$의 부분공간이다.

【정리 5.23】 Tietze의 확장원리

X가 정규공간이고 A가 X의 닫힌 부분집합일 때 연속함수 $f: A \to [a, b]$는 연속함수 $\tilde{f}: X \to [a, b]$로 확장된다.

[정의 5.10]

X가 정규공간이면서 T_1-공간이면 X를 T_4-공간이라 한다.

모든 T_4-공간은 T_3-공간이 된다. 또 X의 정규성은 위상적인 성질이라는 것도 쉽게 알 수 있다.

중요한 분리공리들은 좀 더 많이 있으나 근래 그 중요성이 점차 높이 평가되고 있는 두 가지를 소개하겠다.

[정의 5.11]

X를 위상공간이라 할 때 X의 임의의 닫힌 부분집합 A와 A에 속하지 않는 임의의 점 x에 대하여 $f(x)=0$, $f(A)=\{1\}$인 연속함수 $f : X \to [0, 1]$가 반드시 존재하면 X를 완전정칙(completely regular)공간이라 한다. 여기서 $[0, 1]$은 $(\mathbb{R}, \mathscr{U})$의 부분공간이다. X가 완전정칙이면서 T_1-공간이면 X를 Tychonoff공간 또는 $T_{3\frac{1}{2}}$-공간이라 한다.

완전정칙성이 위상적인 성질이고 유전적인 성질이라는 것은 쉽게 알 수 있다. 정의에 의하여 완전정칙공간은 정칙공간이 되므로 모든 $T_{3\frac{1}{2}}$-공간은 T_3-공간이 된다. 또한 Urysohn의 보조정리에 의하여 모든 T_4-공간은 $T_{3\frac{1}{2}}$-공간이 된다.

[정의 5.12]

X를 위상공간이라 할 때 X의 공집합이 아닌 임의의 두 부분집합 A와 B에 대하여 $A \cap \overline{B} = \varnothing$이고 동시에 $\overline{A} \cap B = \varnothing$이면 A와 B는 떨어져 있는 집합 또는 분리된 집합(separated sets)이라고 한다.

[보기 5] $(\mathbb{R}^2, \mathscr{U})$에 대하여

$$A = \{(x, y) \mid y = \sin(1/x),\ 0 < x \le 1\}$$
$$B = \{(0, y) \mid 1/2 \le y \le 1\}$$

라 하면 B에 속하는 모든 점은 A의 집적점이 되므로 $\overline{A} \cap B \neq \varnothing$이다.

따라서 $A \cap B = \varnothing$이지만 A와 B는 떨어져 있는 집합은 아니다.

[정의 5.13]

X를 위상공간이라 할 때 임의의 떨어져 있는 두 집합 A와 B에 대하여 $A \subset U$, $B \subset V$, $U \cap V = \varnothing$인 열린 집합 U와 V가 존재하면 X를 완전정규공간(completely normal space)이라 한다. 완전정규인 T_1-공간을 T_5-공간이라 한다.

공집합이 아닌 서로 소인 닫힌 집합들은 분명히 서로 떨어져 있는 집합이므로 모든 T_5-공간은 T_4-공간이 된다. T_5-공리가 위상적인 성질이라는 것도 쉽게 알 수 있다.

연습문제 5.4

1. Fort공간 $(X, \mathscr{T})$는 정규공간임을 증명하여라.

2. $X = \mathbb{R}$라 하고 X위의 위상을 $\mathscr{T}_1 = \{U \subset X \mid U = \varnothing \vee 1 \in U\}$라 하면, $(X, \mathscr{T}_1)$은 정규공간이 아님을 보여라.

3. 위상공간 X가 정규공간이 되기 위한 필요충분조건은 X의 임의의 닫힌 부분집합 A와 A를 포함하는 임의의 열린 집합 U에 대하여 적당한 열린 집합 V가 있어서 $x \in V \subset \overline{V} \subset U$이 성립하는 것임을 증명하여라.

4. X가 정규공간이고 Y가 임의의 공간일 때 연속이고 닫힌 사상이며 전사인 함수 $f : X \to Y$가 존재하면 Y도 정규공간임을 증명하여라.

5. $\prod_{\alpha \in \Lambda} X_\alpha$이 T_4-공간이면 모든 $\alpha \in \Lambda$에 대하여 X_α도 T_4-공간임을 증명하여라.

6. 완전정칙성은 위상적인 성질임을 증명하여라.

7. 완전정칙공간은 정칙공간이 됨을 증명하여라.

8. T_5-공리가 위상적인 성질임을 증명하여라.

제 6 장

거리공간

〈 학습목표 〉

위상수학의 중요한 개념들은 거리공간에서 다루게 될 내용을 일반화시킨 것들이 많다. $|x-y|$로 주어지는 실수의 두 점 x와 y 사이의 거리는 보통위상공간 $\mathbb{R}$의 기본 열린 집합을 생성하고 $\mathbb{R}$의 특징을 규정하는데 이용될 수 있었다. 이와 같이 집합에 위상을 주는 가장 중요한 방법 중 하나가 주어진 거리를 이용하여 위상을 정의하는 것이다. 이것을 거리위상이라 한다. 또한 위상공간 중에는 주어진 위상이 거리라는 개념으로부터 유도될 수 있는 공간들이 있다. 이 공간을 거리를 줄 수 있는 공간이라 한다.

이 장에서는 거리위상, 거리공간의 성질, 거리공간의 곱 공간, 거리를 줄 수 있는 공간, 완비거리공간 등에 관하여 학습한다.

【토론과제】

1. 공집합이 아닌 임의의 집합 X에 대하여 X위의 거리함수는 항상 정의될 수 있을까?
2. X위의 거리함수 d가 주어져 있을 때 d에 의하여 유도된 위상은 항상 존재할까?
3. 위상공간 $(X, \mathscr{T})$에 대하여 $\mathscr{T}$를 생성하는 X위의 거리함수 d가 항상 존재할까? 만약 항상 존재하는 것이 아니라면 $\mathscr{T}$를 생성하는 X위의 거리함수 d가 존재하기 위한 충분조건은 무엇일까?

6.1 거리위상

[정의 6.1]

$X\neq\varnothing$을 임의의 집합이라 하고 함수 $d: X\times X\to\mathbb{R}^+\cup\{0\}$가 임의의 $x, y, z\in X$에 대하여 다음 조건

M1. $d(x, y)\geq 0$

M2. $d(x, y)=0 \Leftrightarrow x=y$

M3. $d(x, y)=d(y, x)$

M4. $d(x, y)\leq d(x, z)+d(z, y)$ (삼각부등식)

을 만족하면 d를 X위의 거리함수(metric)라 하며, $d(x, y)$를 x와 y간의 거리(distance)라고 부른다. 이 때, 쌍 (X, d)를 거리공간(metric space)이라고 한다.

[보기 1] 임의의 $x, y\in\mathbb{R}$에 대하여 $d(x, y)=|x-y|$으로 정의하면 d는 $\mathbb{R}$위의 거리 함수가 된다. 이 d를 $\mathbb{R}$위의 보통거리함수(usual metric)라고 한다.

[보기 2] 평면 $\mathbb{R}^2$내의 임의의 두 점 $p=(x_1, y_1)$와 $q=(x_2, y_2)$에 대하여

$$d_1(p, q)=\sqrt{(x_1-x_2)^2+(y_1-y_2)^2}$$
$$d_2(p, q)=|x_1-x_2|+|y_1-y_2|$$
$$d_3(p, q)=\max\{|x_1-x_2|, |y_1-y_2|\}$$

으로 정의하면 이것들은 모두 $\mathbb{R}^2$위의 거리함수가 된다. 특히 d_1을 $\mathbb{R}^2$위의 보통거리함수라고 한다.

[보기 3] 공집합이 아닌 임의의 집합 X와 임의의 점 $x, y\in X$에 대하여

$$d(x, y)=\begin{cases}1, & x\neq y\\ 0, & x=y\end{cases}$$

으로 정의하면 d는 X위의 거리함수가 된다. 이 d를 X위의 이산거리함수(discrete metric)라고 한다.

집합 X가 공집합이 아니면 위의 [보기 3]에 의하여 X위의 거리함수는 항상 정의할 수 있다.

[정의 6.2]

d를 집합 X위의 거리함수라 하고, $x \in X$, ε을 임의의 양의 실수라고 할 때

$$B(x, \varepsilon) = \{y \in X \mid d(x, y) < \varepsilon\}$$

은 중심이 x이고 반지름이 ε인 열린 공 또는 x의 ε-근방(ε-neighborhood of x)이라고 부른다. X위의 거리함수를 특별히 명시하고자 할 때는 $B_d(X, \varepsilon)$이라 쓰기도 한다.

[보기 4] 평면 $\mathbb{R}^2$위의 거리함수 d_1, d_2, d_3을 [보기 2]에서와 같이 정의하고 중심이 $(0, 0)$이고 반지름이 $\varepsilon = 1$인 열린 공을 나타내면 [그림 1]과 같이 각각 열린 원판, 열린 마름모, 열린 정사각형이 된다.

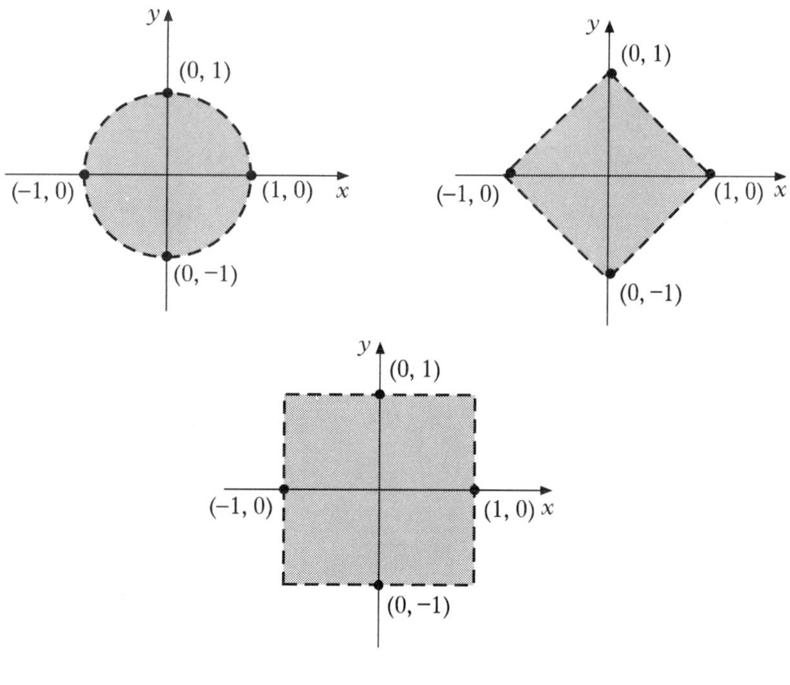

[그림 1]

【정리 6.1】

d를 집합 X위의 거리함수라고 할 때, X내의 모든 열린 공들의 모임

$$\mathscr{B}=\{B(x,\ \varepsilon)\,|\,x\in X,\ \varepsilon>0\}$$

는 X위의 어떤 위상 $\mathscr{T}_d$에 대한 기저가 된다.

증명 정리 2.18의 조건이 성립함을 보이면 충분하다. 임의의 $x\in X$에 대하여 $x\in B(x,\ 1)$이므로 $X=\cup\{B\,|\,B\in\mathscr{B}\}$은 성립한다.

이제 $B_1,\ B_2\in\mathscr{B}$이고 $x\in B_1\cap B_2$이면 적당한 $B\in\mathscr{B}$가 있어서 $x\in B\subset B_1\cap B_2$이 성립하는 것을 보인다. $B_1=B(x_1,\ \varepsilon_1),\ B_2=B(x_2,\ \varepsilon_2)$라 하자. 그러면 $d(x,\ x_1)<\varepsilon_1$, $d(x,\ x_2)<\varepsilon_2$이 되고, $\varepsilon=\min\{\varepsilon_1-d(x,\ x_1),\ \varepsilon_2-d(x,\ x_2)\}$에 대하여 $B(x,\ \varepsilon)$을 생각하여 보자. 만일 $y\in B(x,\ \varepsilon)$이면

$$d(y,\ x_1)\le d(y,\ x)+d(x,\ x_1)<\varepsilon+d(x,\ x_1)\le\varepsilon_1-d(x,\ x_1)+d(x,\ x_1)=\varepsilon_1$$

이 되므로 $y\in B(x_1,\ \varepsilon_1)$이다. 같은 방법으로 $y\in B(x_2,\ \varepsilon_2)$인 것도 보일 수 있다. 따라서 $x\in B(x,\ \varepsilon)\subset B_1\cap B_2$가 된다. ∎

위 $\mathscr{T}_d$를 거리함수 d에 의하여 유도된 거리위상(metric topology)이라 부르고, 집합 X위에 위상 $\mathscr{T}_d$가 주어졌을 때 생기는 위상공간을 거리공간(metric space)이라 하여 $(X,\ d)$로 나타낸다. 따라서 거리공간 $(X,\ d)$내에서는 모든 열린 공 $B(x,\ \varepsilon)$이 기본 열린 집합이 된다.

【정리 6.2】

B가 거리공간 $(X,\ d)$내의 열린 공일 때 임의의 $x\in B$에 대하여 적당한 $\varepsilon>0$을 택하여 $B_d(x,\ \varepsilon)\subset B$가 되게 할 수 있다.

증명 $B=B_d(x_0,\ r)$이라 하면, $x\in B_d(x_0,\ r)$이므로 $d(x_0,\ x)<r$이 된다. 따라서 $\varepsilon=r-d(x_0,\ x)$이라 하면 $\varepsilon>0$이다. 만일 $y\in B_d(x,\ \varepsilon)$이라 하면

$$d(x_0, y) \le d(x_0, x) + d(x, y) < d(x_0, x) + r - d(x_0, x) = r$$

이 되어 $y \in B_d(x_0, r)$이다. 그러므로 $B_d(x, \varepsilon) \subset B$이다. ▒

[보기 5] X위의 거리함수 d를 [보기 3]에서와 같이 정의할 때 임의의 $x \in X$에 대하여 $B(x, 1/2) = \{y \mid d(x, y) < 1/2\} = \{x\}$가 되어 X내의 모든 한원소 집합이 기본 열린 집합이 되므로 (X, d)는 이산공간이 된다. 모든 $\varepsilon > 1$에 대하여 x의 ε-근방을 구하면 $B(x, \varepsilon) = X$임을 유의하여야 한다.

[보기 6] $\mathbb{R}$위의 거리함수 d을 [보기 1]에서와 같이 정의하면, $\mathbb{R}$내의 모든 열린 공의 모임은 모든 열린 구간의 모임과 일치한다. 따라서 $\mathbb{R}$위의 보통위상 $\mathscr{U}$는 d에 의하여 유도된 거리위상이다.

연습문제 6.1

1. 평면 $\mathbb{R}^2$내의 임의의 두 점 $p = (x_1, y_1)$와 $q = (x_2, y_2)$에 대하여

$$d_1(p, q) = \sqrt{(x_1 - x_2)^2 + (y_1 - y_2)^2}$$
$$d_2(p, q) = |x_1 - x_2| + |y_1 - y_2|$$
$$d_3(p, q) = \max\{|x_1 - x_2|, |y_1 - y_2|\}$$

으로 정의하면 이것들은 모두 $\mathbb{R}^2$위의 거리함수임을 보여라.

2. X를 닫힌 구간 $[0, 1]$로부터 $[0, 1]$로의 모든 연속함수들의 집합이라 하고, 임의의 $f, g \in X$에 대하여 $d^*(f, g) = \sup\{|f(x) - g(x)| \mid x \in [0, 1]\}$이라 하면 d^*는 X위의 거리함수임을 보여라. 또 $f \in X$, $\varepsilon > 0$에 대하여 f의 ε-근방을 설명하여라.

3. $C_{[0, 1]}$을 닫힌구간 $[0, 1]$로부터 $\mathbb{R}$로의 모든 연속함수들의 집합이라 하고, 임의의 $f, g \in C_{[0, 1]}$에 대하여 $d(f, g) = \int_0^1 |f(t) - g(t)| dt$이라 하면 d는 $C_{[0, 1]}$

위의 거리함수임을 보여라.

4. 위상동형사상 $f: X \to Y$에 대하여 $e(x, y) = d(f^{-1}(x), f^{-1}(y))$로 정의된 $e: Y \times Y \to \mathbb{R}$ 은 Y위의 거리함수임을 보여라. 여기서 d는 X위의 거리함수이다.

5. 거리공간 (X, d)에 대하여 $e(x, y) = \dfrac{d(x, y)}{1 + d(x, y)}$로 정의된 $e: X \times X \to \mathbb{R}$은 X위의 거리함수임을 보여라.

6. 유한개의 원소를 가지는 거리공간 (X, d)는 이산공간임을 증명하여라.

6.2 거리공간의 성질

이 절에서는 거리공간이 지니는 가산공리 및 분리공리 성질과 거리공간에서의 함수의 연속성에 관하여 살펴본다.

【정리 6.3】

(X, d)가 거리공간이고 $x \in X$일 때 열린 공들의 모임 $\{B(x, 1/n) \mid n = 1, 2, \cdots\}$은 x에서의 국소기저가 된다. 따라서 모든 거리공간은 제1가산공간이다.

증명 U가 x의 열린 근방이라 하면 적당한 $\varepsilon > 0$이 있어서 $x \in B(x, \varepsilon) \subset U$이 된다. 그런데 n을 충분히 크게 택하여 $1/n < \varepsilon$이 되게 하면 $B(x, 1/n) \subset B(x, \varepsilon)$이 성립하므로 $\{B(x, 1/n) \mid n = 1, 2, \cdots\}$은 x에서의 가산 국소기저가 된다. ∎

【정리 6.4】

모든 거리공간은 T_2- 공간이다.

증명 (X, d)를 거리공간, $x, y \in X$을 임의의 서로 다른 두 점이라고 하자. $d(x, y) \neq 0$이므로 $\varepsilon = d(x, y)/2$이라 하면 $B(x, \varepsilon) \cap B(y, \varepsilon) = \varnothing$이 된다. 왜냐하면 만약 $z \in B(x, \varepsilon) \cap B(y, \varepsilon)$이라고 가정하면 삼각부등식에 의하여 $d(x, y) \leq d(x, z) + d(z, y) < d(x, y)/2 + d(x, y)/2 = d(x, y)$이 되어 모순이 되기 때문이다. 따라서 X는 T_2-공간이다. ■

다음 정리의 증명은 $(\mathbb{R}, \mathscr{U})$가 정규공간임을 증명하는 방법과 비슷하다.

【정리 6.5】

모든 거리공간은 정규공간이다.

증명 (X, d)를 거리공간이라 하고, A와 B를 서로 소인 두 닫힌 집합이라 하자. 임의의 $a \in A$에 대하여 $a \in B^c$이므로 $B(a, \varepsilon_a) \cap B = \varnothing$을 만족하는 적당한 $\varepsilon_a > 0$가 존재한다. 마찬가지로 임의의 $b \in B$에 대하여 $B(b, \varepsilon_b) \cap A = \varnothing$을 만족하는 적당한 $\varepsilon_b > 0$가 존재한다. $U = \cup \{B(a, \varepsilon_a/2) \mid a \in A\}$, $V = \cup \{B(b, \varepsilon_b/2) \mid b \in B\}$이라고 하면 U와 V는 각각 A와 B를 포함하는 열린 집합이 된다. 이제 $U \cap V = \varnothing$임을 보인다. $x \in U \cap V$이라고 가정하자. $x \in U$이므로 적당한 $a \in A$가 존재하여 $x \in B(a, \varepsilon_a/2)$을 만족한다. 마찬가지로 $x \in V$이므로 적당한 $b \in B$가 존재하여 $x \in B(b, \varepsilon_b/2)$을 만족한다. 따라서 삼각부등식에 의하여

$$d(a, b) \leq d(a, x) + d(x, b) < \varepsilon_a/2 + \varepsilon_b/2$$

을 얻는다. 그런데 $\varepsilon_a \leq \varepsilon_b$ 또는 $\varepsilon_b \leq \varepsilon_a$이므로 $\varepsilon_a \leq \varepsilon_b$일 때는 $d(a, b) < \varepsilon_b$이 되어 $a \in B(b, \varepsilon_b)$이고, 이것은 $B(b, \varepsilon_b) \cap A = \varnothing$이라는 사실에 모순이다. 마찬가지로 $\varepsilon_b \leq \varepsilon_a$일 때도 $d(a, b) < \varepsilon_a$이 되어 모순이다. 그러므로 $U \cap V = \varnothing$이고 (X, d)는 정규공간이다. ■

정리 6.4와 정리 6.5에 의하여 다음 정리가 성립한다.

【정리 6.6】

모든 거리공간은 T_4- 공간이다.

일반적인 위상공간에서는 거리라는 개념이 없기 때문에 함수의 연속성을 열린 집합에 의하여 정의하였다. 이 정의는 거리공간에서의 함수의 연속성 개념과 일치한다는 것을 확인할 수 있다. 거리공간에서의 함수의 연속성은 보통거리함수가 주어진 실수 공간 $\mathbb{R}$에서의 $\varepsilon-\delta$방식의 연속개념을 일반화한 것이다. 다음 정리의 증명은 정리 1.41과 비슷하므로 생략한다.

【정리 6.7】

(X, d)와 (Y, e)를 두 개의 거리공간이라 하고, f를 X로부터 Y로의 함수라 할 때 f가 X내의 어떤 점 x에서 연속이기 위한 필요충분조건은 임의의 $\varepsilon>0$에 대하여 적당한 δ가 있어서 $d(x, y)<\delta$인 모든 y에 대하여 $e(f(x), f(y))<\varepsilon$이 성립하는 것이다.

[정의 6.3]

거리공간 (X, d)와 (Y, e)에 대하여 함수 $f: X \to Y$가 고른 연속(uniformly continuous)이라는 것은 임의의 $\varepsilon>0$에 대하여 적당한 $\delta>0$가 존재하여 $d(x_1, x_2)<\delta$인 모든 $x_1, x_2 \in X$에 대하여 $e(f(x_1), f(x_2))<\varepsilon$을 만족하는 것을 의미한다.

연속함수는 δ의 값이 점 x와 ε의 값에 종속되어 결정되지만 고른 연속함수는 δ의 값이 ε의 값에만 종속되어 결정되어지는 것을 유의하여야 한다. 분명히 고른 연속함수는 연속함수이다.

[정의 6.4]

거리공간 (X, d)와 $A \subset X$에 대하여

(1) A가 유계(bounded)라고 하는 것은 $A \subset B_d(x, \varepsilon)$을 만족하는 적당한 $x \in X$와 $\varepsilon>0$이 존재하는 경우를 말한다.

(2)
$$\operatorname{diam}(A) = \sup\{d(x, y) \mid x, y \in A\}$$

를 A의 직경(diameter)이라고 한다. 특히 $\operatorname{diam}(X)<\infty$이면 d는 유계라고 말한다.

제7장에서 위상공간의 컴팩트성(compactness)을 학습하면 아래와 같은 중요한 결과를 얻을 수 있다. 자세한 증명은 7장으로 미룬다.

(1) 거리공간 (X, d)와 (Y, e)에 대하여 $f : X \to Y$를 연속함수라 하자. 만약 X가 컴팩트 공간이면 f는 고른 연속함수이다.

(2) $(\mathbb{R}, \mathscr{U})$에서는 임의의 닫힌 구간 $[a, b]$는 컴팩트 집합이다.

(3) Heine-Borel정리에 의하면 $(\mathbb{R}, \mathscr{U})$에서는 부분집합 A가 컴팩트라는 것과 A는 닫힌 집합이고 유계라는 것이 동치이다. 그러나 일반 거리공간에서는 만약 A가 X의 컴팩트 부분집합이면 A는 닫힌 집합이고 유계이지만 그 역은 일반적으로 성립하지 않는다.

(4) Bolzano-Weierstrass정리에 의하면 $(\mathbb{R}, \mathscr{U})$에서는 유계인 무한부분집합은 적어도 하나의 집적점을 갖는다. 그러나 일반 거리공간에서는 집적점을 갖지 않는 유계인 무한부분집합이 존재하기도 한다.

연습문제 6.2

1. (X, d)와 (Y, e)를 두 개의 거리공간이라 하고, f를 X로부터 Y로의 함수라 할 때 f가 X내의 어떤 점 x에서 연속이기 위한 필요충분조건은 임의의 $\varepsilon > 0$에 대하여 적당한 $\delta > 0$가 있어서 $d(x, y) < \delta$인 모든 y에 대하여 $e(f(x), f(y)) < \varepsilon$이 성립하는 것임을 증명하여라.

2. $A \subset (X, d)$일 때 $D(A, x) = \inf\{d(a, x) \mid a \in A\}$로 정의된 함수 $D(A, \ ) : X \to \mathbb{R}$에 대하여 다음을 증명하여라.

   (1) 함수 $D(A, \ ) : X \to \mathbb{R}$은 연속이다.

   (2) $\overline{A} = \{x \in X \mid D(A, x) = 0\}$

   (3) (X, d)는 T_1-공간이다.

6.3 거리를 줄 수 있는 공간

보통위상공간 $(\mathbb{R}, \mathscr{U})$와 임의의 이산공간과 같이 위상공간들 중에는 그 위에 거리함수 d를 정의하여 d에 의하여 유도된 위상이 본래 위상과 일치하는 것이 있다. 이 절에서는 어떤 위상공간이 이러한 성질을 만족하는 지에 관해 살펴본다.

[정의 6.5]

위상공간 $(X, \mathscr{T})$에 대하여 $\mathscr{T}_d = \mathscr{T}$인 X위의 거리함수 d가 존재할 때 $(X, \mathscr{T})$을 거리를 줄 수 있는 공간(metrizable space)이라 한다.

【정리 6.8】

거리를 줄 수 있다는 성질(metrizability)은 위상적인 성질이다.

증명 X와 Y를 위상동형인 위상공간이라 하자. X를 거리를 줄 수 있는 공간이라 하고 d를 X위의 거리함수, $f : X \to Y$를 위상동형사상이라 하자.

$e(x, y) = d(f^{-1}(x), f^{-1}(y))$로 정의된 함수 $e : Y \times Y \to \mathbb{R}$은 Y위의 거리함수가 됨을 쉽게 알 수 있다. 이제 $\mathscr{T}$를 Y위에 주어진 위상, $\mathscr{T}_e$를 e에 의하여 유도된 Y위의 거리위상이라 하고, $\mathscr{T} = \mathscr{T}_e$임을 보이자.

임의의 $U \in \mathscr{T}$와 임의의 $y \in U$에 대하여 $f^{-1}(U)$는 X의 열린 부분집합이고, $f^{-1}(y) \in f^{-1}(U)$이므로 적당한 $\varepsilon > 0$이 있어서 $B_d(f^{-1}(y), \varepsilon) \subset f^{-1}(U)$이다. 그러면 다음과 같은 이유로 $B_e(y, \varepsilon) \subset U$이 되어 $U \in \mathscr{T}_e$이다. 따라서 $\mathscr{T} \subset \mathscr{T}_e$이다.

만약 $z \in B_e(y, \varepsilon)$이면 $e(y, z) = d(f^{-1}(y), f^{-1}(z)) < \varepsilon$이므로 $f^{-1}(z) \in B_d(f^{-1}(y), \varepsilon)$이고, f가 전사함수이므로 $z = f(f^{-1}(z)) \in f(B_d(f^{-1}(y), \varepsilon)) \subset f(f^{-1}(U)) = U$이다. 이것은 $B_e(y, \varepsilon) \subset U$을 의미한다.

한편 임의의 $V \in \mathscr{T}_e$에 대하여 $f^{-1}(V)$가 X의 열린 부분집합임을 보이면 f는 전사이고 열린 사상이므로 $V = f(f^{-1}(V)) \in \mathscr{T}$이 되어 $\mathscr{T}_e \subset \mathscr{T}$이 성립한다.

$x \in f^{-1}(V)$이라 하자. $f(x) \in V \in \mathscr{T}_e$이므로 적당한 $\varepsilon > 0$이 있어서 $B_e(f(x), \varepsilon)$

$\subset V$이다. 이제 $B_d(x, \varepsilon)\subset f^{-1}(V)$임을 보이기 위하여 $w\in B_d(x, \varepsilon)$라고 하자. 그러면

$$\varepsilon > d(x, w) = d\big(f^{-1}(f(x)), f^{-1}(f(w))\big) = e(f(x), f(w))$$

이므로 $f(w)\in B_e(f(x), \varepsilon)\subset V$이 되어 $w\in f^{-1}(V)$이다. 따라서 $B_d(x, \varepsilon)\subset f^{-1}(V)$이고, $f^{-1}(V)$는 X의 열린 부분집합이다. ■

$(X, \mathscr{T})$가 거리를 줄 수 있는 공간이고 $A\subset X$이면 $\mathscr{T}=\mathscr{T}_d$인 X위의 거리함수 $d: X\times X\to\mathbb{R}$가 존재하므로 $d|_{A\times A}: A\times A\to\mathbb{R}$이 A위의 거리함수가 되는 것을 보이는 것은 어렵지 않다. 또한 거리함수 $d|_{A\times A}$에 의하여 유도된 거리위상이 A위의 $\mathscr{T}$의 상대위상 $\mathscr{T}_A$와 일치함을 쉽게 보일 수 있다. 그러므로 다음 정리가 성립한다.

【정리 6.9】

$(X, \mathscr{T})$가 거리를 줄 수 있는 공간이고 $A\subset X$이면 $(A, \mathscr{T}_A)$도 또한 거리를 줄 수 있는 공간이다.

【정리 6.10】

X와 Y가 공집합이 아닌 위상공간이라 하자. 곱 공간 $X\times Y$가 거리를 줄 수 있는 공간이기 위한 필요충분조건은 X와 Y가 모두 거리를 줄 수 있는 공간인 것이다.

증명 ($\Rightarrow$) X와 Y는 $X\times Y$의 얇은 조각과 위상동형이므로 정리 6.8에 의하여 X와 Y는 모두 거리를 줄 수 있는 공간이다.

($\Rightarrow$) X와 Y가 모두 거리를 줄 수 있는 공간이라 가정하고, d를 X위의 거리함수, e를 Y위의 거리함수라고 하자. $\rho((x, y), (z, w))=d(x, z)+e(y, w)$로 정의된 함수 $\rho: (X\times Y)\times(X\times Y)\to\mathbb{R}$은 $X\times Y$위의 거리함수가 됨을 쉽게 알 수 있다. $\mathscr{T}_p$와 $\mathscr{T}_\rho$을 각각 $X\times Y$위의 곱 위상과 ρ에 의하여 유도된 거

리위상이라 할 때 $\mathscr{T}_p = \mathscr{T}_\rho$임을 보인다.

먼저 $\mathscr{T}_p \subset \mathscr{T}_\rho$을 보이기 위하여 $U \in \mathscr{T}_p$이고 $(x, y) \in U$이라 하면 적당한 $\varepsilon_1, \varepsilon_2 > 0$이 있어서 $(x, y) \in B_d(x, \varepsilon_1) \times B_e(y, \varepsilon_2) \subset U$을 만족한다. 이 때 $\varepsilon = \min\{\varepsilon_1, \varepsilon_2\}$이라 하면 $B_\rho((x, y), \varepsilon) \subset B_d(x, \varepsilon_1) \times B_e(y, \varepsilon_2)$이 된다. 왜냐하면 각 $(z, w) \in B_\rho((x, y), \varepsilon)$에 대하여 $\rho((z, w), (x, y)) = d(z, x) + e(w, y) < \varepsilon$이고 $\varepsilon = \min\{\varepsilon_1, \varepsilon_2\}$이므로 $d(z, x) < \varepsilon_1$, $e(w, y) < \varepsilon_2$이 되어 $z \in B_d(x, \varepsilon_1)$, $w \in B_e(y, \varepsilon_2)$이고 $(z, w) \in B_d(x, \varepsilon_1) \times B_e(y, \varepsilon_2)$이기 때문이다. 따라서 $(x, y) \in B_\rho((x, y), \varepsilon) \subset U$이 되어 $U \in \mathscr{T}_\rho$이다. 그러므로 $\mathscr{T}_p \subset \mathscr{T}_\rho$이다. 이제 $\mathscr{T}_\rho \subset \mathscr{T}_p$임을 보이기 위하여 $V \in \mathscr{T}_\rho$이고 $(x, y) \in V$이라 하면 적당한 $\varepsilon > 0$이 있어서 $(x, y) \in B_\rho((x, y), \varepsilon) \subset V$을 만족하고, $B_d(x, \varepsilon/2) \times B_e(y, \varepsilon/2) \subset B_\rho((x, y), \varepsilon)$이 성립한다. 왜냐하면 임의의 $(z, w) \in B_d(x, \varepsilon/2) \times B_e(y, \varepsilon/2)$에 대하여 $d(x, z) < \varepsilon/2$이고 $e(y, w) < \varepsilon/2$이므로 $\rho((x, y), (z, w)) = d(x, z) + e(y, w) < \varepsilon/2 + \varepsilon/2 = \varepsilon$이 되어 $(z, w) \in B_\rho((x, y), \varepsilon)$이기 때문이다. 따라서 $(x, y) \in B_d(x, \varepsilon/2) \times B_e(y, \varepsilon/2) \subset V$이 되어 $V \in \mathscr{T}_p$이다. 그러므로 $\mathscr{T}_\rho \subset \mathscr{T}_p$이다. ▒

가산개의 거리공간들의 곱 공간위에 거리함수 d를 정의하여 d에 의하여 유도된 위상이 곱 위상과 일치하도록 해 줄 수 있음은 증명되어 있다. 이것에 관해서는 위상 심화과정 교재를 참고하길 바란다. 그러나 비가산개의 거리공간들의 곱 공간의 경우에는 이와 같은 주장을 할 수가 없다. 왜냐하면 연습문제 5.1의 5번에서 살펴본 바와 같이 제1가산공간들의 비가산개의 곱 공간은 제1가산공간이라고 할 수 없고, 제1가산공간이 아니면 정리 6.3에 의하여 거리를 줄 수 있는 공간이 되지 못하기 때문이다.

다음 정리는 일반 위상공간이 거리를 줄 수 있는 공간이 되기 위한 조건을 말해 주고 있다. 위상적인 성질만으로 그 조건을 명시하고 있는 점을 유의하여야 한다. 이 정리의 증명도 위상 심화과정 교재를 참고하길 바란다.

【정리 6.11】 Urysohn

제2가산인 T_3-공간은 적당한 가산집합 F에 대하여 곱 공간 $[0, 1]^F$의 어떤 부분공간과 위상동형이 된다. 따라서 제2가산인 T_3-공간은 거리를 줄 수 있는 공간이다.

연습문제 6.3

1. 임의의 유한 밀착공간은 거리를 줄 수 있는 공간이 아님을 증명하여라.

2. $A \subset (X, d)$일 때 임의의 $a, b \in A$에 대하여 $e(a, b) = d(a, b)$이라 하면 e는 A위의 거리함수가 됨을 보여라. 또 거리공간 (A, e)가 (X, d)의 부분공간임을 증명하여라.

3. 거리공간 (X, d)에 대하여 $\bar{d}(x, y) = \min\{d(x, y), 1\}$로 정의된 $\bar{d} : X \times X \to \mathbb{R}$은 X위의 거리함수임을 보여라. 또 $\bar{d}$에 의하여 유도된 거리위상이 주어진 X위의 위상과 일치함을, 즉 $\mathscr{T}_{\bar{d}} = \mathscr{T}_d$임을 증명하여라. 이 경우 d와 $\bar{d}$는 대등(equivalent)하다고 한다.

4. $\mathbb{R}^n$내의 임의의 두 점 $p = (x_1, x_2, \cdots, x_n)$와 $q = (y_1, y_2, \cdots, y_n)$에 대하여

$$d(p, q) = \sqrt{(x_1 - y_1)^2 + (x_2 - y_2)^2 + \cdots + (x_n - y_n)^2}$$
$$\rho(p, q) = \max\{|x_1 - y_1|, |x_2 - y_2|, \cdots, |x_n - y_n|\}$$

로 정의된 d와 ρ는 대등함을 보이고, ρ에 의하여 유도된 거리위상이 $\mathbb{R}^n$위의 곱 위상과 일치함을 증명하여라.

5. 임의의 두 점 $p = (x_1, x_2, \cdots, x_n)$와 $q = (y_1, y_2, \cdots, y_n)$에 대하여

$$d(p,\ q)=\sqrt{(x_1-y_1)^2+(x_2-y_2)^2+\cdots+(x_n-y_n)^2}$$

으로 정의된 거리공간 $\mathbb{R}^n$내에서 임의의 $k\in\mathbb{N}$에 대하여

$$x_k=(x_1^k,\ x_2^k,\ \cdots,\ x_n^k),\ x=(x_1,\ x_2,\ \cdots,\ x_n)$$

이라 할 때, $\lim_{k\to\infty} x_k=x$가 되기 위한 필요충분조건은 모든 i에 대하여 $\lim_{k\to\infty} x_i^k=x_i$가 되는 것임을 증명하여라.

6. $C_{[a,\ b]}$을 닫힌구간 $[a,\ b]$로부터 $\mathbb{R}$로의 모든 연속함수들의 집합이라 하고, 임의의 $f,\ g\in C_{[a,\ b]}$에 대하여

$$d(f,\ g)=\sup\{|f(x)-g(x)|\mid x\in[a,\ b]\}$$
$$e(f,\ g)=\int_a^b |f(x)-g(x)|dx$$

이라 하면 $\mathscr{T}_e\subset\mathscr{T}_d$임을 증명하여라.

6.4 완비거리공간

Cauchy수열은 실수 계를 학습할 때 매우 중요한 역할을 한다. 이와 같은 개념을 일반적인 거리공간으로 확장해보기로 하자.

[정의 6.6]

X를 임의의 집합이라 할 때 함수 $s:\mathbb{N}\to X$를 X내의 점열(點列, sequence)이라 한다. 임의의 $n\in\mathbb{N}$에 대하여 $s(n)$을 s_n으로 쓰기로 한다.

[정의 6.7]

s를 위상공간 X내의 점열이라 하고, $x \in X$일 때 만일 x를 포함하는 임의의 열린 집합 U에 대하여 적당한 자연수 n_0가 있어서 $n > n_0$인 모든 자연수 n에 대하여 $s_n \in U$이면 s는 x에 수렴한다(converge)라고 말하고 $s \to x$ 또는 $s_n \to x$로 나타낸다. 이 때 x를 s의 극한(limit)이라 한다.

[보기 1] s를 밀착공간 $(X, \mathscr{I})$내의 점열이라 하면 임의의 $x \in X$에 대하여 $s \to x$이다. 왜냐하면 x를 포함하는 열린 집합은 X 자신뿐이기 때문이다.

[보기 2] s를 이산공간 $(X, \mathscr{D})$내의 점열이라 할 때, 만일 $s_n \to x$이면 단집합 $\{x\}$는 x를 포함하는 열린 집합이므로 적당한 자연수 m이 있어서 $n > m$인 모든 자연수 n에 대하여 $s_n = x$이므로 s은 $s_1, s_2, \cdots, s_m, x, x, \cdots$의 형태이다.

[보기 3] s를 무한인 여가산공간 $(X, \mathscr{T}_c)$내의 점열이라 할 때, 만일 $s_n \to x$이면 집합 $A = \{s_n | s_n \neq x\}$은 가산집합이 되어 $A^c \in \mathscr{T}_c$이고 $x \in A^c$이므로 적당한 자연수 m이 있어서 $n > m$인 모든 자연수 n에 대하여 $s_n \in A^c$이다. 이것은 $n > m$인 모든 n에 대하여 $s_n = x$이므로 s은 $s_1, s_2, \cdots, s_m, x, x, \cdots$의 형태이다.

【정리 6.12】

X가 Hausdorff공간이면 X내의 수렴하는 점열은 일의적(一意的)인 극한을 갖는다.

증명 s를 X내의 점열이라 하고, 서로 다른 두 점 x와 y가 s의 극한이라고 가정하자. X는 Hausdorff공간이므로 $x \in G$, $y \in H$, $G \cap H = \varnothing$인 열린 집합 G와 H가 존재한다. 그런데 $s_n \to x$이므로 적당한 자연수 m_1이 있어서 $n > m_1$인 모든 자연수 n에

대하여 $s_n \in G$이 되고, 또 $s_n \to y$이므로 적당한 자연수 m_2가 있어서 $n > m_2$인 모든 자연수 n에 대하여 $s_n \in H$이다. 따라서 $m = \max\{m_1, m_2\}$이라 하면 $n > m$인 모든 자연수 n에 대하여 $s_n \in G \cap H$이다. 이것은 $G \cap H = \varnothing$이라는 사실에 모순이다. ▮

위 정리의 역은 일반적으로 성립하지 않는다. 예를 들면, X를 여가산위상 $\mathscr{T}_c$가 주어진 비가산 무한집합이라 하면 X내의 점열 s가 어떤 점 x에 수렴하기 위한 필요충분조건은 s가 $s_1, s_2, \cdots, s_m, x, x, \cdots$의 형태이므로 모든 수렴점열은 일의적인 극한을 갖는다. 그러나 연습문제 5.2의 5번 성질에 의하여 $(X, \mathscr{T}_c)$는 Hausdorff공간이 되지 않음을 볼 수 있었다. 또한 거리공간은 T_4-공간이므로 거리공간내의 수렴하는 모든 점열이 일의적인 극한을 가짐을 유의하여야 한다.

거리공간내의 점열이 수렴하면 점열을 이루는 항(term)들은 그 점열의 극한에 접근할 수 있어서 임의로 서로 가깝게 접근할 수 있었다. 그 역도 항상 성립할까? 즉, 어떤 점열의 항들이 임의로 서로 가깝게 접근할 수 있다면 그 점열은 수렴하는 것일까? 예를 들어, 보통거리함수가 주어진 $\mathbb{R}$의 부분공간 $X=(0, 1]$과 임의의 $n \in \mathbb{N}$에 대하여 $s_n = 1/n$로 정의된 X내의 점열 s를 생각하자. 자연수 n_0와 $m, n > n_0$인 자연수 m, n에 대하여 $|s_m - s_n| = |(1/m) - (1/n)| \leq |1/m| + |1/n| < (1/n_0) + (1/n_0) = 2/n_0$이 성립하므로 n_0을 충분히 크게 택하면 $|s_m - s_n|$은 얼마든지 작게 만들 수 있어서 점열 s의 항들은 임의로 서로 가깝게 접근할 수 있음을 확인할 수 있다. 그러나 이 점열은 X내에서 수렴하지 않는다. 만약 s가 X내에서 수렴한다면 s를 $(\mathbb{R}, \mathscr{U})$내의 점열로 생각할 경우 두 개의 극한을 갖게 되고, 이것은 $(\mathbb{R}, \mathscr{U})$가 Hausdorff공간이라는 사실에 모순이 되기 때문이다.

[정의 6.8]

s를 거리공간 (X, d)내의 점열이라 할 때, 만일 임의의 $\varepsilon > 0$에 대하여 적당한 자연수 $n_0(\varepsilon)$가 있어서 $m, n > n_0$인 모든 자연수 m, n에 대하여 $d(s_m, s_n) < \varepsilon$이 성립하면 s를 코시 열(Cauchy sequence)이라 한다.

【정리 6.13】

거리공간 (X, d)내의 임의의 수렴점열은 코시 열이 된다.

증명 s를 (X, d)내의 수렴점열이라 하고, $s_n \to x$라 하자. 그러면 임의의 $\varepsilon > 0$에 대하여 적당한 자연수 $n_0(\varepsilon)$가 있어서 $n > n_0$인 모든 n에 대하여 $d(s_n, x) < \varepsilon/2$이 된다. 따라서 $m, n > n_0$이면 $d(s_m, s_n) \le d(s_m, x) + d(x, s_n) < \varepsilon/2 + \varepsilon/2 = \varepsilon$이다. ▮

위 정리의 역은 일반적으로 성립하지 않는다. 예를 들어, 보통거리함수가 주어진 $\mathbb{R}$의 부분공간 $X = (0, 1]$와 임의의 $n \in \mathbb{N}$에 대하여 $s_n = 1/n$로 정의된 X내의 점열 s를 생각하면 s는 위에서 설명한 바와 같이 코시 열이 되지만 X내에서는 수렴하지 않는다.

[정의 6.9]

거리공간 (X, d)내의 모든 코시 열이 X내의 어떤 점에 수렴하면 (X, d)는 완비(完備, complete)거리공간이라고 말한다.

제7장에서 위상공간의 컴팩트성(compactness)을 학습하면 모든 컴팩트 거리공간은 완비거리공간임을 알 수 있다. 이제 $(\mathbb{R}, \mathscr{U})$가 완비거리공간임을 증명하기로 하자.

[정의 6.10]

s를 거리공간 (X, d)내의 점열이라 할 때, s가 유계(bounded)라는 것은 집합 $\{s_n \mid n \in \mathbb{N}\}$이 유계인 것을 의미한다.

【정리 6.14】

모든 코시 열은 유계이다.

증명 s를 거리공간 (X, d)내의 코시 열이라 하자. 적당한 자연수 $n_0(\varepsilon)$을 택하여 $m, n > n_0$인 모든 자연수 m, n에 대하여 $d(s_m, s_n) < 1$이 되게 할 수 있으므로 $n_0 \leq m$인 모든 자연수 m에 대하여 $d(s_m, s_{n_0}) < 1$이다.

$$K = \max\{d(s_i, s_{n_0}) \mid i = 1, 2, \cdots, n_0 - 1\}$$

이라 하고, $L = \max\{K, 1\}$라고 하면 임의의 자연수 m에 대하여 $d(s_m, s_{n_0}) < L$이다. 이것은 코시 열 s가 유계임을 의미한다. ▮

【정리 6.15】

d를 $\mathbb{R}$위의 보통거리함수라고 하면 $(\mathbb{R}, d)$는 완비거리공간이다.

증명 s를 거리공간 $(\mathbb{R}, d)$내의 코시 열이라 하자. 정리 6.14에 의하여 점열 s는 유계이다. 그러므로 $\{s_n \mid n \in \mathbb{N}\} \subset [a, b]$을 만족하는 닫힌 구간 $[a, b]$가 존재한다. $\mathbb{R}$위의 보통거리함수 d에 의하여 유도된 거리위상이 $\mathbb{R}$위의 보통위상 $\mathscr{U}$이므로 $[a, b]$는 컴팩트이고, $\{s_n \mid n \in \mathbb{N}\} \subset [a, b]$이므로 s는 $[a, b]$내의 코시 열이다. 따라서 컴팩트 거리공간은 완비거리공간이므로 코시 열 s는 $[a, b]$내의 점, 즉 $\mathbb{R}$내의 점으로 수렴한다. 따라서 $(\mathbb{R}, d)$는 완비거리공간이다. ▮

$\mathbb{R}$위에 보통거리함수 d가 주어졌을 때, $(\mathbb{R}, d)$는 완비거리공간이나 그것과 위상동형인 $(0, 1)$은 완비거리공간이 아니다. 그러므로 완비성은 위상적인 성질이 아니다.

[정의 6.11]

(X, d)와 (Y, e)을 거리함수라 하고 $f : X \to Y$를 함수라 할 때, 임의의 두 점 $x_1, x_2 \in X$에 대하여

$$d(x_1, x_2) = e(f(x_1), f(x_2))$$

이 성립하면 f를 등거리사상이라 하고, X로부터 Y로의 전사인 등거리사상이 존재하면 X와 Y는 등거리동형(isometric)이라 한다.

등거리동형인 두 거리공간은 위상동형임을 쉽게 알 수 있다. 그러나 다음 보기에서와 같이 두 거리공간이 위상동형이라도 반드시 등거리동형인 것은 아니다.

[보기 4] $d(x_1, x_2)=\begin{cases}1 & (x_1 \neq x_2)\\ 0 & (x_1 = x_2)\end{cases}$, $e(y_1, y_2)=\begin{cases}2 & (y_1 \neq y_2)\\ 0 & (y_1 = y_2)\end{cases}$

으로 정의된 두 거리공간 (X, d)와 (Y, e)에 대하여 만일 X, Y의 원소의 개수가 2개 이상이고, 그 개수가 같을 때 두 위상공간 (X, d)와 (Y, e)는 위상동형이지만 등거리동형은 아니다.

---[정의 6.12]---

X와 X^*를 두 거리공간이라 할 때, 만일
(1) X^*가 완비공간,
(2) X가 X^*의 어떤 조밀한 부분집합과 등거리동형
이면 X^*을 X의 완비화(完備花, completion)라고 한다.

보통위상공간 $(\mathbb{R}, \mathscr{U})$에서 유리수의 집합 $\mathbb{Q}$는 $\mathbb{R}$에서 조밀하고, $(\mathbb{R}, \mathscr{U})$가 완비공간이므로 $\mathbb{R}$은 $\mathbb{Q}$의 완비화가 된다.

모든 거리공간은 완비화를 갖고, 임의의 서로 다른 완비화가 등거리동형이 된다는 것은 알려진 사실이다.

거리공간 (X, d)내의 모든 코시 열의 집합을 $C[X]$라 하고, 임의의 x, $y \in C[X]$에 대하여

$$\lim_{n \to \infty} d(x_n, y_n)=0$$

인 관계가 있을 때 $x \sim y$로 나타내기로 하면, 관계 $\sim$는 $C[X]$에서의 동치관계가 된다. $X^*=C[X]/\sim$이라 할 때 임의의 $[x]$, $[y] \in X^*$에 대하여

$$e([x], [y])= \lim_{n \to \infty} d(x_n, y_n)$$

이라 정의하면 e는 X^*위의 거리함수가 되고, (X^*, e)는 (X, d)의 완비화가 된다. 이에 관한 자세한 증명은 위상 심화과정으로 미룬다.

연습문제 6.4

1. $\mathbb{R}^n$내의 임의의 두 점 $p=(x_1, x_2, \cdots, x_n)$와 $q=(y_1, y_2, \cdots, y_n)$에 대하여

$$d(p, q)=\sqrt{(x_1-y_1)^2+(x_2-y_2)^2+\cdots+(x_n-y_n)^2}$$

인 거리함수 d가 주어졌을 때, $(\mathbb{R}^n, d)$는 완비거리공간임을 보여라.

2. (X, d)와 (Y, e)를 거리함수라 하고 함수 $f : X \to Y$를 전사인 등거리사상이라 할 때, 두 거리공간 X와 Y는 위상동형임을 증명하여라.

제 7 장

컴팩트 공간

〈 학습목표 〉

수학에서 유한과 무한의 차이는 매우 중요하다. 다음과 같은 명제를 생각해보자.

(1) 실수의 부분집합 A가 최소원소를 갖는다.
(2) 열린 집합들의 모임인 A에 대하여 A의 원소들의 교집합은 열린 집합이 된다.

위 명제들은 A가 유한이면 참이 되지만 A가 무한이면 참이라고 할 수 없다. 실제로 유한집합과 무한집합에서는 적용할 수 있는 수학적 내용이 다른 것이 많고, 그 증명과정도 차이가 있는 것이 많다. 무한집합에 비해 유한집합이 정리의 증명과정이 구체적이고 쉬운 편이다.
컴팩트성(compactness)은 유한이 아닌 경우에 유한으로 유도하는 가능성을 보장해 주기 때문에 수학에서 컴팩트 성질은 매우 중요한 도구로 사용된다.
이 장에서는 컴팩트성의 개념을 소개하고 컴팩트 위상공간의 성질과 그 응용을 학습한다. 또한 국소 컴팩트 공간과 컴팩트화에 관하여 살펴본다.

【토론과제】

1. 컴팩트 공간 X에 대하여 $A\subset X$이면 A는 컴팩트 공간인가?
2. 위상공간 X에 대하여 A가 컴팩트 집합이기 위한 필요충분조건이 A가 닫힌 집합이고 유계라는 것은 사실일까?
3. 컴팩트 Hausdorff공간은 T_4-공간이 되는 것을 살펴보아라.
4. $\{X_\alpha \mid \alpha\in\Lambda\}$을 위상공간들의 모임이라 할 때, 곱 공간 $\prod_{\alpha\in\Lambda}X_\alpha$가 컴팩트 공간이기 위한 필요충분조건은 임의의 $\alpha\in\Lambda$에 대하여 X_α가 모두 컴팩트 공간이라는 것은 사실일까?
5. $(X, \mathscr{T})$가 컴팩트가 아닌 임의의 위상공간일 때 X의 컴팩트화는 항상 존재할까?

7.1 컴팩트 공간

보통위상공간 $(\mathbb{R}, \mathscr{U})$의 유계인 닫힌 부분집합은 다음과 같은 매우 유용한 성질을 갖는다.

(1) 유계인 닫힌 집합 A의 열린 덮개는 유한 부분덮개를 갖는다.

(2) 유계인 닫힌 집합 A의 무한부분집합은 A내에 집적점을 갖는다.

(3) 유계인 닫힌 집합이 정의역인 연속함수 $f : X \to \mathbb{R}$의 상 $f(X)$는 유계이다.

유계인 닫힌 집합의 성질을 일반화한 것이 일반 위상공간에서의 컴팩트성 개념이다.

[정의 7.1]

위상공간 X의 임의의 열린 덮개가 유한개로 이루어진 부분덮개를 가질 때, 이 위상공간 X를 컴팩트 공간(compact space)이라 한다.

[보기 1] $(\mathbb{R}, \mathscr{U})$는 컴팩트 공간이 아니다. $\mathbb{R}$의 열린 덮개 $\mathfrak{C} = \{(-x, x) \mid x \in \mathbb{R}\}$는 유한 부분덮개를 갖지 않기 때문이다.

[보기 2] $(\mathbb{R}, \mathscr{H})$는 컴팩트 공간이 아니다. $\mathbb{R}$의 열린 덮개 $\mathfrak{C} = \{[n, n+1) \mid n \in \mathbb{Z}\}$는 유한 부분덮개를 갖지 않기 때문이다.

[보기 3] 모든 유한공간은 컴팩트 공간이다. 왜냐하면 모든 유한공간에서의 열린 덮개는 그 자체가 유한 덮개이기 때문이다.

[보기 4] $X \neq \varnothing$이고, $x \in X$일 때 위상이 $\tau = \{U \subset X \mid U = X \vee x \notin U\}$인 위상공간 X는 컴팩트 공간이다. 왜냐하면 임의의 X의 열린 덮개 $\mathfrak{C}$에 대하여 $x \in U$인 $U \in \mathfrak{C}$는 존재하여야 하고, τ의 정의에 의하여 $U = X$가 되어야 한다. 그러므로 $\{U\}$가 $\mathfrak{C}$의 유한 부분덮개가 된다.

위상공간 $(X, \mathscr{T})$의 부분집합 A가 컴팩트이라는 것은 $(A, \mathscr{T}_A)$가 컴팩트 공간

인 것을 의미한다.

【정리 7.1】

A가 위상공간 $(X, \mathscr{T})$의 부분집합일 때, A가 컴팩트 집합이기 위한 필요충분조건은 A의 임의의 $\mathscr{T}$-열린 덮개가 유한 부분덮개를 갖는 것이다.

증명 ($\Rightarrow$) A가 컴팩트 집합이라 하고, $\mathfrak{C}$을 A의 임의의 $\mathscr{T}$-열린 덮개라 하면 $A \subset \cup \{G \mid G \in \mathfrak{C}\}$이므로 $A = \cup \{G \cap A \mid G \in \mathfrak{C}\}$가 되어 $\{G \cap A \mid G \in \mathfrak{C}\}$는 A의 $\mathscr{T}_A$-열린 덮개가 된다. 그런데 $(A, \mathscr{T}_A)$는 컴팩트 공간이므로 유한 부분덮개 $\{G_i \cap A \mid i = 1, 2, \cdots, n\}$가 존재한다. 따라서 $A = \bigcup_{i=1}^{n} (G_i \cap A)$이므로 $A \subset \bigcup_{i=1}^{n} G_i$이 되어 $\mathfrak{C}$는 유한 부분덮개 $\{G_i \mid i = 1, 2, \cdots, n\}$을 갖는다.

($\Leftarrow$) $\mathfrak{C} = \{G_\alpha \mid \alpha \in \Lambda\}$를 A의 임의의 $\mathscr{T}_A$-열린 덮개라 하면 각 $\alpha \in \Lambda$에 대하여 $U_\alpha \in \mathscr{T}$이 있어서 $G_\alpha = U_\alpha \cap A$이다. 그런데 $\bigcup_{\alpha \in \Lambda} G_\alpha = A$이므로 $A \subset \bigcup_{\alpha \in \Lambda} U_\alpha$이 되어 $\{U_\alpha \mid \alpha \in \Lambda\}$는 A의 $\mathscr{T}$-열린 덮개이다. 따라서 가정에 의하여 유한 부분덮개 $\{U_i \mid i = 1, 2, \cdots, n\}$이 존재한다. $A = \bigcup_{i=1}^{n} (U_i \cap A) = \bigcup_{i=1}^{n} G_i$이므로 $\{G_i \mid i = 1, 2, \cdots, n\}$은 $\mathfrak{C}$의 유한 부분덮개가 된다. 그러므로 $(A, \mathscr{T}_A)$는 컴팩트 공간이다. ∎

위 정리는 A가 $\mathscr{T}_A$-컴팩트이기 위한 필요충분조건이 A가 $\mathscr{T}$-컴팩트인 것임을 의미한다. 위상공간 X의 부분집합 A가 컴팩트라는 것을 증명할 때에는 X의 열린 집합으로 이루어진 A의 덮개를 사용하는 것이 편리하기 때문에 A가 $\mathscr{T}$-컴팩트인 것을 보이는 것이 일반적이다.

【정리 7.2】

$(\mathbb{R}, \mathscr{U})$에 대하여 임의의 닫힌 구간 $[a, b]$는 컴팩트 집합이다.

증명 $\mathfrak{C} = \{G_\alpha | \alpha \in \Lambda\}$을 $[a, b]$의 임의의 $\mathscr{U}$-열린 덮개라 하자. 구간 $[a, x]$가 $\mathfrak{C}$의

원소들의 유한개의 합집합에 포함되어지는 $x \in (a, b]$를 A에 속한다고 하자. 즉,

$$A = \left\{ x \in (a, b] \mid [a, x] \subset \bigcup_{i=1}^{n} G_i,\ G_i \in \mathfrak{C} \right\}$$

이라 하자. $\mathfrak{C}$ 가 $[a, b]$의 덮개이므로 $a \in G_\beta \in \mathfrak{C}$ 인 $\beta \in \Lambda$는 존재하여야 한다. 그런데 $G_\beta \in \mathscr{U}$이므로 적당한 열린 구간 I가 있어서 $a \in I \subset G_\beta$을 만족한다. 따라서 $[a, y] \subset I \subset G_\beta$을 만족하는 $y \in \mathbb{R}$이 존재하므로 $y \in A$이 되어 $A \neq \varnothing$이다. A는 상계 b를 가지므로 실수의 완비성에 의하여 최소상계 $m = \text{lub}\,A$를 갖는다. 이제 $m = b \in A$임을 보임으로써 $[a, b]$가 컴팩트 집합인 것을 증명한다. 분명히 $m \le b$이므로 $m < b$이라 가정하자. 그러면 $m \in (a, b)$이 되어 $m \in G_\gamma$인 적당한 $\gamma \in \Lambda$가 있어서 $m \in J \subset G_\gamma$을 만족하는 열린 구간 J가 존재한다. $m = \text{lub}\,A$이므로 $J \cap A \neq \varnothing$이 되어 $x \in J \cap A$가 존재하고, $[a, x]$는 $\mathfrak{C}$ 의 원소들의 유한개의 합집합에 포함된다. 한편, $z > x$이고 $z > m$인 $z \in J \cap [a, b]$을 택하면 $[x, z] \subset J \subset G_\gamma$이 되어 $[a, z]$도 $\mathfrak{C}$ 의 원소들의 유한개의 합집합에 포함된다. 이것은 $z \in A$을 의미하고, $z > m$이므로 $m = \text{lub}\,A$이라는 사실에 모순이다. 따라서 $m = b$이다. 이 때, $\alpha \in \Lambda$을 $b \in G_\alpha$이라고 하면 열린 구간 K가 있어서 $b \in K \subset G_\alpha$을 만족한다. $b = \text{lub}\,A$이므로 $x \in K \cap A$가 존재하고, $[a, x]$는 $\mathfrak{C}$ 의 원소들의 유한개의 합집합에 포함된다. 그런데 $[x, b] \subset K \subset G_\alpha$이므로 $[a, b]$도 $\mathfrak{C}$ 의 원소들의 유한개의 합집합에 포함된다. 따라서 $b \in A$이고 $[a, b]$는 컴팩트 집합이다. ▮

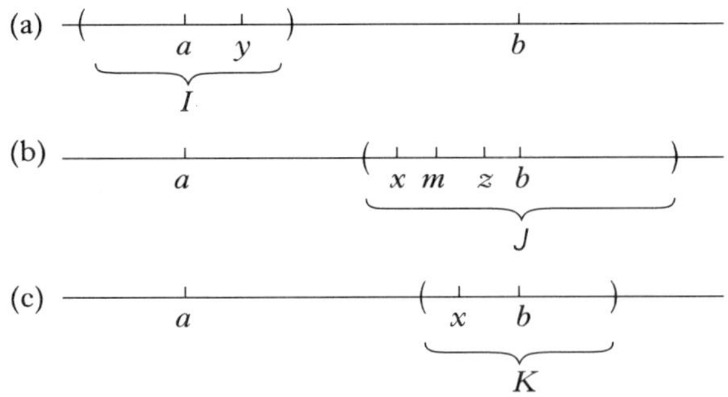

[그림 1]

$(\mathbb{R}, \mathscr{U})$의 경우를 연상하여 컴팩트 집합과 닫힌 집합 사이에는 밀접한 관계가 있는 것으로 생각하기 쉬우나 실제로는 그렇지가 않다. 예를 들어, 밀착공간

$(X, \mathscr{I})$에 대하여 공집합이 아닌 X의 모든 진부분집합은 컴팩트 집합이지만 닫힌 집합이 되지는 않는다. 또한 이산공간 $(X, \mathscr{D})$에 대하여 X의 모든 무한부분집합은 닫힌 집합이지만 컴팩트 집합이 되지는 않는다.

다음 정리는 컴팩트 공간의 부분집합이 컴팩트 집합이 될 필요는 없음을 강조하고 있다.

【정리 7.3】

A가 컴팩트 공간 X의 닫힌 부분집합이면 A도 컴팩트 집합이 된다.

증명 임의의 A의 열린 덮개 $\mathfrak{C}$에 대하여 $\mathfrak{C}\cup\{A^c\}$는 X의 열린 덮개가 되고, X가 컴팩트 공간이므로 이 열린 덮개는 유한 부분덮개 $\mathscr{G}$를 갖는다. 그러면 $\mathscr{G}-\{A^c\}$는 $\mathfrak{C}$의 유한 부분덮개가 된다. ∎

【정리 7.4】

Hausdorff공간 X의 부분집합 A가 컴팩트 집합이고 $x\in X-A$이면 $A\subset U$, $x\in V$, $U\cap V=\varnothing$인 열린 집합 U와 V가 존재한다.

증명 $x\in X-A$이면 임의의 $a\in A$에 대하여 X가 Hausdorff공간이므로 $a\in U_a$, $x\in V_a$, $U_a\cap V_a=\varnothing$인 열린 집합 U, V가 존재한다. $\mathscr{A}=\{U_a | a\in A\}$는 A의 열린 덮개이고 A는 컴팩트 집합이므로 $\mathscr{A}$는 유한 부분덮개 $\{U_{a_i} | i=1, 2, \cdots, n\}$을 갖는다. $U=\cup\{U_{a_i} | i=1, 2, \cdots, n\}$, $V=\cap\{V_{a_i} | i=1, 2, \cdots, n\}$이라고 하면 U와 V는 열린 집합이고 $A\subset U$, $x\in V$이다. 그런데 임의의 $i\in\{1, 2, \cdots, n\}$에 대하여 $U_{a_i}\cap V_{a_i}=\varnothing$이므로 $U\cap V=\varnothing$이다. ∎

【정리 7.5】

Hausdorff공간 X의 부분집합 A가 컴팩트이면 A는 닫힌 집합이다.

증명 $x \in X-A$이면 정리 7.4에 의하여 $A \subset U_x$, $x \in V_x$, $U_x \cap V_x = \varnothing$인 열린 집합 U_x와 V_x가 존재한다. 따라서 $x \in V_x \subset X-U_x \subset X-A$이 성립하므로 $X-A$는 열린 집합이 되어, A는 닫힌 집합이다. ∎

다음 정리는 $(\mathbb{R}, \mathscr{U})$에서의 컴팩트 부분집합의 특징을 나타낸다.

【정리 7.6】 Heine-Borel

$(\mathbb{R}, \mathscr{U})$의 부분집합 A에 대하여 A가 컴팩트 집합이기 위한 필요충분조건은 A가 닫힌 집합이고 유계라는 것이다.

증명 $(\Rightarrow)$ A가 컴팩트 집합이라 가정하면 $(\mathbb{R}, \mathscr{U})$는 Hausdorff공간이므로 정리 7.5에 의하여 A는 닫힌 집합이다. A가 유계인 것을 보이기 위하여 A의 열린 덮개 $\mathfrak{C} = \{(-x, x) \mid x \in \mathbb{R}^+\}$을 생각하자. A가 컴팩트 집합이므로 $\mathfrak{C}$는 유한 부분덮개 $\mathfrak{C}' = \{(-x_i, x_i) \mid i=1, 2, \cdots, n\}$을 갖는다. $y = \max\{x_i \mid i=1, 2, \cdots, n\}$이라 하면 $A \subset [-y, y]$이 되어 A는 유계이다.

$(\Leftarrow)$ $(\mathbb{R}, \mathscr{U})$의 부분집합 A에 대하여 A가 닫힌 집합이고 유계라고 가정하자. A가 유계이므로 $A \subset [a, b]$인 닫힌구간 $[a, b]$가 존재한다. A는 $\mathbb{R}$에서 닫힌 집합이고, $A = A \cap [a, b]$이므로 A는 $[a, b]$에서 닫힌 집합이 된다. 따라서 정리 7.2와 정리 7.3에 의하여 A는 $[a, b]$의 컴팩트 부분집합이다. 그러므로 정리 7.1에 의하여 A는 $\mathbb{R}$의 컴팩트 집합이 됨을 쉽게 증명할 수 있다. ∎

[보기 5] $(\mathbb{R}, \mathscr{U})$의 부분집합 A에 대하여 다음이 성립한다.

(1) A가 유계가 아니면 정리 7.6에 의하여 A는 컴팩트 집합이 아니다. 실제로 $\{(p-1, p+1) \mid p \in A\}$는 유한 부분덮개를 갖지 않는 A의 열린 덮개이다.

(2) A가 A의 집적점 p를 포함하지 않으면 A는 닫힌 집합이 아니므로 정리 7.6에 의하여 A는 컴팩트 집합이 아니다.

실제로 $\left\{\left(-\infty, p-\dfrac{1}{n}\right) \cup \left(p+\dfrac{1}{n}, \infty\right) \mid n=1, 2, \cdots\right\}$는 유한 부분덮개를 갖지 않는 A의 열린 덮개이다.

【정리 7.7】

컴팩트 공간 X의 부분집합 A가 무한집합이면 A는 적어도 하나의 집적점을 갖는다.

증명 $A' = \varnothing$이라 가정하자. 임의의 $x \in X$에 대하여 x는 A의 집적점이 아니므로 x를 포함하는 적당한 열린 집합 U_x가 있어서 $U_x \cap A \subset \{x\}$가 된다. 이제 $\mathfrak{C} = \{U_x \mid x \in X\}$라 하면 $\mathfrak{C}$는 X의 열린 덮개가 되고, X가 컴팩트 공간이므로 $\mathfrak{C}$는 유한 부분덮개 $\mathscr{G} = \{U_{x_i} \mid i = 1, 2, \cdots, n\}$을 갖는다. 따라서 $A \subset \cup \mathscr{G}$이다. 이것은 모순이다. 왜냐하면 A는 무한집합이나 각 $i = 1, 2, \cdots, n$에 대하여 U_{x_i}에 속하는 A의 원소는 기껏해야 x_i 하나뿐이므로 $\cup \mathscr{G}$에 속하는 A의 원소는 유한집합이 되기 때문이다. 그러므로 $A' \neq \varnothing$이다. 즉, A의 집적점은 적어도 하나 존재한다. ∎

$(\mathbb{R}, \mathscr{U})$의 부분집합 A가 유계이면 적당한 컴팩트 집합 $[a, b]$가 있어서 $A \subset [a, b]$를 만족하므로 정리 7.7에 의하여 다음 정리는 분명히 성립한다.

【정리 7.8】 Bolzano-Weierstrass

$(\mathbb{R}, \mathscr{U})$의 유계인 무한부분집합은 적어도 하나의 집적점을 갖는다.

연습문제 7.1

1. 다음을 컴팩트 집합의 정의에 의하여 구하라.
   (1) $(\mathbb{R}, \mathscr{U})$의 부분집합 $A = \{1/n \mid n = 1, 2, \cdots\} \cup \{0\}$은 컴팩트 집합이다.
   (2) $(\mathbb{R}, \mathscr{U})$의 부분집합 $(0, 1)$은 컴팩트 집합이 아니다.
   (3) $(\mathbb{R}, \mathscr{U})$의 부분집합 $(0, 1]$은 컴팩트 집합이 아니다.

2. 위상공간 $(X, \mathscr{T})$에 대하여 $A \subset B \subset X$일 때 만약 A가 $\mathscr{T}_B$-컴팩트이기 위한 필요충분조건은 A는 $\mathscr{T}$-컴팩트가 되는 것임을 증명하여라.

3. $(X, \mathscr{T})$가 컴팩트 공간이면 $\tau \subset \mathscr{T}$인 X위의 위상 τ에 대하여 (X, τ)도 컴팩트 공간이 됨을 증명하여라.

4. $(X, \mathscr{T})$가 컴팩트 공간일 때, $\mathscr{T} \subset \mathscr{F}$인 위상공간 $(X, \mathscr{F})$가 컴팩트 공간이 되지 않는 보기를 찾아라.

7.2 컴팩트 공간의 성질

이 절에서는 컴팩트 공간의 추가적인 성질과 그 응용에 관하여 살펴본다. 특히, 컴팩트 공간의 연속함수에 의한 상은 컴팩트 공간이고, 컴팩트 공간들의 곱공간은 컴팩트 공간이 됨을 증명한다. 또한 컴팩트 집합이 정의역인 연속함수의 성질도 살펴본다.

【정리 7.9】

X, Y를 위상공간이라 하고, $A \subset X$이라 하자. $f: X \to Y$가 연속함수이고, A가 컴팩트 집합이면 $f(A)$도 컴팩트 집합이다.

증명 $\mathfrak{C} = \{U_\alpha \mid \alpha \in \Lambda\}$가 $f(A)$의 임의의 열린 덮개이면, f가 연속이므로 임의의 $\alpha \in \Lambda$에 대하여 $f^{-1}(U_\alpha)$는 열린 집합이고,

$$A \subset f^{-1}(f(A)) \subset f^{-1}\Big(\bigcup_{\alpha \in \Lambda} U_\alpha\Big) = \bigcup_{\alpha \in \Lambda} f^{-1}(U_\alpha)$$

이 되어 $\mathscr{G} = \{f^{-1}(U_\alpha) \mid \alpha \in \Lambda\}$는 A의 열린 덮개이다. 그런데 A는 컴팩트이므로 유한 부분덮개 $\{f^{-1}(U_{\alpha_i}) \mid i = 1, 2, \cdots, n\}$을 갖는다. 따라서

$$f(A) \subset f\Big(\bigcup_{i=1}^{n} f^{-1}(U_{\alpha_i})\Big) = \bigcup_{i=1}^{n} f\big(f^{-1}(U_{\alpha_i})\big) \subset \bigcup_{i=1}^{n} U_{\alpha_i}$$

이 성립하므로 $\{U_{\alpha_i} \mid i = 1, 2, \cdots, n\}$는 $\mathfrak{C}$의 유한 부분덮개이고, $f(A)$는 컴팩트 집합이다. ∎

위 정리에 의하여 컴팩트성은 위상적인 성질임을 알 수 있다.

【정리 7.10】

X가 컴팩트 공간이고 Y는 Hausdorff공간이며, $f: X \to Y$가 연속인 전단사 함수이면 f는 위상동형사상이 된다.

증명 f^{-1}가 연속인 것을 보이기 위하여 A가 X의 임의의 닫힌 집합이라 하자. X가 컴팩트 공간이므로 정리 7.3에 의하여 A도 컴팩트 집합이고, f는 연속이므로 정리 7.9에 의하여 $f(A)$도 컴팩트 집합이다. 그런데 Y는 Hausdorff공간이고, $(f^{-1})^{-1}(A) = f(A)$이므로 정리 7.5에 의하여 $(f^{-1})^{-1}(A)$은 닫힌 집합이다. 그러므로 f^{-1}가 연속이 되어 f는 위상동형사상이 된다. ∎

【정리 7.11】

컴팩트 Hausdorff공간은 정규공간이다. 따라서 T_4-공간이 된다.

증명 X를 컴팩트 Hausdorff공간이라 하고, A와 B를 서로 소인 X의 닫힌 집합이라 하자. 그러면 정리 7.3에 의하여 A와 B는 컴팩트 집합이고 정리 7.4에 의하면 임의의 $x \in B$에 대하여 $x \in U_x$, $A \subset V_x$, $U_x \cap V_x = \varnothing$인 열린 집합 U_x와 V_x가 존재한다. 따라서 $\mathfrak{C} = \{U_x \mid x \in B\}$은 B의 열린 덮개가 되고 B는 컴팩트 집합이므로 $\mathfrak{C}$는 유한 부분덮개 $\{U_{x_i} \mid i = 1, 2, \cdots, n\}$을 갖는다. 이제 $U = \cup\{U_{x_i} \mid i = 1, 2, \cdots, n\}$, $V = \cap\{V_{x_i} \mid i = 1, 2, \cdots, n\}$이라고 하면 U와 V는 열린 집합이고 $B \subset U$, $A \subset V$이다. 임의의 $i \in \{1, 2, \cdots, n\}$에 대하여 $U_{x_i} \cap V_{x_i} = \varnothing$이므로 $U \cap V = \varnothing$이다. 그러므로 X는 정규공간이다. Hausdorff공간은 T_1-공간이므로 X는 T_4-공간이다. ∎

[정의 7.2]

집합 X에 대하여 함수 $f: X \to (\mathbb{R}, \mathscr{U})$가 유계라는 것은 $f(X)$가 $(\mathbb{R}, \mathscr{U})$의 유계 부분집합인 것을 의미한다.

【정리 7.12】

컴팩트 공간 X에 대하여 함수 $f : X \to (\mathbb{R}, \mathscr{U})$가 연속이면 f는 유계이다.

증명 f가 연속이고 X는 컴팩트 공간이므로 $f(X)$는 $(\mathbb{R}, \mathscr{U})$의 컴팩트 부분집합이다. 따라서 Heine-Borel정리에 의하여 $f(X)$는 유계이다. ∎

【정리 7.13】

컴팩트 공간 X에 대하여 함수 $f : X \to (\mathbb{R}, \mathscr{U})$가 연속이면 f는 최대값과 최소값을 갖는다. 즉, 임의의 $x \in X$에 대하여 $f(x_1) \leq f(x) \leq f(x_2)$을 만족하는 x_1, $x_2 \in X$가 존재한다.

증명 정리 7.12에 의하여 $f(X)$는 $(\mathbb{R}, \mathscr{U})$의 유계 부분집합이므로 $m = \text{lub} f(X)$와 $n = \text{glb} f(X)$이 존재한다. 그런데 m, $n \in \overline{f(X)}$ 이고, $f(X)$는 $(\mathbb{R}, \mathscr{U})$의 컴팩트 부분집합이므로 $f(X)$는 닫힌 집합이 되어 m, $n \in f(X)$이다. 그러므로 적당한 x_1, $x_2 \in X$가 있어서 $m = f(x_1)$, $n = f(x_2)$을 만족하고, 임의의 $x \in X$에 대하여 $f(x_1) \leq f(x) \leq f(x_2)$이 성립한다. ∎

위상공간 X가 컴팩트 공간인 것을 증명할 때에는 X의 어떤 기저로부터 얻어지는 X의 열린 덮개를 사용하는 것이 편리하다.

【정리 7.14】

위상공간 X, Y에 대하여 곱 공간 $X \times Y$가 컴팩트 공간이기 위한 필요충분조건은 X, Y가 모두 컴팩트 공간인 것이다.

증명 $(\Leftarrow)$ X, Y를 컴팩트 공간이라 하고, $\mathfrak{C}$을 $U \times V$형태의 기본 열린 집합으로 이루어진 곱 공간 $X \times Y$의 열린 덮개라고 하자. 여기서 U는 X에서 열린 집합이고, V는 Y에서 열린 집합이다.

$x \in X$이면 임의의 $y \in Y$에 대하여 (x, y)를 포함하는 $U_y \times V_y \in \mathfrak{C}$가 존재하

므로 $\{V_y \mid y \in Y\}$는 Y의 열린 덮개가 되고 Y는 컴팩트 공간이므로 이 덮개는 유한 부분덮개 $\{V_{y_i} \mid i=1, 2, \cdots, n\}$을 갖는다. 이제 $U_x = \cap\{U_{y_i} \mid i=1, 2, \cdots, n\}$이라고 하면 다음이 성립한다.

$$\begin{aligned}\{x\}\times Y \subset U_x \times Y = U_x \times \left(\cup\{V_{y_i} \mid i=1, 2, \cdots, n\}\right) \\ = \cup\{U_x \times V_{y_i} \mid i=1, 2, \cdots, n\} \\ \subset \cup\{U_{y_i} \times V_{y_i} \mid i=1, 2, \cdots, n\}\end{aligned}$$

그러므로 임의의 $x \in X$에 대하여 적당한 U_x가 있어서 $\{x\}\times Y \subset U_x \times Y$를 만족하고, $U_x \times Y$는 $\mathfrak{C}$에 속하는 유한개의 집합들의 합집합에 포함된다. 또한 $\{U_x \mid x \in X\}$는 X의 열린 덮개이고 X는 컴팩트 공간이므로 이 덮개는 유한 부분덮개 $\{U_{x_i} \mid i=1, 2, \cdots, m\}$을 갖는다. 그러면 임의의 $i=1, 2, \cdots, m$에 대하여

$$X \times Y = \left(\cup\{U_{x_i} | i=1, 2, \cdots, m\}\right)\times Y = \cup\{U_{x_i} \times Y | i=1, 2, \cdots, m\}$$

이고, $U_{x_i} \times Y$은 $\mathfrak{C}$에 속하는 유한개의 집합들의 합집합에 포함되므로 $X \times Y$이 $\mathfrak{C}$에 속하는 유한개의 집합들의 합집합인 것은 분명하다. 이것은 $\mathfrak{C}$가 유한 부분덮개를 갖는 것을 의미하므로 $X \times Y$는 컴팩트 공간이다.

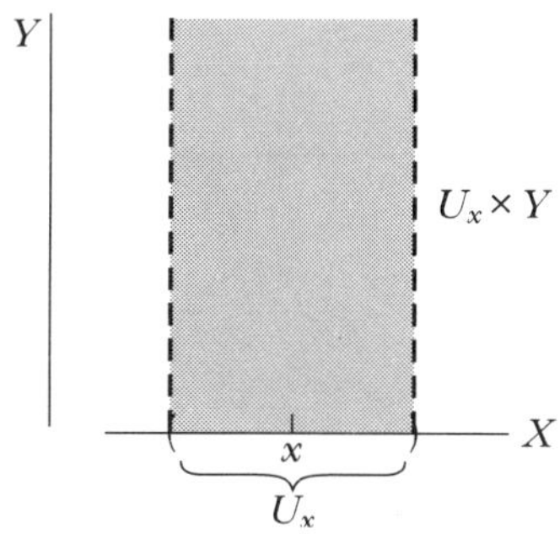

[그림 2]

($\Rightarrow$) $X \times Y$를 컴팩트 공간이라 하자. 사영 $p_1 : X \times Y \to X$와 $p_2 : X \times Y \to Y$는 연속이므로 정리 7.9에 의하여 $X = p_1(X \times Y)$와 $Y = p_2(X \times Y)$는 모두 컴팩트 공간이다. ∎

정리 7.14는 임의의 위상공간들의 모임으로 확장할 수 있음이 1935년 A. N. Tychonoff에 의하여 증명되었다. 컴팩트 공간의 곱 공간에 대한 Tychonoff의 정리는 컴팩트성에 관한 이론 중에서 가장 유용한 결과이다. 증명은 그 내용이 이 책의 범위를 벗어나므로 생략한다.

【정리 7.15】 Tychonoff

$\{X_\alpha \mid \alpha \in \Lambda\}$을 위상공간들의 모임이라 할 때, 곱 공간 $\prod_{\alpha \in \Lambda} X_\alpha$가 컴팩트 공간이기 위한 필요충분조건은 임의의 $\alpha \in \Lambda$에 대하여 X_α가 모두 컴팩트 공간인 것이다.

다음은 컴팩트 공간의 성질을 닫힌 집합을 이용하여 규정하는데 유용한 정의이다.

[정의 7.3]

$\mathscr{F}$을 집합 X의 부분집합들의 모임이라 할 때, $\mathscr{F}^* \subset \mathscr{F}$인 임의의 유한집합 $\mathscr{F}^*$에 대하여 $\cap \mathscr{F}^* \neq \varnothing$이면 $\mathscr{F}$는 유한교차성(finite intersection property)을 갖는다고 말한다.

【정리 7.16】

X가 컴팩트 공간이기 위한 필요충분조건은 $\mathscr{F} = \{F_\alpha \mid \alpha \in \Lambda\}$가 유한교차성을 갖는 닫힌 집합들의 모임일 때 $\cap \mathscr{F} = \bigcap_{\alpha \in \Lambda} F_\alpha \neq \varnothing$이 되는 것이다.

증명 ($\Rightarrow$) X가 컴팩트 공간이고 $\mathscr{F} = \{F_\alpha \mid \alpha \in \Lambda\}$는 유한교차성을 갖는 닫힌 집합들의 모임이라 하자. 만일 $\cap \mathscr{F} = \varnothing$이라 하면

$$X = \varnothing^c = \left(\bigcap_{\alpha \in \Lambda} F_\alpha\right)^c = \bigcup_{\alpha \in \Lambda} F_\alpha{}^c$$

이 되어 $\{F_\alpha{}^c \mid \alpha \in \Lambda\}$는 X의 열린 덮개가 된다. 그런데 X는 컴팩트 공간이므로 이 열린 덮개는 유한 부분덮개 $\{F_{\alpha_1}{}^c,\ F_{\alpha_2}{}^c,\ \cdots,\ F_{\alpha_n}{}^c\}$을 갖고,

$$\varnothing = X^c = \left(\bigcup_{i=1}^{n} F_{\alpha_i}{}^c\right)^c = \bigcap_{i=1}^{n} F_{\alpha_i}$$

이 되어 $\mathscr{F} = \{F_\alpha \mid \alpha \in \Lambda\}$이 유한교차성을 갖는다는 사실에 모순이 된다. 그러므로 $\cap \mathscr{F} \neq \varnothing$이다.

($\Leftarrow$) 조건이 성립한다고 가정하고, $\mathscr{A} = \{U_\alpha \mid \alpha \in \Lambda\}$을 X의 임의의 열린 덮개라 하자. 그러면

$$\varnothing = X^c = \left(\bigcup_{\alpha \in \Lambda} U_\alpha\right)^c = \bigcap_{\alpha \in \Lambda} U_\alpha{}^c$$

이고, $U_\alpha{}^c$들은 닫힌 집합이므로 조건에 의하여 $\{U_\alpha{}^c \mid \alpha \in \Lambda\}$는 유한교차성을 갖지 말아야 한다. 따라서 적당한 유한집합 $\{U_{\alpha_1}{}^c,\ U_{\alpha_2}{}^c,\ \cdots,\ U_{\alpha_m}{}^c\} \subset \{U_\alpha{}^c \mid \alpha \in \Lambda\}$이 있어서 $\bigcap_{i=1}^{m} U_{\alpha_i}{}^c = \varnothing$을 만족하므로

$$X = \varnothing^c = \left(\bigcap_{i=1}^{m} U_{\alpha_i}{}^c\right)^c = \bigcup_{i=1}^{m} U_{\alpha_i}$$

이 된다. 이것은 $\{U_{\alpha_1},\ U_{\alpha_2},\ \cdots,\ U_{\alpha_m}\}$가 $\mathscr{A}$의 유한 부분덮개인 것을 의미한다. 그러므로 X는 컴팩트 공간이다. ▮

원소가 집합들인 점열 $\{G_n | n \in \mathbb{N}\}$이 축소 점열(nested sequence)이라는 것은 임의의 $n \in \mathbb{N}$에 대하여 $G_n \supset G_{n+1}$이 성립할 때를 의미한다. 다음 결과는 정리 7.16에 의하여 쉽게 얻어진다.

【정리 7.17】 칸토르의 연역 정리

$(\mathbb{R},\ \mathscr{U})$에 대하여 만약 $\varphi = \{F_n \mid n \in \mathbb{N}\}$이 공집합이 아닌 $\mathbb{R}$의 유계인 닫힌 부분집합들로 이루어진 축소 점열이면 $\cap \varphi \neq \varnothing$이다.

【정리 7.18】

거리공간 (X, d)와 (Y, e)에 대하여 $f: X \to Y$를 연속함수라 하자. 만약 X가 컴팩트 공간이면 f는 고른 연속함수이다.

증명 $\varepsilon > 0$이라 하자. $f: X \to Y$가 연속함수이므로 임의의 $x \in X$에 대하여 적당한 δ_x가 있어서 $d(x, y) < \delta_x$인 모든 $y \in X$에 대하여 $e(f(x), f(y)) < \varepsilon/2$이 성립한다. 따라서 임의의 $x \in X$에 대하여 $U_x = B_d\left(x, \dfrac{\delta_x}{2}\right)$라고 하면 $\mathscr{A} = \{U_x \mid x \in X\}$는 X의 열린 덮개가 된다. X는 컴팩트 공간이므로 $\mathscr{A}$는 적당한 유한 부분덮개 $\{U_{x_1}, U_{x_2}, \cdots, U_{x_n}\}$을 갖는다.

이제 $\delta = \min\left\{\dfrac{1}{2}\delta_{x_1}, \dfrac{1}{2}\delta_{x_2}, \cdots, \dfrac{1}{2}\delta_{x_n}\right\}$라 하면 $d(x, y) < \delta$인 모든 $x, y \in X$에 대하여 $x \in U_{x_i}$인 적당한 $i \in \{1, 2, \cdots, n\}$가 존재하므로 삼각부등식에 의하여

$$d(x_i, y) < d(x_i, x) + d(x, y) < \frac{1}{2}\delta_{x_i} + \delta \leq \frac{1}{2}\delta_{x_i} + \frac{1}{2}\delta_{x_i} = \delta_{x_i}$$

이 성립한다. 따라서 $e(f(x_i), f(y)) < \varepsilon/2$이다. 그런데 $x \in U_{x_i}$이므로 $d(x_i, x) < \dfrac{1}{2}\delta_{x_i} < \delta_{x_i}$이 되어 $e(f(x_i), f(x)) < \varepsilon/2$이다. 다시 삼각부등식을 사용하면

$$e(f(x), f(y)) \leq e(f(x), f(x_i)) + e(f(x_i), f(y)) < \frac{\varepsilon}{2} + \frac{\varepsilon}{2} = \varepsilon$$

을 얻는다. 그러므로 f는 고른 연속함수이다. ∎

$(\mathbb{R}, \mathscr{U})$의 컴팩트 부분집합 A에서 정의된 연속함수 $f: A \to (\mathbb{R}, \mathscr{U})$는 정리 7.18에 의하여 고른 연속함수가 되는 것을 알 수 있다.

【정리 7.19】

거리공간 (X, d)에 대하여 A가 X의 컴팩트 부분집합이면 A는 유계이고 닫힌 집합이다.

증명 A를 X의 컴팩트 부분집합이라 하자. 정리 6.4에 의하여 거리공간 X는 Hausdorff

공간이고 A가 컴팩트 집합이므로 정리 7.5에 의하여 A는 닫힌 집합이다. A가 유계인 것을 보이기 위하여 $x \in A$라 하자. $\mathscr{A} = \{B_d(x,\ \varepsilon) \mid \varepsilon > 0\}$은 A의 열린 덮개이므로 A의 컴팩트성에 의하여 $\mathscr{A}$는 유한 부분덮개 $\{B_d(x,\ \varepsilon_i) \mid i = 1,\ 2,\ \cdots,\ n\}$을 갖는다. 만약 $\varepsilon_0 = \max\{\varepsilon_1,\ \varepsilon_2,\ \cdots,\ \varepsilon_n\}$이라 하면 분명히 $A \subset B_d(x,\ \varepsilon_0)$이 되어 A는 유계이다. ▒

그러나 위 정리의 역은 성립하지 않음을 다음 보기에서 알 수 있다.

[보기 1] $\mathbb{R}$위의 이산거리함수 d에 대하여 $(\mathbb{R},\ d)$는 이산위상공간이 된다. 이때 집합 $[0,\ 1]$은 닫힌 집합이고 유계집합이지만 컴팩트 집합이 되지는 않는다. 또한 집합 $[0,\ 1]$은 유계인 무한집합이지만 집적점을 가지지 않는다. 따라서 Bolzano-Weierstrass정리가 일반적인 거리공간에서는 성립하지 않음을 알 수 있다. $\mathbb{R}$이 닫힌 집합이고 유계집합이 됨을 유의하여야 한다.

[정의 7.4]

$A \subset (X,\ d)$이고 $\varepsilon > 0$일 때 X의 유한부분집합 $F = \{v_1,\ v_2,\ \cdots,\ v_n\}$이 A의 ε-망(ε net for A)이라고 하는 것은 임의의 $a \in A$에 대하여 $d(a,\ v_i) < \varepsilon$을 만족하는 적당한 $i \in \{1,\ 2,\ \cdots,\ n\}$가 존재한다는 것을 의미한다. 즉,

$$A \subset \cup\{B(v,\ \varepsilon) \mid v \in F\}$$

을 말한다. A가 임의의 $\varepsilon > 0$에 대하여 ε-망을 가지면 A를 완전유계집합(totally bounded set)이라 한다.

[보기 2] $A = \{(x,\ y) \mid x^2 + y^2 < 4\}$라고 하자. $\varepsilon = 3/2$이면

$$F = \{(1,\ -1),\ (1,\ 0),\ (1,\ 1),\ (0,\ -1),\ (0,\ 0),\ (0,\ 1),\ (-1,\ -1),\ (-1,\ 0),\ (-1,\ 1)\}$$

은 A의 ε-망이다. 한편, $\varepsilon = 1/2$이면 F는 A의 ε-망이 아니다. 왜냐하

면 $p=(1/2,\ 1/2)\in A$이지만 모든 $x\in F$에 대하여 $d(x,\ p)>1/2$이 성립하기 때문이다.

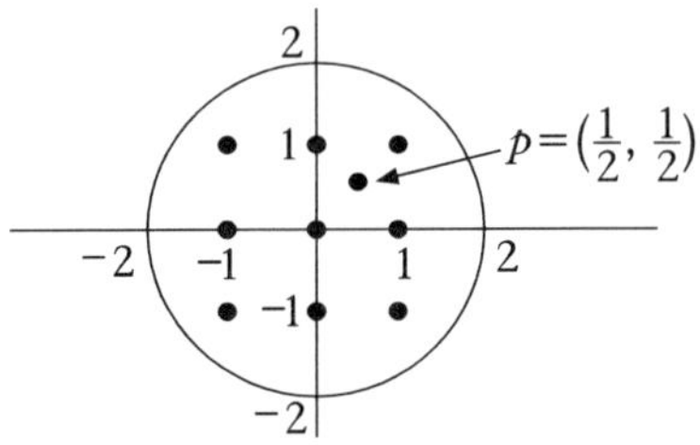

[그림 3]

완전유계인 $(X,\ d)$의 부분집합은 유계집합이 된다는 것을 곧 알 수 있지만, 유계집합이라고 하여 완전유계일 필요는 없다.

l_2를 무한급수 $\sum_{n=1}^{\infty} {x_n}^2$이 수렴하는 실수 수열 $\langle x_n \rangle$들의 집합이라 할 때 임의의 $x=\langle x_n \rangle$, $y=\langle y_n \rangle \in l_2$에 대하여

$$d(x,\ y)=\left\{\sum_{n=1}^{\infty}(x_n-y_n)^2\right\}^{\frac{1}{2}}$$

이라 정의하면, 무한급수에 대한 Minkowski부등식으로부터 d가 l_2위의 거리함수가 된다는 것을 쉽게 증명할 수 있다. 이 때, 거리공간 $(l_2,\ d)$을 Hilbert공간이라 한다.

[보기 3] $A\subset(l_2,\ d)$을 점

$$a_1=(1,\ 0,\ 0,\ \cdots)$$
$$a_2=(0,\ 1,\ 0,\ \cdots)$$
$$a_3=(0,\ 0,\ 1,\ \cdots)$$
$$\cdots\cdots$$

들로 이루어진 집합이라 하면 임의의 $i\neq j$에 대하여 $d(a_i,\ a_j)=\sqrt{2}$이므로

$$\mathrm{diam}(A)=\sup\{d(a_i,\ a_j)\mid a_i,\ a_j\in A\}=\sqrt{2}$$

가 되어 A는 유계집합이다. 그러나 완전유계집합은 아니다. 왜냐하면 만약 $\varepsilon=1/2$이고 $F=\{v_1,\ v_2,\ \cdots,\ v_n\}$가 A의 ε-망이면 임의의 $i\in\{1,\ 2,\ \cdots,\ n\}$에 대하여 $B(v_i,\ \varepsilon)$에 속하는 A의 원소는 기껏해야 1개이므로 $[\cup\{B(v,\ \varepsilon)|v\in F\}]\cap A$는 유한집합이 되어 $A\not\subset\cup\{B(v,\ \varepsilon)|v\in F\}$이기 때문이다.

다음 정리의 증명은 위상 심화과정 교재를 참고하길 바란다.

【정리 7.20】

거리공간 X가 컴팩트 공간이기 위한 필요충분조건은 X가 완비이고 완전유계가 되는 것이다.

연습문제 7.2

1. $\mathscr{T}$와 $\mathscr{T}^*$가 집합 X위의 위상이라 할 때, 만일 $(X,\ \mathscr{T})$가 컴팩트 공간이고 $(X,\ \mathscr{T}^*)$는 Hausdorff공간이며 $\mathscr{T}^*\subset\mathscr{T}$이면 $\mathscr{T}^*=\mathscr{T}$임을 증명하여라.

2. 위상공간 X의 부분집합 A와 U에 대하여 $A\subset U^\circ$가 성립할 경우 U를 A의 근방이라 할 때, 다음이 성립함을 증명하여라.
   (1) A가 정칙공간 X의 컴팩트 부분집합이고 U가 A의 임의의 근방이면 U에 포함되는 A의 닫힌 근방 V가 존재한다.
   (2) A가 완전정칙공간 X의 컴팩트 부분집합이고 U가 A의 임의의 근방이면 $f(A)=\{1\}$, $f(U^c)=\{0\}$인 연속함수 $f: X\to[0,\ 1]$가 존재한다.

3. 유한교차성을 갖는 $\Phi=\{[a,\ +\infty)|a\in\mathbb{R}\}$을 이용하여 $(\mathbb{R},\ \mathscr{U})$가 컴팩트 공간이 아님을 증명하여라.

4. $\{X_\alpha \mid \alpha \in \Lambda\}$을 위상공간들의 모임이라 할 때, 곱 공간 $\prod_{\alpha\in\Lambda} X_\alpha$의 적당한 컴팩트인 부분집합 K가 존재하여 $K^\circ \neq \varnothing$이면 유한개의 α을 제외한 모든 X_α가 컴팩트 공간임을 증명하여라.

7.3 국소 컴팩트성과 컴팩트화

이 절에서는 어떤 공간이 컴팩트가 되지는 못하지만 공간 내의 임의의 점에서 컴팩트인 근방을 가지는 경우와 주어진 위상공간에 단 하나의 점을 추가하여 컴팩트 공간이 되도록 하는 한 점 컴팩트화 등을 학습한다.

[정의 7.5]

위상공간 X가 국소 컴팩트(locally compact)라고 하는 것은 임의의 점 $x\in X$가 컴팩트인 근방을 가질 때를 말한다.

[보기 1] $(\mathbb{R}, \mathscr{U})$는 컴팩트 공간은 아니지만 국소 컴팩트 공간은 된다. 임의의 $x\in\mathbb{R}$에 대하여 x의 컴팩트인 근방 $[x-\varepsilon, x+\varepsilon]$ $(\varepsilon>0)$이 존재하기 때문이다.

[보기 2] 보통위상을 갖는 n-차원 유클리드공간 $\mathbb{R}^n$은 국소 컴팩트 공간이다. 임의의 $x=(x_1, x_2, \cdots, x_n)\in\mathbb{R}^n$에 대하여 $\varepsilon_i>0$일 때, x의 컴팩트인 근방으로 $[x_1-\varepsilon_1, x_1+\varepsilon_1]\times[x_2-\varepsilon_2, x_2+\varepsilon_2]\times\cdots\times[x_n-\varepsilon_n, x_n+\varepsilon_n]$을 갖기 때문이다.

[보기 3] $(\mathbb{R}, \mathscr{U})$의 부분공간 $\mathbb{Q}$는 국소 컴팩트 공간이 아니다. 임의의 $x\in\mathbb{Q}$에 대하여 x의 컴팩트인 근방 A가 존재한다고 가정하자. 그러면 A는 적당한 열린 구간 (a, b)가 존재하여 $x\in(a, b)\cap\mathbb{Q}\subset A$을 만족한다.

(a, b)내에 무리수 t_0을 택하여 다음과 같이 A의 열린 덮개를 구성한다. 임의의 $q\in A$에 대하여

$$U(q)=\begin{cases}\{y\in\mathbb{R} \mid y>q\}, & t_0<q\\ \{y\in\mathbb{R} \mid y<q\}, & q<t_0\end{cases}$$

라 놓으면 $\mathscr{A}=\{U(q)\cap A|q\in A\}$는 A의 열린 덮개이고, 이 열린 덮개 $\mathscr{A}$는 유한 부분덮개를 가질 수 없다. 이것은 A가 컴팩트라는 사실에 모순이다. 따라서 $\mathbb{Q}$는 국소 컴팩트 공간이 아니다.

위 보기에서 $[0, 1]\cap\mathbb{Q}$는 유계집합이고 닫힌 집합이지만 컴팩트 집합은 아님을 유의하여야 한다. 만약 $[0, 1]\cap\mathbb{Q}$이 컴팩트 집합이라면 $\frac{1}{2}\in(0, 1)\cap\mathbb{Q}\subset[0, 1]\cap\mathbb{Q}$이므로 $[0, 1]\cap\mathbb{Q}$는 $\frac{1}{2}$의 컴팩트인 근방이 되어 $\mathbb{Q}$은 국소 컴팩트 공간이 아니라는 사실에 모순이 되기 때문이다.

【정리 7.21】

X를 T_2-공간이라 하자. X가 국소 컴팩트 공간일 필요충분조건은 임의의 점 $x\in X$와 x를 포함하는 임의의 열린 집합 U에 대하여 x의 적당한 열린 집합 V가 있어서 $\overline{V}$는 컴팩트 집합이고 $\overline{V}\subset U$이 성립하는 것이다.

증명 ($\Leftarrow$) 임의의 점 $x\in X$가 컴팩트인 근방 $\overline{V}$를 가지므로 정의에 의하여 X는 국소 컴팩트 공간이다.

($\Rightarrow$) X내의 임의의 점 x에 대하여 U를 x의 임의의 열린 집합, K를 x의 적당한 컴팩트인 근방이라 하고, $A=K-U$라 하자. A는 K에서 닫힌 집합이므로 A는 컴팩트 집합이다. $x\notin A$이므로 정리 7.4에 의하여 열린 집합 W와 W^*가 존재하여 $x\in W$, $A\subset W^*$, $W\cap W^*=\varnothing$을 만족한다. $V=W\cap K^\circ$라 놓으면 V는 x의 열린 근방이다. X가 T_2-공간이므로 K는 X에서 닫힌 집합이 되어 $\overline{V}\subset K$이다. 그런데 K는 컴팩트 집합이므로 $\overline{V}$도 컴팩트 집합이 된다. $V\subset W$이고 $W\cap W^*=\varnothing$이므로 $V\cap W^*=\varnothing$이 되어 $\overline{V}\cap W^*=\varnothing$이

다. 따라서 $\overline{V} \cap A = \varnothing$이 되고 $\overline{V} \subset K$이므로 $\overline{V} \subset K - A$이다. 그러므로 $\overline{V} \subset U$이다. ∎

정리 7.11에 의하여 컴팩트 Hausdorff공간은 T_4-공간이 됨을 증명하였다. 위 정리와 정리 5.15에 의하여 국소 컴팩트 Hausdorff공간은 T_3-공간이 됨을 알 수 있다.

【정리 7.22】

X를 국소 컴팩트 Hausdorff공간이라 하면 다음이 성립한다.

1. A가 X의 닫힌 부분집합이면 A도 국소 컴팩트 Hausdorff공간이다.
2. A가 X의 열린 부분집합이면 A도 국소 컴팩트 Hausdorff공간이다.

증명 1. A를 X의 닫힌 부분집합이라 하고 임의의 $a \in A$에 대하여 K를 a의 적당한 컴팩트인 근방이라 하자. $K \cap A$는 K의 닫힌 부분집합이고, K는 컴팩트 집합이므로 $K \cap A$도 컴팩트 집합이 된다. 그런데 K는 a의 근방이므로 $a \in G \subset K$을 만족하는 적당한 열린 집합 G가 있어서 $a \in G \cap A \subset K \cap A$이다. $G \cap A$는 A에서 열린 집합이므로 $K \cap A$는 a의 근방이 된다. 그러므로 부분공간 A는 국소 컴팩트 공간이다. 정리 5.11에 의하여 A가 Hausdorff공간인 것은 분명하다.

2. 임의의 $a \in A$에 대하여 A가 X의 열린 부분집합이므로 정리 7.21에 의하여 a의 적당한 근방 V가 있어서 $\overline{V}$는 컴팩트 집합이고 $\overline{V} \subset A$이 성립한다. 따라서 a의 컴팩트인 근방 $\overline{V}$가 존재하므로 A는 국소 컴팩트 공간이다. ∎

컴팩트성은 연속함수에 의하여 보존되지만 국소 컴팩트성은 연속함수에 의하여 보존되지 않는다. 예를 들면, $(X, \mathscr{T})$를 국소 컴팩트가 아닌 공간이라 하고 $\mathscr{D}$를 같은 집합 X위의 이산위상이라 하면 항등함수 $1_X : (X, \mathscr{D}) \to (X, \mathscr{T})$는 연속이고, $(X, \mathscr{D})$은 국소 컴팩트이지만 $(X, \mathscr{T})$는 국소 컴팩트가 아니다. 다음 정리는 국소 컴팩트성이 연속인 열린 사상에 의하여 보존됨을 보여준다.

【정리 7.23】

X가 국소 컴팩트 공간이고, $f: X \to Y$는 전사이고 연속인 열린 사상이면 Y도 국소 컴팩트 공간이 된다.

증명 임의의 점 $y \in Y$에 대하여 $f: X \to Y$는 전사이므로 $f(x)=y$인 $x \in X$가 존재한다. 그런데 X가 국소 컴팩트 공간이므로 컴팩트인 x의 근방 K가 있다. 따라서 $x \in G \subset K$를 만족하는 적당한 열린 집합 G가 있어서 $f(x) \in f(G) \subset f(K)$를 만족한다. f는 연속인 열린 사상이므로 $f(K)$는 y의 컴팩트인 근방이 된다. ∎

【정리 7.24】

$\{X_\alpha \mid \alpha \in \Lambda\}$을 위상공간들의 모임이라 할 때, 만일 곱 공간 $X = \prod_{\alpha \in \Lambda} X_\alpha$가 국소 컴팩트 공간이면 모든 X_α도 국소 컴팩트 공간이고, 또 유한개의 α을 제외한 모든 X_α은 컴팩트 공간이다.

증명 임의의 $\alpha \in \Lambda$에 대하여 사영 $p_\alpha : X \to X_\alpha$는 전사이고 연속인 열린 사상이므로 정리 7.23에 의하여 X가 국소 컴팩트 공간이면 모든 X_α도 국소 컴팩트 공간이다. 또 X가 국소 컴팩트이므로 임의의 점 $x \in X$는 컴팩트인 근방 K를 갖는다. 그런데 $K^\circ \neq \varnothing$이므로 7.2절의 연습문제 4번 성질에 의하여 유한개의 α를 제외한 모든 X_α가 컴팩트 공간이 된다. ∎

[정의 7.6]

X와 Y를 두 위상공간이라 할 때, 만일 Y가 컴팩트이고 X가 Y내에서 조밀한 어떤 부분공간과 위상동형이 되면 Y를 X의 컴팩트화(compactification)라고 한다.

[보기 4] $\mathbb{R}^3$내의 (x, y)-평면 C와 공 $S = \{(x, y, z) \mid x^2 + y^2 + (z-1)^2 = 1\}$을 생각하자. 임의의 점 $p \in C$와 점 $\infty = (0, 0, 2)$을 지나는 직선은 한 점

$s \in S$와 만나므로 함수 $f : C \to S$을 $f(p) = s$로 정의하면 C와 $S - \{\infty\}$은 위상동형이 된다. 그런데 $S - \{\infty\}$은 컴팩트 공간 S의 조밀한 부분공간이므로 S는 C의 컴팩트화가 된다.

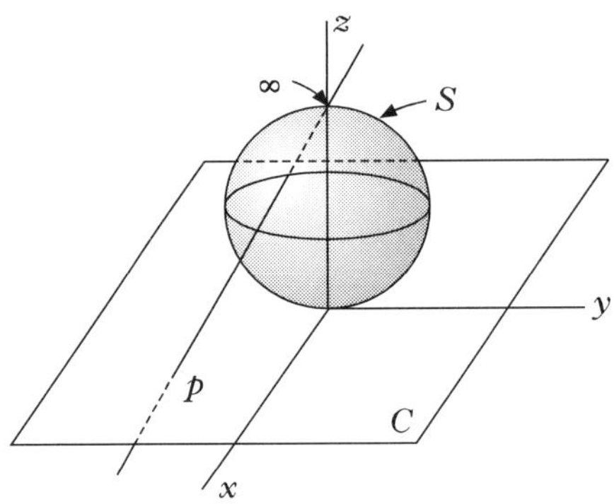

[그림 4]

컴팩트화 중에서 가장 간단한 것은 위의 [보기 4]에서와 같이 주어진 위상공간에 단 하나의 점을 추가함으로써 얻어지는 한 점 컴팩트화가 있다.

[정의 7.7]

$(X, \mathscr{T})$를 컴팩트가 아닌 임의의 위상공간이라 하고, X에 속하지 않는 임의의 한 점 ∞을 택하여 $X^* = X \cup \{\infty\}$라 하자. $G \in \mathscr{T}^* \subset \mathscr{P}(X^*)$를 다음과 같이 정의함으로써 X^*위의 위상 $\mathscr{T}^*$를 도입할 수 있다. $(X^*, \mathscr{T}^*)$를 $(X, \mathscr{T})$의 한 점 컴팩트화(one point compactification) 또는 Alexandroff 컴팩트화라고 한다.

$G \in \mathscr{T}^*$라는 말은

(1) $\infty \notin G$이면 $G \in \mathscr{T}$

(2) $\infty \in G$이면 $X^* - G$가 컴팩트인 X의 닫힌 부분집합

이라는 말과 동치이다.

위와 같이 정의된 한 점 컴팩트화에 대하여 실제로 $\mathscr{T}^*$가 X^*위의 위상이 되는 것을 다음과 같이 증명할 수 있다.

(i) $\varnothing \in \mathscr{T}$이므로 조건 (1)에 의하여 $\varnothing \in \mathscr{T}^*$이고, 또 $X^*-X^*=\varnothing$은 컴팩트인 X의 닫힌 부분집합이므로 $X^* \in \mathscr{T}^*$이다.

(ii) 임의의 G, $H \in \mathscr{T}^*$에 대하여 $G \cap H \in \mathscr{T}^*$을 보이기 위하여 가능한 몇 가지 경우를 생각해 보자.

i) $\infty \notin G$, $\infty \notin H$인 경우

조건 (1)에 의하여 $G \in \mathscr{T}$, $H \in \mathscr{T}$이 되어 $G \cap H \in \mathscr{T}$이고, $\infty \notin G \cap H$이므로 $G \cap H \in \mathscr{T}^*$이다.

ii) $\infty \notin G$, $\infty \in H$인 경우

조건 (1)에 의하여 $G \in \mathscr{T}$이고, 조건 (2)에 의하여 X^*-H은 컴팩트인 X의 닫힌 부분집합이므로 $X-(X^*-H)=X \cap H \in \mathscr{T}$이다. 따라서

$$G \cap (X \cap H)=(G \cap X) \cap H=G \cap H \in \mathscr{T}$$

이고 $\infty \notin G \cap H$이므로 조건 (1)에 의하여 $G \cap H \in \mathscr{T}^*$이다.

iii) $\infty \in G$, $\infty \in H$인 경우

X^*-G와 X^*-H는 둘 다 컴팩트인 X의 닫힌 부분집합이므로

$$(X^*-G) \cup (X^*-H)=X^*-(G \cap H)$$

도 컴팩트인 X의 닫힌 부분집합이다. 따라서 $G \cap H \in \mathscr{T}^*$이다.

(iii) 임의의 $\mathbb{C}=\{G_\alpha\} \subset \mathscr{T}^*$에 대하여 $\infty \notin \cup G_\alpha$인 경우에는 $\mathbb{C} \subset \mathscr{T}$이므로 $\cup G_\alpha \in \mathscr{T} \subset \mathscr{T}^*$가 된다. 만일 어떤 G_α가 ∞을 포함하는 경우에는 $\mathbb{C}$를 나누어 $\mathbb{C}^{(1)}=\{G_\alpha \in \mathbb{C} \mid \infty \in G_\alpha\}$, $\mathbb{C}^{(2)}=\{G_\alpha \in \mathbb{C} \mid \infty \notin G_\alpha\}$로 분할하였을 때, 모든 $G_\alpha \in \mathbb{C}^{(2)}$는 $\mathscr{T}$의 원소가 되므로

$$X^*-\bigcup_{G_\alpha \in \mathbb{C}} G_\alpha=\bigcap_{G_\alpha \in \mathbb{C}}(X^*-G_\alpha)=\left[\bigcap_{G_\alpha \in \mathbb{C}^{(1)}}(X^*-G_\alpha)\right] \cap \left[\bigcap_{G_\alpha \in \mathbb{C}^{(2)}}(X-G_\alpha)\right]$$

은 X의 닫힌 부분집합이 되고, 또 임의의 $G_\alpha \in \mathbb{C}^{(1)}$에 대하여 X^*-G_α는 컴팩트 집합이고 $X^*-\bigcup_{G_\alpha \in \mathbb{C}} G_\alpha \subset X^*-G_\alpha$이므로 정리 7.3에 의하여 $X^*-\bigcup_{G_\alpha \in \mathbb{C}} G_\alpha$도 컴팩트 집합이다. 따라서 조건 (2)에 의하여 $\cup G_\alpha \in \mathscr{T}^*$이다.

그러므로 (i), (ii), (iii)에 의하여 $\mathscr{T}^*$는 X^*위의 위상이다.

【정리 7.25】

위상공간 $(X, \mathscr{T})$의 한 점 컴팩트화 $(X^*, \mathscr{T}^*)$에 대하여 다음이 성립한다.

1. $(X, \mathscr{T})$는 $(X^*, \mathscr{T}^*)$의 조밀한 부분공간이다.
2. $(X^*, \mathscr{T}^*)$는 컴팩트 공간이다.

증명 1. X가 X^*의 부분공간이 된다는 것은 $\mathscr{T}_X^*=\mathscr{T}$을 보이면 된다. 임의의 $G\in\mathscr{T}$에 대하여 $\mathscr{T}\subset\mathscr{T}^*$이고 $G=G\cap X$이므로 $G\in\mathscr{T}_X^*$이 되어 $\mathscr{T}\subset\mathscr{T}_X^*$이다. 또한 임의의 $G\in\mathscr{T}_X^*$에 대하여 적당한 $H\in\mathscr{T}^*$가 존재하여 $G=H\cap X$이므로 $\infty\notin H$인 경우는 $H\in\mathscr{T}$이 되어 $G\in\mathscr{T}$이고, $\infty\in H$인 경우는 $G=X\cap H=X-(X^*-H)$가 되어 $G\in\mathscr{T}$이다. 따라서 $\mathscr{T}_X^*\subset\mathscr{T}$이다. 그러므로 $\mathscr{T}_X^*=\mathscr{T}$이다.

$X^*-\{\infty\}=X$가 컴팩트 집합이 아니므로 $\{\infty\}\notin\mathscr{T}^*$이다. 따라서 ∞을 포함하는 임의의 열린 집합은 X의 원소를 포함하여야 한다. 그러므로 $\infty\in\overline{X}$이 되어 $\overline{X}=X^*$이다. 즉, X는 X^*내에서 조밀하다.

2. $\mathscr{A}=\{G_\alpha\}$를 X^*의 임의의 열린 덮개라 하면, 점 ∞은 어떤 $\mathscr{A}$의 원소 G_{α_0}에 속하게 되고, $\mathscr{T}^*$의 정의에 의하여 $X^*-G_{\alpha_0}$은 X의 컴팩트인 부분집합이 된다. 따라서 $X^*-G_{\alpha_0}$은 X^*내에서도 컴팩트 집합이고 $\mathscr{A}$는 이 집합의 열린 덮개도 되므로 $X^*-G_{\alpha_0}\subset\bigcup_{i=1}^{n}G_{\alpha_i}$인 유한 부분덮개 $\{G_{\alpha_1}, G_{\alpha_2}, \cdots, G_{\alpha_n}\}$가 존재한다. 그러면 $\{G_{\alpha_0}, G_{\alpha_1}, G_{\alpha_2}, \cdots, G_{\alpha_n}\}$은 X^*의 열린 덮개이고 $\mathscr{A}$의 유한 부분덮개이므로 X^*는 컴팩트 공간이다. ∎

다음 정리는 한 점 컴팩트화가 갖는 매우 중요한 성질 중의 하나이다.

【정리 7.26】

위상공간 $(X, \mathscr{T})$의 한 점 컴팩트화 $(X^*, \mathscr{T}^*)$가 Hausdorff공간이 되기 위한 필요충분조건은 $(X, \mathscr{T})$가 국소 컴팩트인 Hausdorff공간이 되는 것이다.

증명 $(\Rightarrow)$ $(X^*, \mathscr{T}^*)$가 Hausdorff공간이라 하면 임의의 $x\in X$에 대하여 $x\neq\infty$이므로 $x\in G$, $\infty\in H$, $G\cap H=\varnothing$인 G, $H\in\mathscr{T}^*$이 존재한다. 그러면 X^*-H는 컴팩

트인 X의 닫힌 부분집합이고, $G \subset X^* - H$이므로 $X^* - H$는 x의 컴팩트인 근방이 된다. Hausdorff공간의 부분공간도 Hausdorff공간이므로 $(X, \mathscr{T})$는 국소 컴팩트인 Hausdorff공간이다.

($\Leftarrow$) $(X, \mathscr{T})$가 국소 컴팩트인 Hausdorff공간이라 할 때 X^*가 Hausdorff공간임을 보이려면 ∞가 X내의 임의의 점 x와 $\mathscr{T}^*$-열린 집합에 의하여 분리될 수 있음을 보이면 된다. 그런데 X가 국소 컴팩트 Hausdorff공간이므로 정리 7.21에 의하여 x의 컴팩트인 닫힌 근방 K가 존재하여야 한다. 따라서 $G = K^\circ$, $H = X^* - K$이라 하면 $G, H \in \mathscr{T}^*$이고, $x \in G$, $\infty \in H$, $G \cap H = \varnothing$이다. 그리므로 $(X^*, \mathscr{T}^*)$는 Hausdorff공간이 된다. ∎

Alexandroff 컴팩트화는 위상공간의 컴팩트화 중에서 매우 특수한 것에 지나지 않는다. 그러나 이것으로부터 알 수 있는 한 가지 중요한 사실은 모든 위상공간이 컴팩트화를 적어도 하나는 반드시 갖고, 어떤 의미로는 Alexandroff 컴팩트화가 최소의 컴팩트화라는 것이다. 이것과 비교하여 위상공간 X가 Tychonoff 공간일 때 X의 컴팩트화 중에서 최대의 컴팩트화로 해석될 수 있는 Stone-Čech 컴팩트화 $\beta(X)$가 존재한다. Stone-Čech 컴팩트화의 가장 중요한 성질은 함수의 확장 정리이다. 다음 두 정리의 증명은 위상 심화과정 교재를 참고하길 바란다.

【정리 7.27】

위상공간 X가 Hausdorff인 컴팩트화를 갖기 위한 필요충분조건은 X가 Tychonoff공간이 되는 것이다.

【정리 7.28】

위상공간 X가 Tychonoff공간이고 $\beta(X)$를 X의 Stone-Čech 컴팩트화라 할 때 임의의 유계인 연속함수 $f : X \to (\mathbb{R}, \mathscr{U})$에 대하여 유계인 연속함수 $\tilde{f} : \beta(X) \to (\mathbb{R}, \mathscr{U})$가 일의적으로 존재한다.

연습문제 7.3

1. X를 T_2-공간이라 할 때, 다음 성질들은 서로 동치임을 증명하여라.
   (1) X는 국소 컴팩트 공간이다.
   (2) 임의의 컴팩트 집합 K와 $K \subset U$인 열린 집합 U에 대하여 열린 집합 V가 있어서 $\overline{V}$은 컴팩트 집합이고 $K \subset V \subset \overline{V} \subset U$이 성립한다.
   (3) X는 $\overline{V}$가 컴팩트 집합인 열린 집합 V들로 이루어진 기저를 갖는다.

2. X가 제2가산인 국소 컴팩트 공간이면 $\overline{V}$가 컴팩트 집합인 열린 집합 V들로 이루어진 가산 기저를 가짐을 증명하여라.

3. 단위원은 실수 공간 $\mathbb{R}$의 한 점 컴팩트화임을 보여라.

4. $X=(0,\ 1)$, $Y=[0,\ 1]$일 때 Y는 X의 컴팩트화임을 보여라.

5. $X=(0,\ 1)$일 때 $h(x)=\left(x,\ \sin\left(\frac{1}{x}\right)\right)$로 정의된 함수 $h : X \to [-1,\ 1]\times[-1,\ 1]$에 대하여 $\overline{h(X)}$는 X의 컴팩트화임을 보여라.

제 8 장

연결공간

〈 학습목표 〉

연결성은 위상수학의 연구에 있어서 매우 중요한 개념 중의 하나이다. 연결성은 실수의 구간이 한 조각으로 되어 있다는 성질의 확장이다. 개괄적으로 말하면 위상공간이 연결되어 있다는 것은 두 개의 조각(piece)으로 나누어질 수 없다는 것을 뜻한다. 여기서 "조각"이란 공집합이 아닌 서로 소인 열린 집합을 의미한다.
이 장에서는 연결성, 국소 연결성, 길로 연결된 공간, 성분, 길로 연결된 성분 등의 개념을 소개하고 주어진 두 위상공간에 대한 위상동형 여부를 판단하는데 필요한 기본군의 개념을 소개한다.

【토론과제】

1. 연결성과 국소연결성의 관계를 설명하여라.
2. 연결공간과 길로 연결된 공간의 관계를 설명하여라.
3. 위상공간 X에 대하여 X내의 성분과 길로 연결된 성분을 구분하여라.
4. $x_0 \neq x_1$인 $x_0,\ x_1 \in X$에 대하여 위상공간 X의 기본군 $\pi_1(X,\ x_0)$와 $\pi_1(X,\ x_1)$의 관계를 설명하여라.
5. 두 위상공간에 대하여 대응하는 기본군들이 (군)동형이라는 사실과 두 공간이 (위상)동형이라는 사실은 어떤 관계가 있을까?

8.1 연결성

[정의 8.1]

위상공간 X가 연결공간이 아니라는 것은 X가 공집합이 아닌 서로 소인 두 열린 집합의 합집합으로 표시되는 것이다. 즉, 공집합이 아닌 두 열린 집합 U, V가 존재하여 $X=U\cup V$이고 $U\cap V=\varnothing$인 성질을 가지는 경우를 의미한다. 위와 같은 U, V가 존재하지 않을 때 X를 연결공간(connected space)이라고 한다.

[보기 1] $(\mathbb{R}, \mathscr{H})$는 연결공간이 아니다. $U=(-\infty, 0)$, $V=[0, +\infty)$는 열린 집합이고 $X=U\cup V$, $U\cap V=\varnothing$이기 때문이다.

[보기 2] 2개 이상의 원소를 가진 이산공간은 연결공간이 아니지만 밀착공간은 분명히 연결공간이다.

【정리 8.1】

위상공간 $(\mathbb{R}, \mathscr{U})$는 연결공간이다.

증명 $(\mathbb{R}, \mathscr{U})$가 연결공간이 아니라고 가정하면 $\mathbb{R}=U\cup V$이고 $U\cap V=\varnothing$인 공집합이 아닌 두 열린 집합 U, V가 존재한다. 이 때, $a\in U$, $b\in V$라고 하면 $a<b$ 또는 $a>b$이 성립한다. $a<b$일 때만 증명하기로 한다. $a>b$일 때의 증명은 그 방법이 비슷하므로 생략한다.

$W=\{x\in U \mid x<b\}$이라 하자. $a<b$, $a\in U$이므로 $a\in W$이 되어 $W\neq\varnothing$이다. b가 W의 상계이므로 실수의 완비성에 의하여 $w=\text{lub}\,W$가 존재한다. 이제 $w\notin U$이고 $w\notin V$임을 보인다.

$w\in U$이라 하자. U는 열린 집합이므로 $w\in(m, n)\subset U$을 만족하는 적당한 열린 구간 (m, n)이 존재한다. 그런데 $w=\text{lub}\,W$이므로 $(w, n)\cap W=\varnothing$이 되어 임의의 $x\in(w, n)$에 대하여 $x\geq b$이 성립한다. 만약 $x<b$이면 $x\in U$이므로 $x\in W$이 되어 모순이 되기 때문이다. 따라서 b는 (w, n)의 하계이고 $w=\text{glb}(w, n)$

이므로 $w \geq b$이다. 그런데 b는 W의 상계이고 $w = \text{lub } W$이므로 $w \leq b$이다. 그러므로 $b = w$가 되어 $w \in U \cap V = \varnothing$이 된다. 이것은 모순이므로 $w \notin U$이다.
이제 $w \in V$라 가정하자. V는 열린 집합이므로 $w \in I \subset V$을 만족하는 적당한 열린 구간 I가 존재한다. 그런데 $w = \text{lub } W$이므로 $I \cap W \neq \varnothing$이고 $W \subset U$이므로 $I \cap U \neq \varnothing$이 되어 $V \cap U \neq \varnothing$이 성립한다. 이것은 모순이므로 $w \notin V$이다.
$w \notin U$이고 $w \notin V$이므로 $w \notin U \cup V = \mathbb{R}$이 되어 모순이다. 따라서 $(\mathbb{R}, \mathscr{U})$는 연결공간이다. ▮

【정리 8.2】

위상공간 X가 연결공간이 아니기 위한 필요충분조건은 동시에 열린 집합도 되고 닫힌 집합도 되는 X의 공집합이 아닌 진부분집합이 존재하는 것이다.

증명 (⇒) 위상공간 X가 연결공간이 아니라고 하자. 그러면 $X = U \cup V$이고 $U \cap V = \varnothing$인 성질을 가지는 공집합이 아닌 두 열린 집합 U, V가 존재한다. $U = X - V$이고 $V \neq \varnothing$이므로 U는 동시에 열린 집합도 되고 닫힌 집합도 되며 공집합이 아닌 X의 진부분집합이다.

(⇐) 동시에 열린 집합도 되고 닫힌 집합도 되는 X의 공집합이 아닌 진부분집합을 U라 하면 X가 공집합이 아닌 서로 소인 두 열린 집합 U와 $X - U$의 합집합으로 표시되는 것은 분명하다. 따라서 X는 연결공간이 아니다. ▮

[보기 3] $X = \{a, b, c, d, e\}$이고 $\mathscr{T} = \{X, \varnothing, \{a\}, \{c, d\}, \{a, c, d\}, \{b, c, d, e\}\}$라고 하면 $\{a\}$와 $\{b, c, d, e\}$는 $\mathscr{T}$-열린 집합이고 동시에 $\mathscr{T}$-닫힌 집합이므로 위상공간 X는 연결공간이 아니다.

[정의 8.2]

위상공간 $(X, \mathscr{T})$에 대하여 $A \subset X$라 하자. A가 연결집합이라고 하는 것은 $(A, \mathscr{T}_A)$가 연결공간인 것을 의미한다.

【정리 8.3】

위상공간 $(X, \mathscr{T})$의 부분집합 A가 연결집합이 아니기 위한 필요충분조건은 적당한 $\mathscr{T}$-열린 집합 U와 V가 있어서 $A \subset U \cup V$, $U \cap A \neq \varnothing$, $V \cap A \neq \varnothing$와 $A \cap U \cap V = \varnothing$이 성립하는 것이다.

증명 $(\Rightarrow)$ A가 연결집합이 아니라고 하면 공집합이 아닌 두 $\mathscr{T}_A$-열린 집합 G, H가 존재하여 $A = G \cup H$이고 $G \cap H = \varnothing$이 성립한다. 따라서 적당한 $\mathscr{T}$-열린 집합 U와 V가 있어서 $G = U \cap A$, $H = V \cap A$를 만족하고 $A \subset U \cup V$와 $A \cap U \cap V = \varnothing$이 성립하는 것은 분명하다.

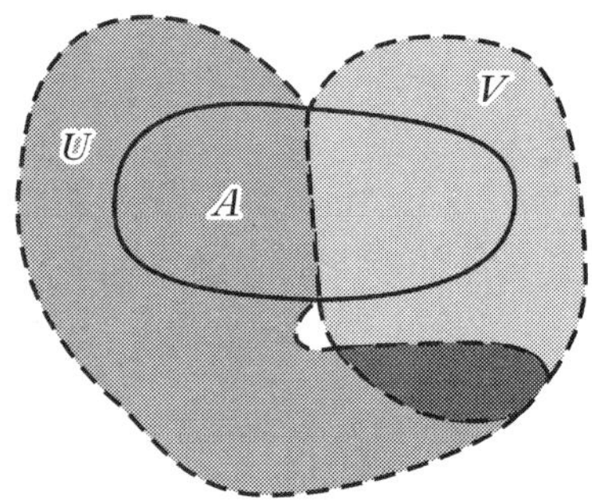

[그림 1]

$(\Leftarrow)$ 조건이 성립한다고 하자. 만약 $G = U \cap A$, $H = V \cap A$라 하면 G와 H는 $\mathscr{T}_A$-열린 집합이고 $G \neq \varnothing$, $H \neq \varnothing$, $G \cup H = A$, $G \cap H = \varnothing$을 만족한다. 따라서 $(A, \mathscr{T}_A)$는 연결공간이 아니다. 즉, A는 연결집합이 아니다. ∎

A가 연결집합이 아닐 때 위와 같은 성질을 갖는 열린 집합 U와 V를 A의 분할(disconnection, separation)이라 하고, 기호로는 $A \sim U | V$로 나타내기로 한다.

[보기 4] $(\mathbb{R}, \mathscr{U})$의 부분집합 $A = [0, 1] \cup \{3\} \cup (5, 6]$은 연결집합이 아니다. 왜냐하면 $U = (-1, 5)$, $V = (3, 7)$는 $\mathscr{U}$-열린 집합이고, 정리 8.3의 조건을 만족하기 때문이다.

[보기 5] $(\mathbb{R}, \mathscr{U})$의 부분집합으로서 유리수의 집합 $\mathbb{Q}$는 연결집합이 아니다. $U=(-\infty, \sqrt{2})$, $V=(\sqrt{2}, +\infty)$는 $\mathscr{U}$-열린 집합이고, $\mathbb{Q}\sim U|V$이기 때문이다.

다음 정리에 의하여 연결성은 연속함수에 의해서 보존됨을 알 수 있다. 즉, 1개의 조각으로 이루어진 집합은 연속함수에 의해서 2개 이상의 조각으로 나누어질 수는 없음을 의미한다.

【정리 8.4】

위상공간 X, Y와 $A\subset X$에 대하여 함수 $f: X\to Y$가 연속이고 A가 연결집합이면 $f(A)$도 연결집합이다.

증명 $f(A)$가 연결집합이 아니라고 가정하면 Y에서 열린 집합인 U, V가 있어서 $f(A)\subset U\cup V$, $f(A)\cap U\neq\varnothing$, $f(A)\cap V\neq\varnothing$와 $f(A)\cap U\cap V=\varnothing$을 만족한다. 그러므로 $A\subset f^{-1}(f(A))\subset f^{-1}(U\cup V)=f^{-1}(U)\cup f^{-1}(V)$이고 $f(A)\cap U\neq\varnothing$이므로 $f(a)\in U$인 $a\in A$가 존재하여 $f^{-1}(U)\cap A\neq\varnothing$이다. 마찬가지로 $f^{-1}(V)\cap A\neq\varnothing$도 성립된다. 만약 $x\in A\cap f^{-1}(U)\cap f^{-1}(V)$이면 $f(x)\in f(A)\cap U\cap V$이 되어 $f(A)\cap U\cap V=\varnothing$에 모순이므로 $A\cap f^{-1}(U)\cap f^{-1}(V)=\varnothing$이다. 또한 함수 $f: X\to Y$가 연속이므로 $f^{-1}(U)$와 $f^{-1}(V)$는 X에서 열린 집합이 되므로 정리 8.3에 의하여 A가 연결집합이 아니다. 이것은 모순이다. 따라서 $f(A)$는 연결집합이다. ▮

위 정리에 의하여 연결성은 위상적인 성질임을 알 수 있다.

[보기 6] $f(x)=\dfrac{1}{(1+x^2)}$인 함수 $f:\mathbb{R}\to\mathbb{R}$은 $\mathscr{U}$-$\mathscr{U}$연속이고, $(\mathbb{R}, \mathscr{U})$은 연결공간이므로 정리 8.4에 의하여 $f(\mathbb{R})=(0, 1]$은 $(\mathbb{R}, \mathscr{U})$의 연결부분집합이다.

【정리 8.5】

$X \sim U|V$이고 A는 X의 연결부분집합이면 $A \cap U = \varnothing$ 또는 $A \cap V = \varnothing$이다. 즉, $A \subset U$ 또는 $A \subset V$이 된다.

증명 $X \sim U|V$에 의하여 $A \subset U \cup V$이고 $A \cap U \cap V = \varnothing$인 것은 분명하다. 만일 $A \cap U \neq \varnothing$이고 $A \cap V \neq \varnothing$이면 정리 8.3에 의하여 A는 연결집합이 아니므로 모순이다. 따라서 $A \cap U = \varnothing$ 또는 $A \cap V = \varnothing$이다. 이것은 $A \subset V$ 또는 $A \subset U$를 의미한다. ∎

【정리 8.6】

A가 위상공간 X의 연결부분집합일 때 $A \subset B \subset \overline{A}$이면 B도 연결집합이다.

증명 B가 연결집합이 아니라고 하고, $B \sim U|V$이라 하면 정리 8.5에 의하여 $A \cap U = \varnothing$ 또는 $A \cap V = \varnothing$이다. 만약 $A \cap U = \varnothing$이면 $A \subset U^c$이고 U^c는 닫힌 집합이므로 $B \subset \overline{A} \subset U^c$이 되어 $B \cap U = \varnothing$이다. 이것은 $B \sim U|V$이라는 사실에 모순이다. 마찬가지로 $A \cap V = \varnothing$일 때도 모순이 된다. 그러므로 B는 연결집합이다. ∎

정리 8.1, 정리 8.4와 정리 8.6에 의하여 위상공간 $(\mathbb{R}, \mathscr{U})$내의 다음과 같은 형태의 구간들은 모두 연결집합임을 쉽게 알 수 있다.

(a, b), $(a, b]$, $[a, b)$, $[a, b]$, $(-\infty, a)$, $(-\infty, a]$, (a, ∞), $[a, \infty)$, $(-\infty, \infty)$

【정리 8.7】

위상공간 X내의 임의의 두 점이 X의 어떤 연결부분집합에 속하면 X는 연결공간이다.

증명 X가 연결공간이 아니라 가정하고, $X \sim U|V$이라 하면 $a \in U$와 $b \in V$가 존재하므로 가정에 의하여 a, $b \in G$인 X의 연결부분집합 G가 존재한다. 따라서 $a \in U \cap G$이고 $b \in V \cap G$이다. 이것은 정리 8.5에 모순이다. ∎

【정리 8.8】

$\{A_\alpha \mid \alpha \in \Lambda\}$을 위상공간 X의 연결집합들의 모임이라 할 때 $\bigcap_{\alpha\in\Lambda} A_\alpha \neq \varnothing$이면 $B = \bigcup_{\alpha\in\Lambda} A_\alpha$는 연결집합이다.

증명 $B \sim U|V$라고 가정하자. 각 $\alpha \in \Lambda$에 대하여 A_α는 B의 연결집합이므로 $A_\alpha \subset U$ 또는 $A_\alpha \subset V$이다. 한편 $\bigcap_{\alpha\in\Lambda} A_\alpha \neq \varnothing$이므로 모든 A_α에 속하는 x_0는 존재한다. 만일 $x_0 \in U$이면 모든 $\alpha \in \Lambda$에 대하여 $x_0 \in A_\alpha \subset U$이므로 $B \subset U$이다. 이것은 $B \sim U|V$이라는 가정에 모순이다. 마찬가지로 $x_0 \in V$일 때도 모순이 된다. 따라서 $B = \bigcup_{\alpha\in\Lambda} A_\alpha$는 연결집합이다. ∎

【정리 8.9】 중간값 정리(The intermediate value theorem)

$[a, b]$는 닫힌 구간이고 $f : ([a, b], \mathscr{U}_{[a, b]}) \to (\mathbb{R}, \mathscr{U})$는 연속함수라 하면 $f(a)$와 $f(b)$ 사이에 있는 임의의 실수 y에 대하여 $f(x) = y$를 만족하는 적당한 수 x가 a와 b 사이에 존재한다.

증명 y을 $f(a)$와 $f(b)$ 사이에 있는 임의의 실수라 하고, a와 b 사이에 있는 모든 실수 x에 대하여 $f(x) \neq y$이라 하자. $U = (-\infty, y)$, $V = (y, \infty)$이라고 하면 U와 V는 $\mathscr{U}$-열린 집합이고, $f(a)$와 $f(b)$는 어느 하나가 y보다 작으면 다른 하나는 y보다 크므로 $f([a, b]) \cap U \neq \varnothing$이고 $f([a, b]) \cap V \neq \varnothing$이다. 또한 a와 b 사이에 있는 모든 실수 x에 대하여 $f(x) \neq y$이므로 $f([a, b]) \subset U \cup V$이다. 그런데 $U \cap V = \varnothing$이므로 $f([a, b]) \cap U \cap V = \varnothing$이다. 따라서 $f([a, b])$는 연결집합이 아니다. 이것은 $[a, b]$가 연결집합이고 f는 연속이므로 $f([a, b])$도 연결집합이라는 사실에 모순이다. 그러므로 $f(x) = y$을 만족하는 적당한 수 x가 a와 b 사이에 존재한다. ∎

다음 두 정리는 중간값 정리로부터 쉽게 얻을 수 있다. 실수값 함수 f의 영점(zero)이란 $f(x) = 0$을 만족하는 정의역의 점 x를 의미한다.

【정리 8.10】

$[a, b]$는 닫힌 구간이고 $f : ([a, b], \mathscr{U}_{[a, b]}) \to (\mathbb{R}, \mathscr{U})$는 $f(a)f(b)<0$인 연속함수라 하면 f는 a와 b 사이에 영점을 갖는다.

【정리 8.11】

만약 I가 임의의 구간이고 $f : (I, \mathscr{U}_I) \to (\mathbb{R}, \mathscr{U})$는 영점을 가지지 않는 연속함수이면 모든 점 $x \in I$에 대하여 $f(x)>0$이거나 $f(x)<0$이다.

[정의 8.3]

함수 $f : X \to X$가 고정점(fixed point)을 갖는다고 하는 것은 $f(x)=x$인 $x \in X$가 존재하는 것을 의미한다. 위상공간 X가 고정점 성질(fixed point property)을 갖는다고 하는 것은 임의의 연속함수 $f : X \to X$가 고정점을 갖는 것을 의미한다.

다음 정리도 중간값 정리의 결과이다.

【정리 8.12】

임의의 닫힌 구간 $[a, b] \subset (\mathbb{R}, \mathscr{U})$에 대하여 $([a, b], \mathscr{U}_{[a, b]})$는 고정점 성질을 갖는다.

증명 $([a, b], \mathscr{U}_{[a, b]})$에 대하여 $f : [a, b] \to [a, b]$를 임의의 연속함수라 하고, f가 고정점을 갖지 않는다고 가정하자. 함수 $g : [a, b] \to \mathbb{R}$을 $g(x)=f(x)-x$로 정의하면 g는 연속이고 영점을 갖지 않는다. 정리 8.11에 의하여 모든 점 $x \in [a, b]$에 대하여 $g(x)>0$이거나 $g(x)<0$이다. 만약 $g(x)>0$이면 $g(b)=f(b)-b>0$이므로 $f(b) \in [a, b]$에 모순이다. 또 $g(x)<0$이면 $g(a)=f(a)-a<0$이므로 $f(a) \in [a, b]$에 모순이다. 그러므로 f는 고정점을 갖는다. ∎

기하학적으로 위 정리가 의미하는 것은 임의의 연속함수 $f:[a, b]\to[a, b]$의 그래프는 [그림 2]와 같이 직선 $y=x$와 반드시 만나는 것을 나타낸다.

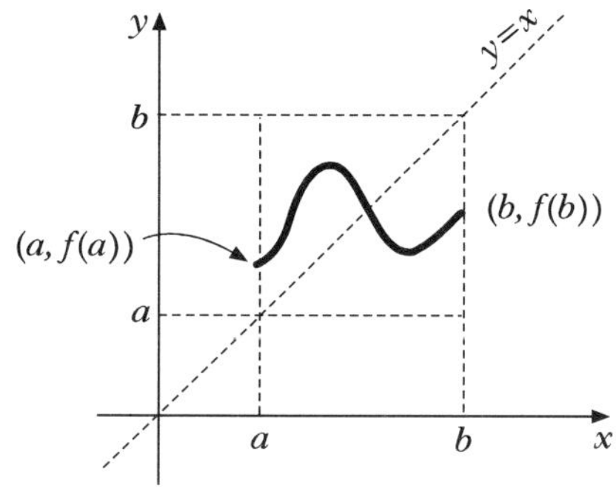

[그림 2]

[보기 7] $f(x)=x/2$로 정의된 연속함수 $f:(0, 1)\to(0, 1)$는 $f(x)=x$이면 $x=0$이므로 열린구간 $(0, 1)$은 고정점 성질을 갖지 않는다.

【정리 8.13】

고정점 성질은 위상적인 성질이다.

증명 X와 Y를 위상동형공간이라 하고 $h:X\to Y$를 위상동형사상이라 하자. X가 고정점 성질을 갖는다고 가정하고 $f:Y\to Y$를 임의의 연속함수라고 하면 합성함수 $h^{-1}\circ f\circ h:X\to X$는 연속함수가 되고 X가 고정점 성질을 가지므로 $h^{-1}(f(h(x)))=x$인 $x\in X$가 존재한다. h는 전단사함수이므로 $f(h(x))=h(x)$이 되어 $h(x)$는 f의 고정점이다. 그러므로 Y는 고정점 성질을 갖는다. ∎

[보기 7]에서 열린 구간 $(0, 1)$은 고정점 성질을 갖지 않음을 보았다. 따라서 $(0, 1)$과 위상동형인 $((a, b), \mathscr{U}_{(a, b)})$과 $(\mathbb{R}, \mathscr{U})$는 모두 고정점 성질을 갖지 않음을 알 수 있다. 다음은 두 위상공간이 위상동형인가를 결정하는데 유용한 정의이다.

[정의 8.4]

연결공간 X에 대하여 점 $x \in X$가 절단점(cut point)이라 하는 것은 $X-\{x\}$가 연결공간이 아닌 경우를 말한다.

[보기 8] 점 1은 공간 $([0, 2], \mathscr{U}_{[0, 2]})$의 절단점이지만 양 끝점인 0과 2는 절단점이 아니다.

【 정리 8.14 】

위상공간 X와 Y에 대하여 $h : X \to Y$가 위상동형사상일 때 x가 X의 절단점이면 $h(x)$는 Y의 절단점이다.

증명 만약 $(X-\{x\}) \sim U|V$이면 $(Y-\{h(x)\}) \sim h(U)|h(V)$임을 위상동형사상 h를 이용하여 쉽게 얻을 수 있다. ∎

[보기 9] 선분과 원은 위상동형이 아니다. 왜냐하면 원은 절단점을 가지지 않지만 선분은 양 끝점을 제외한 모든 점이 절단점이기 때문이다.

[보기 10] 각각 보통위상이 주어진 $\mathbb{R}$과 $\mathbb{R}^2$은 위상동형이 아니다. 왜냐하면 $\mathbb{R}$의 모든 점은 절단점이지만 $\mathbb{R}^2$는 절단점을 가지지 않기 때문이다.

【 정리 8.15 】

X와 Y가 연결공간이면 곱 공간 $X \times Y$도 연결공간이다.

증명 (x_1, y_1)과 (x_2, y_2)를 곱 공간 $X \times Y$의 임의의 두 점이라 하자. $X \times \{y_1\}$은 X와 위상동형이고, $\{x_2\} \times Y$는 Y와 위상동형이므로 정리 8.4에 의하여 $X \times \{y_1\}$과 $\{x_2\} \times Y$는 연결집합이다. 또 $(x_2, y_1) \in (X \times \{y_1\}) \cap (\{x_2\} \times Y)$이므로 정리 8.8에 의하여 $(X \times \{y_1\}) \cup (\{x_2\} \times Y)$도 연결집합이다. 그런데 이 집합은 (x_1, y_1)과 (x_2, y_2)를

포함하는 $X\times Y$의 연결부분집합이므로 정리 8.7에 의하여 $X\times Y$는 연결공간이다. ▮

[정의 8.5]

위상공간 X에 대하여 $C\subset X$일 때 만일 C 자신이 연결집합이고, B가 C를 포함하는 임의의 연결집합이면 $B=C$가 성립할 경우 C를 X내의 성분(成分, component)이라고 한다.

위의 정의에 따르면 위상공간에서 성분을 포함하는 더 큰 연결집합은 없으며 모든 한원소집합은 연결집합이므로 성분은 공집합이 아님을 알 수 있다. 위상공간 X가 연결공간이면 X내의 성분은 X 자신이며 X가 이산공간이면 각 점들이 X내의 성분이다.

【정리 8.16】

C가 위상공간 X내의 성분이면 C는 닫힌 집합이다.

증명 C가 연결집합이므로 정리 8.6에 의하여 $\overline{C}$도 연결집합이다. 그런데 C는 성분이므로 $\overline{C}=C$가 되어 C는 닫힌 집합이다. ▮

【정리 8.17】

$X=\prod_{\alpha\in\Lambda}X_\alpha$가 연결공간이기 위한 필요충분조건은 임의의 $\alpha\in\Lambda$에 대하여 $(X_\alpha, \mathscr{T}_\alpha)$가 연결공간인 것이다.

증명 $(\Rightarrow)$ 모든 $\alpha\in\Lambda$에 대하여 사영 $p_\alpha : X \to X_\alpha$는 연속이므로 정리 8.4에 의하여 X가 연결공간이면 $p_\alpha(X)=X_\alpha$도 연결공간이다.

$(\Leftarrow)$ $a=(a_\alpha : \alpha\in\Lambda)$을 곱 공간 X내의 임의의 점이라 하고, C를 a의 성분이라 하자. 임의의 점 $x\in X$에 대하여 x를 포함하는 임의의 곱 위상에 대한

기저 원소를 B라 하자. 그러면 Λ의 적당한 유한 부분집합 $F=\{\alpha_1, \alpha_2, \cdots, \alpha_n\}$가 있어서

$$B=\bigcap_{i=1}^{n} p_{\alpha_i}^{-1}(U_{\alpha_i})=\prod_{\alpha\notin F} X_\alpha \times U_{\alpha_1}\times\cdots\times U_{\alpha_n}, \quad U_{\alpha_i}\in\mathscr{T}_{\alpha_i}$$

이 된다. 이제 $a_0=(a_\alpha : \alpha\notin F)\in\prod_{\alpha\notin F} X_\alpha$이라 하고, $H=\{a_0\}\times X_{\alpha_1}\times\cdots\times X_{\alpha_n}$이라 하면 H는 곱 공간 $X_{\alpha_1}\times\cdots\times X_{\alpha_n}$과 위상동형이므로 정리 8.15와 정리 8.4에 의하여 H는 연결집합이다. 또한 $a\in H$이고 C는 a의 성분이므로 $H\subset C$이다. 그런데 $B\cap H\neq\varnothing$이므로 $B\cap C\neq\varnothing$이 되어 $x\in\overline{C}$이다. 정리 8.16에 의하여 $\overline{C}=C$이므로 $x\in C$가 되어 $C=X$이다. 따라서 $X=\prod_{\alpha\in\Lambda} X_\alpha$는 연결공간이다. ▒

연습문제 8.1

1. $(\mathbb{R}, \mathscr{U})$내의 임의의 열린 구간 (a, b)와 닫힌 구간 $[a, b]$은 연결집합임을 증명하여라.

2. $(\mathbb{R}^2, \mathscr{U})$에 대하여 다음 부분집합이 연결집합임을 증명하여라.
   (1) $A=\{(x, y)\mid y=\sin(1/x),\ 0<x\leq 1\}$
   (2) $B=A\cup\{(0, y)\mid 1/2\leq y\leq 1\}$
   (3) $C=A\cup\{(0, y)\mid -1\leq y\leq 1\}$

3. 위상공간 $(\mathbb{R}, \mathscr{C})$는 절단점을 가지지 않음을 보여라.

4. 위상공간 X가 연결공간이기 위한 필요충분조건은 X에서 $\{0, 1\}$로의 연속함수는 상수함수일 때뿐인 것임을 증명하여라. 이 때 $\{0, 1\}$위의 위상은 $\mathscr{U}$의 상대위상이다.

5. 위상공간의 서로 다른 두 성분은 서로 소임을 증명하여라.

6. 위상공간 X에 대하여 X에서의 관계 "$\sim$"을 "$x \sim y \Leftrightarrow x$와 y를 포함하는 X의 연결집합이 존재하는 것"으로 정의하면 "$\sim$"은 X에서의 동치관계이고 각 동치류는 X내의 성분임을 증명하여라.

8.2 길로 연결된 공간과 국소연결공간

위상공간 X의 한 점에서 다른 점까지 이 공간을 벗어나지 않고 점을 연속적으로 움직일 수 있는가 하는 문제를 생각해보자.

[정의 8.6]

I를 닫힌 구간 $[0, 1]$이라 하고 a와 b를 위상공간 X내의 두 점이라 할 때 $f(0)=a$, $f(1)=b$인 연속함수 $f: I \to X$를 점 a로부터 b로의 길(path) 또는 a와 b를 연결하는 길이라 말하고, a를 길 f의 시작점(initial point), b를 길 f의 끝점(terminal point)이라 한다. 특히, $A \subset X$이고 $f(I) \subset A$이면 f를 A내의 길이라 부른다.

[보기 1] x를 위상공간 X내의 임의의 점이라 하고, 함수 $\hat{x}: I \to X$를 모든 $t \in I$에 대하여 $\hat{x}(t)=x$로 정의하면 함수 $\hat{x}$는 연속이 되어 $\hat{x}$는 x로부터 x로의 길이다. 이것을 점 x에서의 점 길(point path)이라 부른다.

[보기 2] $f: I \to X$가 점 a로부터 b로의 길일 때 모든 $t \in I$에 대하여 $\overline{f}(t)=f(1-t)$로 정의하면 함수 $\overline{f}$는 연속이 되고 $\overline{f}(0)=f(1)=b$이고 $\overline{f}(1)=f(0)=a$이므로 $\overline{f}$는 점 b로부터 a로의 길이 된다.

[보기 3] f가 점 a로부터 b로의 길이고, g가 점 b로부터 c로의 길이면 모든 $t \in I$에 대하여

$$(f*g)(t)=\begin{cases} f(2t), & 0\le t\le \frac{1}{2} \\ g(2t-1), & \frac{1}{2}\le t\le 1 \end{cases}$$

로 정의된 함수 $f*g$는 $t=\frac{1}{2}$에서 $f(2t)=g(2t-1)$이므로 정리 3.4에 의하여 연속이고 a로부터 c로의 길이 된다. 이것을 f와 g의 합성(composition)이라 부른다.

[정의 8.7]

위상공간 X의 부분집합 A가 길로 연결된 집합(path connected set)이라고 하는 것은 A내의 임의의 두 점에 대하여 두 점을 연결하는 A내의 적당한 길이 존재하는 경우를 말한다. 이것은 임의의 $x,\ y\in A$에 대하여 $f(0)=x$이고 $f(1)=y$인 적당한 연속함수 $f: I\to X$가 존재하여 $f(I)\subset A$인 것을 의미한다.

[보기 4] $\mathbb{R}^n$의 단위 공 $B^n=\{x\in\mathbb{R}^n \mid \|x\|\le 1\}$은 길로 연결된 집합이다.

임의의 두 점 $x,\ y\in B^n$에 대하여 $f: I\to\mathbb{R}^n$을 $f(t)=(1-t)x+ty$로 정의하면 f는 연속함수이고, $\|f(t)\|\le(1-t)\|x\|+t\|y\|\le 1$이므로 $f(t)\in B^n$이다. 그런데 $f(0)=x,\ f(1)=y$이므로 f는 점 x로부터 y로의 길이다.

【정리 8.18】

길로 연결된 집합은 연결집합이다.

증명 A를 길로 연결된 집합이라 하고, $A\sim U|V$라고 가정하자. $a\in U,\ b\in V$라고 하면 a와 b를 연결하는 길 $f: I\to A$가 존재한다. f가 연속이고 $U\cap V=\varnothing,\ U\cup V=A$이므로 $I\sim(f^{-1}(U)\mid f^{-1}(V))$이 되어 I가 연결집합이라는 사실에 모순이다. 따라서 A는 연결집합이다. ∎

[보기 5] 평면 $(\mathbb{R}^2, \mathscr{U})$에서

$$A=\left\{(x,\ y)\mid 0\le x\le 1,\ y=\frac{x}{n},\ n=1,\ 2,\ \cdots\right\}$$

$$B=\left\{(x,\ 0)\mid \frac{1}{2}\le x\le 1\right\}$$

이라 하면 정리 8.4와 정리 8.8에 의하여 A와 B는 연결집합이다. 또 B에 속하는 모든 점은 A의 집적점이므로 정리 8.6에 의하여 $A\cup B$는 연결집합이다. 그러나 $A\cup B$는 길로 연결된 집합은 아니다. A의 점과 B의 점을 연결하는 $A\cup B$내의 연속함수는 존재하지 않기 때문이다.

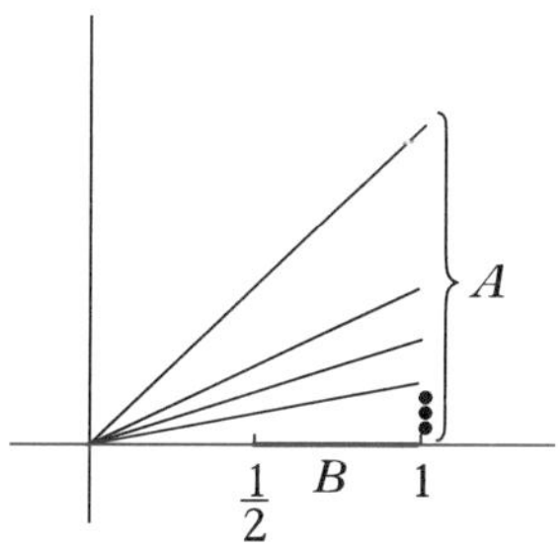

[그림 3]

[정의 8.8]

위상공간 X에 대하여 $P\subset X$일 때 만일 P 자신이 길로 연결된 집합이고, B가 P를 포함하는 임의의 길로 연결된 집합이면 $B=P$가 성립할 경우 P를 X 내의 길로 연결된 성분(path component)이라고 한다.

위의 [보기 5]에서 길로 연결된 성분은 A와 B이고, $A\cup B$는 하나의 성분이다.

연결성은 위상공간이 가지는 유용한 성질 중 하나이다. 그러나 가끔은 국소적으로 연결성을 갖는 공간이 중요할 때가 있다. 국소연결성이란 각 점이 임의의 작은 연결된 근방을 가질 수 있다는 것을 의미한다.

[정의 8.9]

X가 위상공간이고 $x \in X$일 때 임의의 x의 열린 근방 U에 대하여 $x \in V \subset U$을 만족하는 연결인 열린 집합 V가 존재할 때 X는 점 x에서 국소적으로 연결된 공간이라고 한다. 모든 점 $x \in X$에서 국소적으로 연결되었을 때 공간 X를 국소연결공간(locally connected space)이라고 한다.

X가 국소연결공간이라는 것은 연결집합으로 이루어진 기저를 갖는다는 것으로 해석할 수 있다.

【정리 8.19】

X가 국소연결공간이기 위한 필요충분조건은 X의 임의의 열린 집합 U에 대하여 U내의 모든 성분이 X의 열린 집합인 것이다.

증명 ($\Rightarrow$) 국소연결공간 X에 대하여 U를 X의 열린 부분집합이라 하고 C를 U내의 성분이라 하자. 만약 $x \in C$이면 국소연결성에 의하여 $x \in V_x \subset U$을 만족하는 연결인 열린 집합 V_x가 존재한다. 그런데 $V_x \cap C \neq \varnothing$이므로 $V_x \cup C$는 연결집합이고 C는 성분이므로 $C = V_x \cup C$가 되어 $V_x \subset C$이다. 그러므로 $C = \bigcup_{x \in C} V_x$이므로 C는 X의 열린 집합이다.

($\Leftarrow$) X의 임의의 열린 집합 U에 대하여 U내의 모든 성분이 X의 열린 집합이라 가정하자. 임의의 $x \in X$와 임의의 x의 열린 근방 U에 대하여 x를 포함하는 U의 성분을 V라고 하면 V는 연결인 열린 집합이고, $x \in V \subset U$를 만족한다. 따라서 X는 국소연결공간이다. ∎

다음 보기는 연결성과 국소연결성의 개념이 서로 독립적임을 보여준다.

[보기 6] $(\mathbb{R}, \mathscr{U})$에 대하여 모든 구간은 연결집합인 동시에 국소연결공간이다. 그러나 부분공간 $[-1, 0) \cup (0, 1]$은 연결집합은 아니지만 국소연결공간이다. 유리수 공간 $\mathbb{Q}$는 연결집합도 국소연결공간도 아니다. 한편 $(\mathbb{R}^2, \mathscr{U})$의 부분공간

$$\{(0,\ y) \mid 1/2 \leq y \leq 1\} \cup \{(x,\ y) \mid y = \sin(1/x),\ 0 < x \leq 1\}$$

은 연결집합이지만 국소연결공간은 아니다. 점 $p=(0,\ 1)$에서 $B(p,\ 1/4)$은 p를 포함하는 연결인 열린 집합을 포함하지 않기 때문이다.

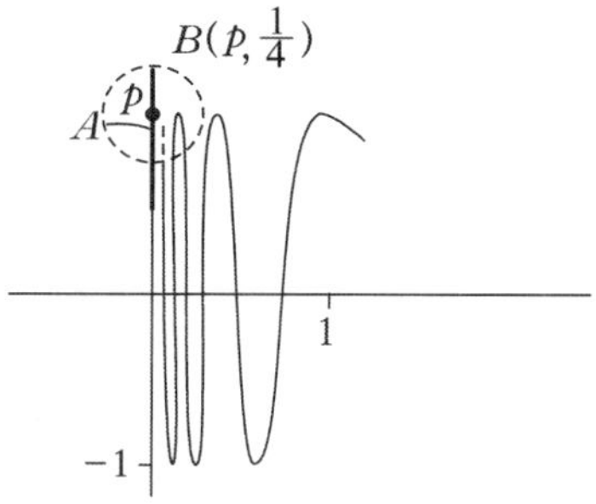

[그림 4]

---[정의 8.10]---

X가 위상공간이고 $x \in X$일 때 임의의 x의 열린 근방 U에 대하여 $x \in V \subset U$인 길로 연결된 열린 집합 V가 존재할 때 X는 점 x에서 국소적으로 길로 연결된 공간이라고 한다. 모든 점 $x \in X$에서 국소적으로 길로 연결되었을 때 공간 X를 국소 길로 연결된 공간(locally path connected space)이라고 한다.

[보기 7] 다음과 같은 $(\mathbb{R}^2,\ \mathscr{U})$의 부분공간을 생각하여 보자.

$$C = ([0,\ 1] \times \{0\}) \cup (\{1/n \mid n \in \mathbb{N}\} \times [0,\ 1]) \cup (\{0\} \times [0,\ 1])$$
$$D = C - (\{0\} \times (0,\ 1))$$

(1) C는 분명히 길로 연결된 집합이다.

(2) D는 연결집합이지만 길로 연결된 집합은 아니다. $A = ([0,\ 1] \times \{0\}) \cup (\{1/n \mid n \in \mathbb{N}\} \times [0,\ 1])$은 길로 연결된 집합이므로 연결집합이고 점 $p=(0,\ 1)$는 A의 집적점이기 때문에 $D = A \cup \{p\}$는 연결집합이다. 그러나 p와 A내의 점을 연결하는 길은 존재하지 않는다. 따라서 D는 길로 연결된 집합이 아니다. 그러므로 D는 한 개의 성분과

두 개의 길로 연결된 성분을 가짐을 알 수 있다.

(3) $$Y = D \cup \{(0,\ r) \in \mathbb{R}^2 \mid r \in (\mathbb{R} - \mathbb{Q}) \cap [0,\ 1]\},$$
$$W = D \cup \{(0,\ 1/n) \in \mathbb{R}^2 \mid n \in \mathbb{N}\}$$

이라고 하면 Y는 한 개의 성분과 비가산개의 길로 연결된 성분을 갖고, W는 한 개의 성분과 가산개의 길로 연결된 성분을 가짐을 알 수 있다. 한편, W는 원점에서 국소적으로 연결된 공간이지만 원점에서 국소적으로 길로 연결된 공간은 아니다.

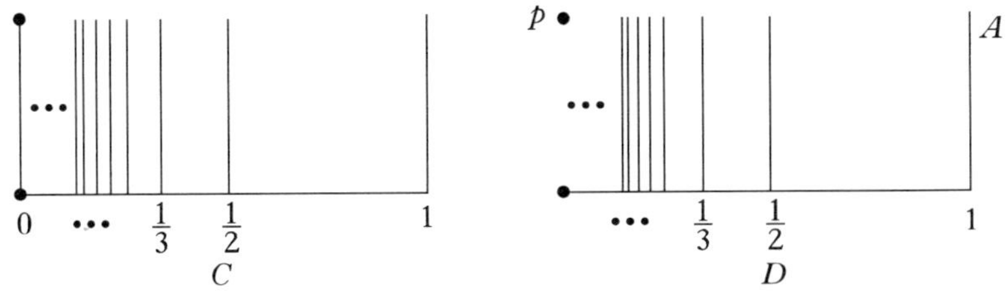

[그림 5]

[보기 8] 위상공간 $(\mathbb{R}^2,\ \mathscr{U})$에 대하여

$$X = \{(0,\ y) \mid 1/2 \leq y \leq 1\} \cup \{(x,\ y) \mid y = \sin(1/x),\ 0 < x \leq 1\}$$

라 하고, 시작점과 끝점을 제외하고는 X와 만나지 않는 $p = (0,\ 1)$로부터 $q = (1,\ \sin 1)$로의 길 $f : I \to \mathbb{R}^2$을 생각하자. 만약 $Y = X \cup f(I)$이면 Y는 분명히 길로 연결된 집합이다. 그러나 Y는 국소적으로 길로 연결된 공간은 아니다. 왜냐하면, $V = B(p,\ 1/4) \cap Y$은 Y에서 p의 열린 근방이지만 V내에 p를 포함하는 길로 연결된 열린 집합은 존재하지 않기 때문이다.

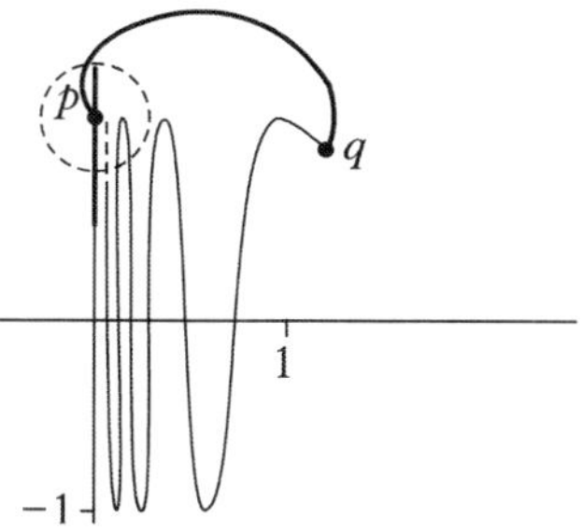

[그림 6]

연습문제 8.2

1. 한 점이 빠진 유클리드 공간 $\mathbb{R}^n - \{0\}$는 길로 연결된 공간임을 증명하여라.

2. $(\mathbb{R}^2, \mathscr{U})$의 부분공간 $Y = \{(x, 0) \mid x \le 0\} \cup \{(x, \sin(1/x)) \mid x > 0\}$에 대하여
   (1) Y는 연결공간이지만 길로 연결된 공간이 되지 않음을 보여라.
   (2) Y내의 성분과 길로 연결된 성분을 구하여라.

3. A가 국소연결공간 X내의 성분이면 A는 X에서 열린 집합임을 증명하여라.

4. X와 Y가 국소연결공간이면 $X \times Y$도 국소연결공간임을 증명하여라.

5. 길로 연결된 집합의 연속함수의 상은 길로 연결된 집합임을 증명하여라.

6. 교집합이 공집합이 아닌 길로 연결된 집합들의 합집합은 길로 연결된 집합이 됨을 증명하여라.

7. [보기 7]의 D가 길로 연결된 집합이라 가정하고 $f : [a, b] \to D$를 점 $p = (0, 1)$가 시작점인 D내의 임의의 길이라 하면 $f^{-1}(\{p\})$는 $[a, b]$에서 열린 집합이며 동시에 닫힌 집합이 됨을 증명하여라.

8.3 연속변형함수와 기본군(基本群)

닫힌 구간 [0, 1]과 열린 구간 (0, 1)은 위상동형이 아니다. [0, 1]은 실수의 컴팩트 부분집합이지만 (0, 1)은 아니기 때문이다. 일반적으로 어떤 위상적인 성질을 두 공간 중 어느 한 공간만 갖는다면 두 공간은 위상동형이 아니다. 이와 같이 주어진 두 위상공간이 위상동형인가의 여부를 결정하는 것은 위상수학에서 해결하여야 할 기본적인 문제 중 하나이다. 이 문제에 대하여 일반적인 해답은 없으나 특수한 경우에 응용하는 방법은 있다. 위상공간에 적당한 기본군이라 불리는 군(群)을 대응하여 그 기본군들이 동형이 아니면 두 위상공간도 위상동형이 아니라고 판단하는 대수적인 방법이 그 하나이다. 이 절에서는 그것과 관련되는 이론을 전개하고자 한다.

[정의 8.11]

X와 Y를 위상공간이라 하고, I를 닫힌 구간 [0, 1]이라 하자. 두 연속함수 $f: X \to Y$와 $g: X \to Y$에 대하여 만일 연속함수 $H: X \times I \to Y$가 있어서 임의의 $x \in X$에 대하여

$$H(x, 0) = f(x),\ H(x, 1) = g(x)$$

이 성립하면 f는 g에 연속변형(f is homotopic to g)이라 하고, H를 f로부터 g로의 연속변형함수(homotopy)라고 부른다. f로부터 g로의 연속변형함수가 존재하면 이 관계를 기호 $f \simeq g$로 나타내기로 한다.

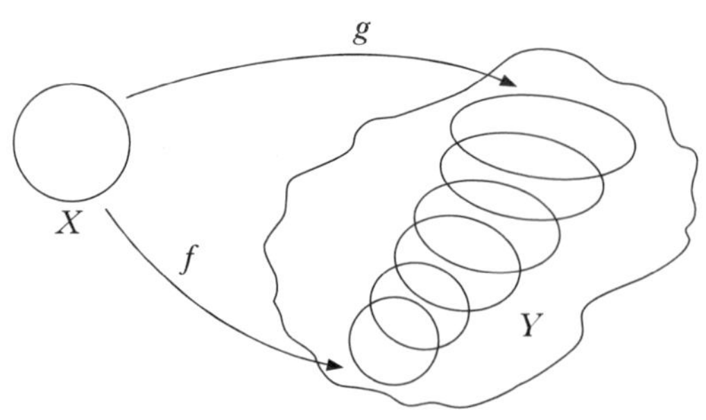

[그림 7]

만일 H가 f로부터 g로의 연속변형함수이면 임의의 $x \in X$에 대하여 $H|_{\{x\}\times I}$는 $H(x,\ \ ): I \to Y$로 보아 $f(x)$로부터 $g(x)$로의 길이 된다. 이 길을 변형 길(deformation path)이라 부른다. 또한 임의의 $t \in I$에 대하여 $H|_{X\times\{t\}}$는 t가 시각을 나타내는 매개변수로 생각하면 t시각에 있어서의 변형단계를 의미한다. 따라서 f로부터 g로의 연속변형함수 H가 존재한다는 것은 f를 g로 연속적인 방법에 의하여 변형시킬 수 있다는 뜻이 된다.

X를 위상공간이라 하고, $f: I \to X$를 X내의 길이라 할 때, 모든 $(s, t) \in I\times I$에 대하여 $H(s, t) = f(s - st)$라 정의하면 $H: I\times I \to X$는 연속이고, $H(s, 0) = f(s)$, $H(s, 1) = f(0)$이 되어 f는 점 길 $\widehat{f(0)}$에 연속변형된다. 이와 같이 위상공간내의 길을 생각할 경우 어떤 제한조건이 없으면 연속변형이라는 관계는 의미가 없어진다. 따라서 이제부터는 시작점과 끝점이 동일한 길만을 생각하기로 한다.

[정의 8.12]

동일한 시작점 x_0와 동일한 끝점 x_1을 가지는 위상공간 X내의 길 f와 g에 대하여 만일 연속함수 $H: I\times I \to X$가 있어서 임의의 $s \in I$와 임의의 $t \in I$에 대하여

$$H(s, 0) = f(s),\ H(s, 1) = g(s),\ H(0, t) = x_0,\ H(1, t) = x_1$$

이 성립하면 f는 g에 길 연속변형(f is path homotopic to g)이라 하고, H를 f로부터 g로의 길 연속변형함수(path homotopy)라고 부른다. f로부터 g로의 길 연속변형함수가 존재하면 이 관계를 기호 $f \simeq_p g$로 나타내기로 한다.

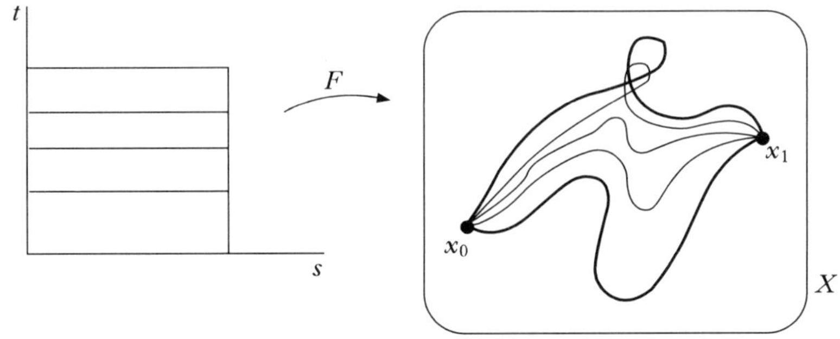

[그림 8]

[보기 1] $f : X \to \mathbb{R}^2$와 $g : X \to \mathbb{R}^2$을 임의의 두 연속함수라 하면 f는 g에 연속변형된다. 왜냐하면 함수 $H : X \times I \to \mathbb{R}^2$을 임의의 $x \in X$와 임의의 $t \in I$에 대하여

$$H(x,\ t) = (1-t)f(x) + tg(x)$$

로 정의하면 H는 연속함수이고 $H(x,\ 0) = f(x)$, $H(x,\ 1) = g(x)$이 성립하기 때문이다. 이 함수 H를 선분 연속변형함수(straight-line homotopy)라고 한다.

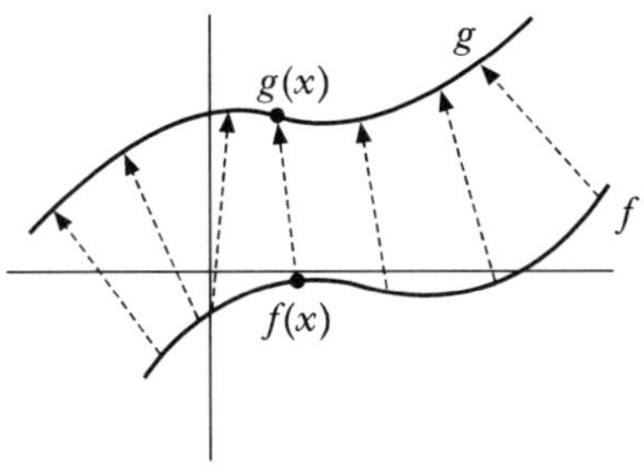

[그림 9]

[보기 2] X를 두 동심원사이의 점들의 집합인 고리(annulus)라고 하자. [그림 10]의 왼쪽 그림에 있는 두 길 f는 g에 길 연속변형이지만 오른쪽 그림에 있는 f'는 g'에 길 연속변형이 아니다.

[그림 10]

【정리 8.20】

위상공간 X, Y에 대하여 X로부터 Y로의 모든 연속함수들의 집합을 Ω라 하자. Ω에 속하는 두 함수가 연속변형이라는 관계 $\simeq$은 Ω에서의 동치관계이다.

증명 임의의 $f\in\Omega$에 대하여 $p : X\times I \to X$을 사영이라 하고 $\Phi=f\circ p$라 하면 Φ : $X\times I \to Y$은 연속이고, 임의의 $x\in X$에 대하여

$$\Phi(x,\ 0)=(f\circ p)(x,\ 0)=f(x),\ \Phi(x,\ 1)=(f\circ p)(x,\ 1)=f(x)$$

이 성립하므로 $f\simeq f$이다.

$f\simeq g$라 하고, f로부터 g로의 연속변형함수를 Φ라고 하자. 임의의 $(x,\ t)\in X\times I$에 대하여

$$\Psi(x,\ t)=\Phi(x,\ 1-t)$$

라 정의하면 $\Psi : X\times I \to Y$는 연속함수이고,

$$\Psi(x,\ 0)=\Phi(x,\ 1)=g(x),\ \Psi(x,\ 1)=\Phi(x,\ 0)=f(x)$$

가 된다. 그러므로 $g\simeq f$이다.

$f\simeq g$이고 $g\simeq h$라 하고, f로부터 g로의 연속변형함수를 Φ라 하며 g로부터 h로의 연속변형함수를 Ψ라 하자. 임의의 $(x,\ t)\in X\times I$에 대하여

$$H(x,\ t)=\begin{cases}\Phi(x,\ 2t), & 0\le t\le \dfrac{1}{2}\\ \Psi(x,\ 2t-1), & \dfrac{1}{2}\le t\le 1\end{cases}$$

이라 정의하면, $t=\frac{1}{2}$일 때는

$$\Phi(x,\ 1)=g(x)=\Psi(x,\ 0)$$

이므로 H는 잘 정의되며 정리 3.4에 의하여 H는 연속함수이다. 그런데

$$H(x,\ 0)=\Phi(x,\ 0)=f(x),\ H(x,\ 1)=\Psi(x,\ 1)=h(x)$$

이므로 $f\simeq h$이다. ▮

관계 $\simeq_p$도 동치관계임을 같은 방법으로 증명할 수 있다.

【정리 8.21】

위상공간 X, Y, Z에 대하여 f_0와 f_1은 X로부터 Y로의 연속함수이고, g_0와 g_1은 Y로부터 Z로의 연속함수라 하자. 만일 $f_0\simeq f_1$이고 $g_0\simeq g_1$이면 $g_0\circ f_0\simeq g_1\circ f_1$이다.

증명 f_0로부터 f_1으로의 연속변형함수를 $\Phi : X\times I \to Y$라 하고 g_0로부터 g_1으로의 연속변형함수를 $\Psi : Y\times I \to Z$라 하면 $g_0\circ\Phi : X\times I \to Z$는 연속함수이고,

$$(g_0\circ\Phi)(x,\ 0)=(g_0\circ f_0)(x),\ (g_0\circ\Phi)(x,\ 1)=(g_0\circ f_1)(x)$$

이므로 $g_0\circ f_0\simeq g_0\circ f_1$이 된다. 또 임의의 $(x,\ t)\in X\times I$에 대하여

$$F(x,\ t)=(f_1(x),\ t)$$

라 정의하면 연습문제 4.2의 1번 성질에 의하여 F는 연속함수이므로 $\Psi\circ F : X\times I \to Z$도 연속함수가 되며,

$$(\Psi\circ F)(x,\ 0)=\Psi(f_1(x),\ 0)=(g_0\circ f_1)(x)$$
$$(\Psi\circ F)(x,\ 1)=\Psi(f_1(x),\ 1)=(g_1\circ f_1)(x)$$

가 되므로 $g_0\circ f_1\simeq g_1\circ f_1$이다. 따라서 정리 8.20의 추이적인 성질에 의하여 $g_0\circ f_0\simeq g_1\circ f_1$이 성립한다. ▮

[정의 8.13]

위상공간 X, Y와 $A \subset X$에 대하여 f와 g가 X로부터 Y로의 연속함수라 할 때 f로부터 g로의 연속변형함수 H가 존재하여

$$H(a,\ t)=f(a)=g(a) \quad (a \in A,\ t \in I)$$

을 만족하면 H를 f로부터 g로의 A를 고정한 연속변형함수라고 부른다. f로부터 g로의 A를 고정한 연속변형함수가 존재하면 이 관계를 기호 $f \simeq_A g$로 나타내기로 한다.

길 연속변형함수가 존재한다는 관계 $f \simeq_p g$는 $A=\{0,\ 1\}$일 때 $f \simeq_A g$와 같음을 유의하여야 한다.

[보기 3] $X=[0,\ 1]$, $A=\{0\}$이라 하면 A를 고정한 연속변형함수는 [그림 11]과 같이 연속적으로 변형되는 동안 A에 속하는 점들의 상은 변형되지 않고 그대로 남아있는 경우를 의미한다.

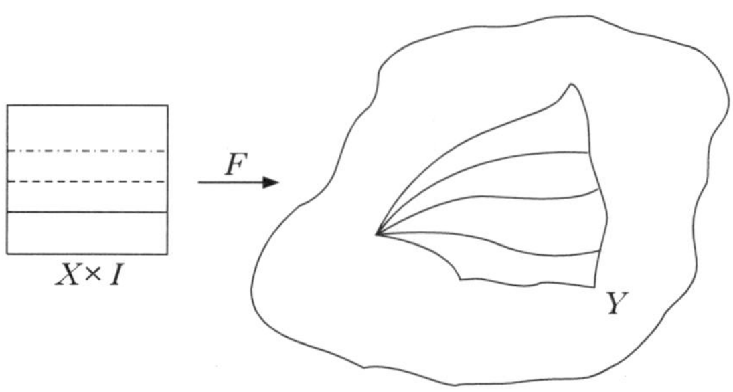

[그림 11]

다음 두 정리는 각각 정리 8.20, 정리 8.21과 비슷한 방법으로 증명할 수 있다.

【정리 8.22】

위상공간 X, Y와 $A\subset X$에 대하여 X로부터 Y로의 모든 연속함수들의 집합을 Ω라 하자. Ω에 속하는 임의의 두 함수에 대하여 A를 고정한 연속변형함수가 존재한다는 관계 $\simeq_A$은 Ω에서의 동치관계이다.

【정리 8.23】

위상공간 X, Y, Z에 대하여 f_0와 f_1은 X로부터 Y로의 연속함수이고, g_0와 g_1은 Y로부터 Z로의 연속함수라 하자. $A\subset X$이고 $B\subset Y$일 때 만일 $f_0\simeq_A f_1$이고 $g_0\simeq_B g_1$이며 $f_0(A)\subset B$이면 $g_0\circ f_0\simeq_A g_1\circ f_1$이다.

길 연속변형이라는 위상공간 X내의 두 길 사이의 관계는 동치관계임을 알았다. f가 X내의 길일 때 f에 의하여 정해지는 동치류를 $[f]$로 나타내고 호모토피류(homotopy class)라 부른다.

f가 점 x_0로부터 x_1으로의 X내의 길이고, g가 점 x_1로부터 x_2으로의 X내의 길이면 모든 $t\in I$에 대하여 8.2절의 [보기 3]에서와 같이

$$(f*g)(t)=\begin{cases} f(2t), & 0\le t\le \dfrac{1}{2} \\ g(2t-1), & \dfrac{1}{2}\le t\le 1 \end{cases}$$

로 정의된 함수 $f*g$는 x_0로부터 x_2으로의 X내의 길이 됨을 보았다. 이 길 사이의 합성을 이용하여 호모토피류 사이의 연산을 다음과 같이 정의할 수 있다.

$$[f][g]=[f*g]$$

이제 이 정의가 호모토피류내의 선택된 길에 관계없이 잘 정의된다는 것을 보이자. f와 g가 $f(1)=g(0)$인 X내의 길이고, $f\simeq_p f'$, $g\simeq_p g'$이라 하자. 이 때 각각의 연속변형함수를 Φ와 Ψ라 하고 임의의 $(s,\ t)\in I\times I$에 대하여

$$H(s,\ t)=\begin{cases}\Phi(2s,\ t), & 0\le s\le \dfrac{1}{2}\\ \Psi(2s-1,\ t), & \dfrac{1}{2}\le s\le 1\end{cases}$$

이라 정의하면, $s=\dfrac{1}{2}$일 때는

$$\Phi(1,\ t)=f(1)=g(0)=\Psi(0,\ t)$$

이므로 H는 잘 정의되며 성리 3.4에 의하여 H는 연속함수이다. 그런데

$$H(s,\ 0)=\begin{cases}\Phi(2s,\ 0), & 0\le s\le \dfrac{1}{2}\\ \Psi(2s-1,\ 0), & \dfrac{1}{2}\le s\le 1\end{cases}=\begin{cases}f(2s), & 0\le s\le \dfrac{1}{2}\\ g(2s-1), & \dfrac{1}{2}\le s\le 1\end{cases}=f*g(s)$$

이고 같은 방법으로 $H(s,\ 1)=f'*g'$이고, $H(0,\ t)=\Phi(0,\ t)=f(0)$, $H(1,\ t)=\Psi(1,\ t)=g(1)$이므로 $f*g\simeq_p f'*g'$이다. 따라서 $[f][g]=[f*g]$는 잘 정의된다.

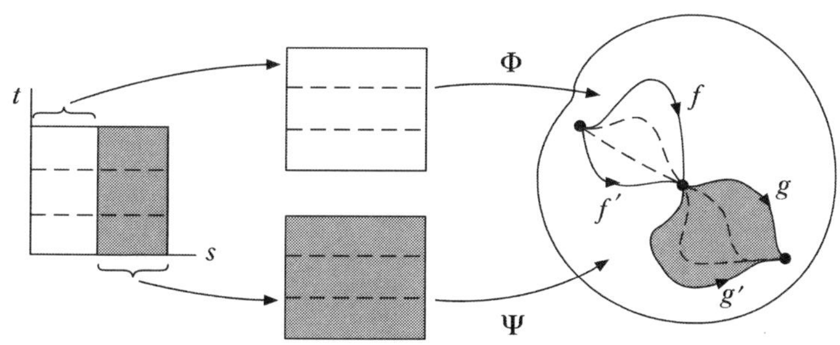

[그림 12]

$[f][g]=[f*g]$로 정의된 연산은 모든 호모토피류에 대하여 정의되는 것이 아니고 $f(1)=g(0)$인 $[f]$와 $[g]$에 대해서만 정의됨을 유의하여야 한다. 이 점을 제외하고는 이 연산은 군(群)의 성질을 대부분 만족하므로 위 연산이 주어진 호모토피류의 집합을 버금군(groupoid)이라고 한다.

【정리 8.24】

호모토피류들의 집합에 위의 연산이 주어지면 다음 성질을 만족한다.

1. (결합법칙) 만약 $([f][g])[h]$이 정의되면 $[f]([g][h])$도 정의되고

$$([f][g])[h]=[f]([g][h])$$

이 성립한다.

2. 만약 f가 점 x_0로부터 x_1으로의 X내의 길이면

$$[f]\left[\hat{x_1}\right]=[f],\ \left[\hat{x_0}\right][f]=[f]$$

이 성립한다.

3. 만약 f가 점 x_0로부터 x_1으로의 X내의 길이면

$$[f]\left[\bar{f}\right]=\left[\hat{x_0}\right],\ \left[\bar{f}\right][f]=\left[\hat{x_1}\right]$$

이 성립한다.

증명 1. 결합법칙이 성립함을 보이기 위하여 $(f*g)*h\simeq_p f*(g*h)$을 보이면 충분하다. $H(s,\ 1)=(f*(g*h))(s)$, $H(s,\ 0)=((f*g)*h)(s)$이 되는 연속변형함수 H를 다음과 같이 얻을 수 있다.

$$(f*(g*h))(s)=\begin{cases} f(2s), & s\in\left[0,\ \frac{1}{2}\right] \\ (g*h)(2s-1), & s\in\left[\frac{1}{2},\ 1\right] \end{cases}$$

이고, $s\in\left[\frac{1}{2},\ 1\right]$은 $2s-1\in[0,\ 1]$과 같으므로

$$(f*(g*h))(s)=\begin{cases} f(2s), & s\in[0,\ 1/2] \\ g(2(2s-1)), & 2s-1\in[0,\ 1/2] \\ h(2(2s-1)-1), & 2s-1\in[1/2,\ 1] \end{cases}$$

이 된다. 그런데 $2s-1\in[0,\ 1/2]$은 $s\in[1/2,\ 3/4]$이고, $2s-1\in[1/2,\ 1]$은 $s\in[3/4,\ 1]$이므로

$$(f*(g*h))(s)=\begin{cases} f(2s), & s\in[0,\ 1/2] \\ g(4s-2), & s\in[1/2,\ 3/4] \\ h(4s-3), & s\in[3/4,\ 1] \end{cases}$$

와 같다. 같은 방법으로

$$((f*g)*h)(s)=\begin{cases} f(4s), & s\in[0,\ 1/4] \\ g(4s-1), & s\in[1/4,\ 1/2] \\ h(2s-1), & s\in[1/2,\ 1] \end{cases}$$

이 된다. 이제 $(f*(g*h))(s)$와 $((f*g)*h)(s)$에서 각 f, g, h에 대하여 s가 움직이는 구간을 생각하여 그림과 같이 단위 정사각형 I^2에서 I위로의 연속함수 p를 생각할 수 있다. 이 함수 p는 3개의 각 사변형 A, B, C를 그것의 밑변까지 연속적으로 압축하는 함수로 볼 수 있다. 이것을 이용하여 t에 있어서의 변형단계를 나타내는 연속변형함수 $H(s,\ t)$를 구하면

$$H(s,\ t)=\begin{cases} f(4s/(t+1)), & s\in[0,\ (t+1)/4] \\ g(4s-t-1), & s\in[(t+1)/4,\ (t+2)/4] \\ h((4s-t-2)/(2-t)), & s\in[(t+2)/4,\ 1] \end{cases}$$

을 얻는다. 이때 $(4s)/(t+1)$, $4s-t-1$, $(4s-t-2)/(2-t)$은 각 f, g, h의 정의역 $[0,\ 1]$내에 있어야 함을 유의하여야 한다. 그러므로 $(f*g)*h\simeq_p f*(g*h)$이 되어 $([f][g])[h]=[f]([g][h])$이 성립한다.

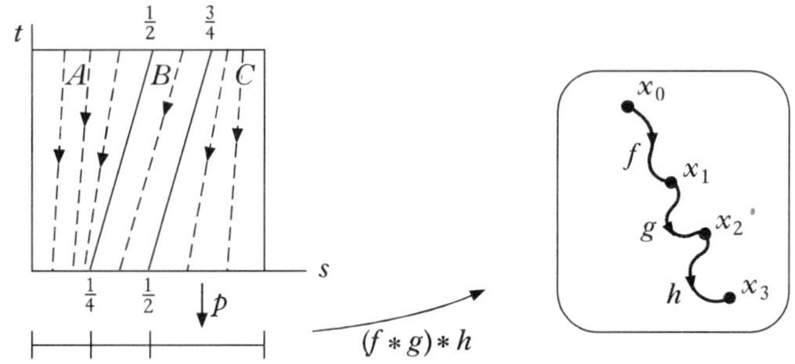

[그림 13]

2. 먼저 $f\simeq_p f*\widehat{x_1}$을 보인다. $f*\widehat{x_1}$은 s가 0으로부터 1/2까지 움직일 때는 f의 궤적을, 1/2으로부터 1까지 움직일 때는 $\widehat{x_1}$의 궤적을 따라야 하기 때문에 [그림 14]와 같이 단위 정사각형 I^2에서 I위로의 연속함수 p를 생각할 수 있다. 이 함수 p는 사변형 A를 그것의 밑변까지, 삼각형 B를 아래 꼭지

점까지 연속적으로 압축하는 함수로 볼 수 있다. 이것을 이용하여 t에 있어서의 변형단계를 나타내는 연속변형함수 $G(s,\ t)$를 구하면

$$G(s,\ t)=\begin{cases} f((2s)/(2-t)), & s\in[0,\ (2-t)/2] \\ x_1, & s\in[(2-t)/2,\ 1] \end{cases}$$

이 된다. 비슷한 방법으로 $\widehat{x_0}*f\simeq_p f$을 보일 수 있다. 그러므로

$$[f][\widehat{x_1}]=[f],\ [\widehat{x_0}][f]=[f]$$

이 성립한다.

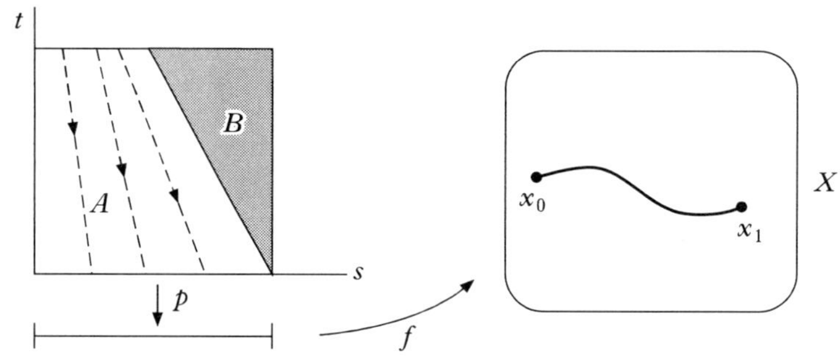

[그림 14]

3. 먼저 $f*\overline{f}\simeq_p\widehat{x_0}$을 보인다. $f*\overline{f}$는 x_0로부터 x_1까지 이동한 후 다시 같은 궤적을 따라 x_0로 돌아오는 길이다. 매개변수 t에 대하여 α_t는 x_0로부터 $f(t)$까지 f의 궤적을 따라 이동하는 길이라고 하면 구하고자 하는 연속변형함수는 단순히 길 $\alpha_t*\overline{\alpha_t}$로 나타내어진다. 시작점과 끝점이 고정된 점 x_0라는 것을 유의하여야 한다. 그림을 참조하여 임의의 $(s,\ t)\in I\times I$에 대하여

$$H(s,\ t)=\begin{cases} f(2ts), & 0\le s\le \frac{1}{2} \\ f(2t(1-s)), & \frac{1}{2}\le s\le 1 \end{cases}$$

이라 정의하면, H는 잘 정의되며 정리 3.4에 의하여 H는 연속함수이다. 또한

$$H(s,\ 1)=f*\overline{f},\qquad H(s,\ 0)=f(0)=x_0,$$
$$H(s,\ t)=\alpha_t*\overline{\alpha_t},\qquad H(1/2,\ t)=f(t)$$

이므로 H가 $\hat{x_0}$로부터 $f*\overline{f}$로의 길 연속변형함수이다. 또한 $\overline{f}*\overline{\overline{f}} \simeq_p \hat{x_1}$이고 $\overline{\overline{f}}=f$이므로 $\overline{f}*f \simeq_p \hat{x_1}$이다. 그러므로 $[f][\overline{f}]=[\hat{x_0}]$, $[\overline{f}][f]=[\hat{x_1}]$이 성립한다.

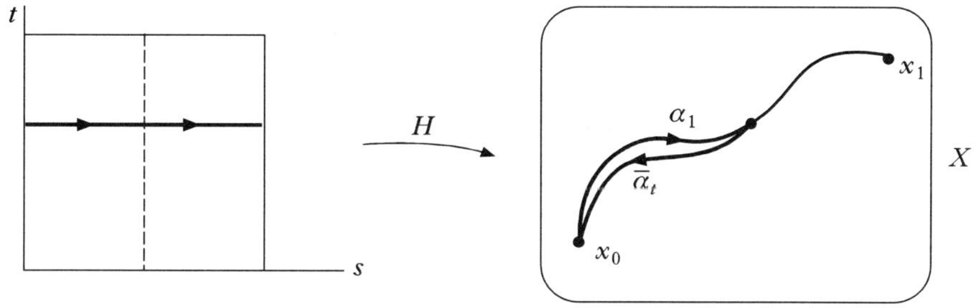

[그림 15]

■

정리 8.24에 의하여 만약 시작점과 끝점이 동일하면, 즉 $x_0=x_1$이면 호모토피류들의 집합은 위 연산에 관하여 군(群, group)을 이룸을 알 수 있다.

---[정의 8.14]---

두 위상공간 X에 대하여 $x_0 \in X$라 하자. x_0가 시작점과 끝점인 길을 x_0를 밑점(base point)으로 갖는 닫힌 길(loop, closed path)이라 한다. x_0를 밑점으로 갖는 닫힌 길들의 호모토피류들로 이루어진 집합은 위 연산에 관하여 군을 이룬다. 이 군을 밑점 x_0에 관한 X의 기본군(基本群, fundamental group)이라 하며 $\pi_1(X, x_0)$로 나타낸다.

---[정의 8.15]---

위상공간 X가 단일연결공간(simply connected space)이라 하는 것은 X가 길로 연결된 공간이고 $\pi_1(X, x_0)$가 어떤 $x_0 \in X$에 대하여 항등원만으로 이루어진 자명한 군(trivial group)일 경우를 의미한다.

$\pi_1(X, x_0)$가 자명한 군일 경우를 흔히 $\pi_1(X, x_0)=0$로 나타낸다.

[보기 4] $\pi_1(\mathbb{R}^n, x_0)$은 단일연결공간이다. $\mathbb{R}^n$이 길로 연결된 공간인 것은 분명하기 때문에 $\pi_1(\mathbb{R}^n, x_0)=0$가 되는 것만 보인다. 만약 f가 x_0를 밑점으로 갖는 닫힌 길이면 $F(s, t)=tx_0+(1-t)f(s)$는 f로부터 $\hat{x_0}$로의 길 연속변형함수가 된다. 따라서 $\pi_1(\mathbb{R}^n, x_0)=\{[\hat{x_0}]\}$이다.

[보기 5] 평면 $\mathbb{R}^2$의 열린 원판은 단일연결공간이지만 [그림 16]의 고리는 단일연결공간이 아니다.

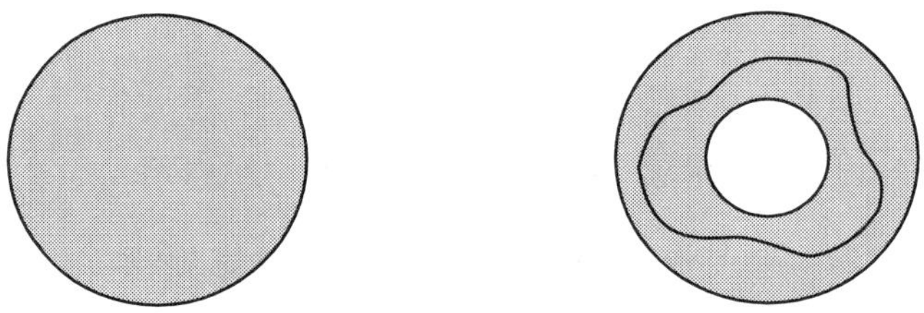

[그림 16]

α를 x_0로부터 x_1으로의 X내의 길이라 하고 f를 x_0를 밑점으로 갖는 닫힌 길이라 할 때 $\theta_\alpha : \pi_1(X, x_0) \to \pi_1(X, x_1)$을 $\theta_\alpha([f])=[\overline{\alpha}][f][\alpha]$으로 정의하면 f가 x_0를 밑점으로 갖는 닫힌 길이므로 $\overline{\alpha}*(f*\alpha)$는 x_1을 밑점으로 갖는 닫힌 길이 된다. 따라서 θ_α는 잘 정의된 사상이 된다.

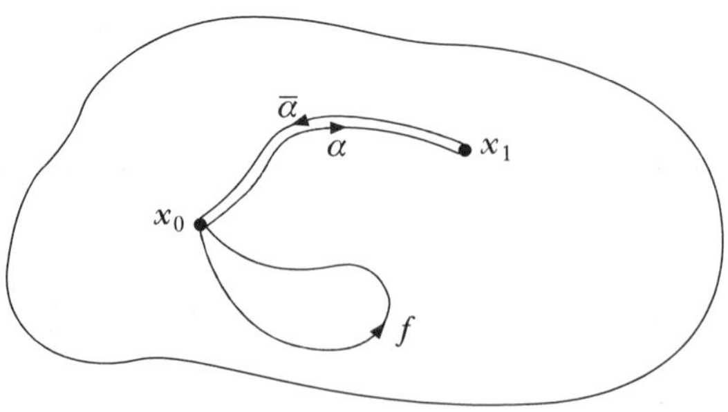

[그림 17]

【정리 8.25】

위에서 정의된 사상 θ_α는 군 동형사상(group isomorphism)이다.

증명

$$\begin{aligned}\theta_\alpha([f])\theta_\alpha([g]) &= ([\overline{\alpha}][f][\alpha])([\overline{\alpha}][g][\alpha]) \\ &= [\overline{\alpha}][f][g][\alpha] \\ &= \theta_\alpha([f][g])\end{aligned}$$

이 성립하므로 θ_α는 군 준동형사상(group homomorphism)이다. 한편 $\beta = \alpha$라고 하면 임의의 $[h] \in \pi_1(X, x_1)$에 대하여

$$\begin{aligned}&\theta_\beta([h]) = [\overline{\beta}][h][\beta] = [\alpha][h][\overline{\alpha}], \\ &\theta_\alpha(\theta_\beta([h])) = [\overline{\alpha}]([\alpha][h][\overline{\alpha}])[\alpha] = [h]\end{aligned}$$

이 된다. 또한 같은 방법으로 임의의 $[f] \in \pi_1(X, x_0)$에 대하여

$$\theta_\beta(\theta_\alpha([f])) = [f]$$

를 얻을 수 있다. 그러므로 $\theta_\alpha \circ \theta_\beta$와 $\theta_\beta \circ \theta_\alpha$는 각각 $\pi_1(X, x_1)$과 $\pi_1(X, x_0)$ 위의 항등사상이 된다. 따라서 θ_α와 θ_β는 일대일 대응 사상이 되어 θ_α와 θ_β는 군 동형사상이다. ∎

다음 정리는 길로 연결된 성분의 정의와 정리 8.25에 의하여 분명하다.

【정리 8.26】

x_0와 x_1이 위상공간 X내의 같은 길로 연결된 성분에 속하는 임의의 두 점이면 $\pi_1(X, x_0)$와 $\pi_1(X, x_1)$은 동형(isomorphic)이다.

서로 다른 길로 연결된 성분에 속하는 점들을 밑점으로 하는 두 기본군은 비교를 할 수 없으며, C가 X의 길로 연결된 성분이고 $x_0 \in C$이면 $\pi_1(C, x_0) = \pi_1(X, x_0)$이므로 기본군을 생각하는 경우에는 길로 연결된 공간만을 다루는 것이 보통이다.

α를 x_0로부터 x_1으로의 X내의 길이라 하면 α에 대응하는 동형사상 θ_α가 얻어진다는 것을 알았다. 만약 β가 x_0로부터 x_1으로의 X내의 다른 길이라 하면 동형사상 θ_α와 θ_β 사이에는 어떤 관계가 있는지를 알아보자.

임의의 $[f]\in\pi_1(X,\ x_0)$에 대하여

$$\begin{aligned}\theta_\alpha([f]) = [\overline{\alpha}]\,[f]\,[\alpha] &= [\overline{\beta}]\,[\beta]\,[\overline{\alpha}]\,[f]\,[\alpha]\,[\overline{\beta}]\,[\beta]\\ &= [\overline{\beta}]\,[\beta*\overline{\alpha}]\,[f]\,[\alpha*\overline{\beta}]\,[\beta]\end{aligned}$$

가 되고, $[\beta*\overline{\alpha}]\in\pi_1(X,\ x_0)$이고 $[\beta*\overline{\alpha}]^{-1} = [\overline{\beta*\overline{\alpha}}] = [\alpha*\overline{\beta}]$이므로

$$\theta_\alpha([f])=\theta_\beta\left([\beta*\overline{\alpha}]\,[f]\,[\beta*\overline{\alpha}]^{-1}\right)$$

이 된다. 그런데 $[f]\longmapsto[\beta*\overline{\alpha}]\,[f]\,[\beta*\overline{\alpha}]^{-1}$은 $\pi_1(X,\ x_0)$위의 내부자기동형사상(inner automorphism)이므로 두 동형사상 θ_α와 θ_β는 내부자기동형이라는 인자를 무시하면 같은 것이 된다.

X와 Y를 위상공간이라 하고, $h: X \to Y$는 점 $x_0\in X$를 점 y_0로 대응시키는 연속함수라 할 때 이 함수를 $h:(X,\ x_0) \to (Y,\ y_0)$로 나타낸다. 만약 f가 x_0를 밑점으로 갖는 X내의 닫힌 길이면 $h\circ f: I \to Y$는 y_0을 밑점으로 갖는 Y내의 닫힌 길이 된다.

[정의 8.16]

연속함수 $h:(X,\ x_0) \to (Y,\ y_0)$에 대하여 $h_*([f])= [h\circ f]$로 정의된 함수

$$h_*: \pi_1(X,\ x_0) \to \pi_1(Y,\ y_0)$$

는 아래와 같은 이유에 의하여 준동형사상이 됨을 알 수 있다. 이 함수를 h에 의하여 유도된 준동형사상(homomorphism induced by h)이라 한다.

$h_*: \pi_1(X,\ x_0) \to \pi_1(Y,\ y_0)$가 잘 정의되는 것은 쉽게 알 수 있다. 만약 $f \simeq_p f'$

이고, 이들 사이의 연속변형함수를 $\Phi : I\times I \to X$라 하면 $h\circ\Phi$는 $h\circ f$와 $h\circ f'$ 사이의 연속변형함수이다. 한편,

$$h((f*g)(s)) = \begin{cases} h(f(2s)), & s\in\left[0,\ \dfrac{1}{2}\right] \\ h(g(2s-1)), & s\in\left[\dfrac{1}{2},\ 1\right] \end{cases}$$

이므로 $h\circ(f*g)=(h\circ f)*(h\circ g)$이 되어 $h_*([f][g])=h_*([f])h_*([g])$이 된다. 따라서 h_*는 준동형사상이다.

유도된 준동형사상은 다음 정리로 주어지는 두 가지 중요한 성질을 갖는다.

【정리 8.27】

만약 $h : (X,\ x_0) \to (Y,\ y_0)$이고 $k : (Y,\ y_0) \to (Z,\ z_0)$이면 $(k\circ h)_* = k_*\circ h_*$이다. 또한 $i : (X,\ x_0) \to (X,\ x_0)$가 항등사상이면 i_*도 항등사상이다.

증명 임의의 $[f]\in\pi_1(X,\ x_0)$에 대하여

$$(k\circ h)_*([f]) = [(k\circ h)\circ f],$$
$$(k_*\circ h_*)([f]) = k_*(h_*([f])) = k_*([h\circ f]) = [k\circ(h\circ f)]$$

이 성립한다. 또한

$$i_*([f]) = [i\circ f] = [f]$$

이다. ∎

【정리 8.28】

만약 $h : (X,\ x_0) \to (Y,\ y_0)$가 위상동형사상이면 $h_* : \pi_1(X,\ x_0) \to \pi_1(Y,\ y_0)$는 군 동형사상이다.

증명 i와 j를 각각 (X, x_0)와 (Y, y_0)의 항등사상이라 하고, $k : (Y, y_0) \to (X, x_0)$를 h의 역함수라 하자. 그러면

$$k_* \circ h_* = (k \circ h)_* = i_*,$$
$$h_* \circ k_* = (h \circ k)_* = j_*$$

이 된다. i_*와 j_*는 각각 $\pi_1(X, x_0)$와 $\pi_1(Y, y_0)$의 항등사상이므로 k_*은 h_*의 역함수이다. ▮

연습문제 8.3

1. $X=\mathbb{R}^2-\{0\}$일 때 $[0, 1]$에서 정의된 X내의 길

$$f(s)=(\cos \pi s,\ \sin \pi s)$$
$$g(s)=(\cos \pi s,\ 2\sin \pi s)$$
$$h(s)=(\cos \pi s,\ -\sin \pi s)$$

에 대하여 f는 g에 연속변형되지만 f로부터 h로의 연속변형함수는 존재하지 않음을 보여라.

2. 길 f에 대하여 함수 $\alpha : I \to I$가 연속이고, $\alpha(0)=0$, $\alpha(1)=1$이면 $f \simeq_p f \circ \alpha$임을 증명하여라.

3. 동일한 시작점 x_0와 동일한 끝점 x_1을 갖는 단일연결공간내의 두 길 f와 g는 길 연속변형임을 증명하여라.

4. f와 g가 위상공간 X내의 두 길이고, $f(1)=g(0)$일 때 $\overline{f * g} = \bar{g} * \bar{f}$임을 보여라.

참고문헌

C. W. Baker, Introduction to Topology, WCB, 1991.

F. H. Croom, Principles of Topology, Saunders, 1989.

S. W. Davis, Topology, McGraw-Hill, 2005.

J. Dugundji, Topology, Allyn and Bacon, Boston, 1966.

S. Lipschutz, General Topology, Schaum's outline series, McGraw-Hill, 1965.

J. R. Munkres, Topology, A First Course, Prentice-Hall, 1975.

C. W. Patty, Foundation of Topology, ITP, 1996.

禹茂夏, 位相數學, 第 2版, 二友出版社, 1989.

윤병호 · 신동선 · 조용승 · 이향숙, 位相數學, 修訂增補版, 先進文化社, 1999.

부 록

칸토르(Cantor) 집합
그리스 문자

칸토르(Cantor) 집합

단위 닫힌 구간 $I=[0,\ 1]$을 3등분한 다음에 가운데 열린 구간 $\left(\frac{1}{3},\ \frac{2}{3}\right)$를 제거한 나머지를 T_1이라 하자. 즉

$$T_1=\left[0,\ \frac{1}{3}\right]\cup\left[\frac{2}{3},\ 1\right]$$

이다. T_1의 두 선분을 각각 3등분한 다음에 가운데 열린 구간 $\left(\frac{1}{9},\ \frac{2}{9}\right)$, $\left(\frac{7}{9},\ \frac{8}{9}\right)$을 제거한 나머지를 T_2이라 하자. 즉

$$T_2=\left[0,\ \frac{1}{9}\right]\cup\left[\frac{2}{9},\ \frac{1}{9}\right]\cup\left[\frac{2}{3},\ \frac{7}{9}\right]\cup\left[\frac{8}{9},\ 1\right]$$

이다. 이 방법을 계속하면 감소하는 집합 열

$$T_1\supset T_2\supset T_3\supset\cdots$$

을 얻는다.

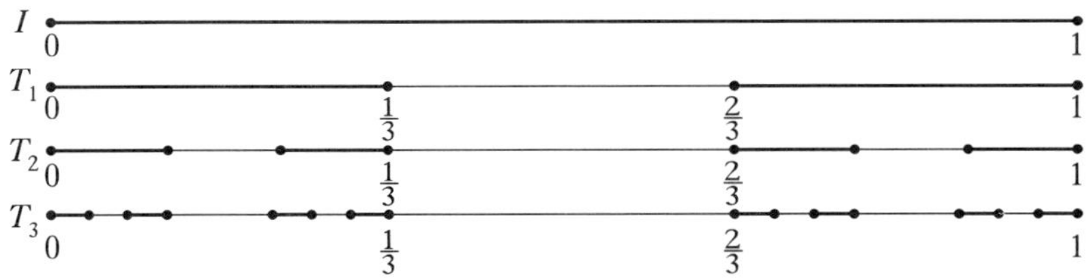

T_n은 2^n개의 서로 소인 닫힌 구간으로 구성됨을 알 수 있다.

[정의]

칸토르(Cantor) 집합은

$$T=\bigcap_{n=1}^{\infty}T_n$$

을 말한다. T는 보통위상공간 $\mathbb{R}$의 부분공간이다.

임의의 $n \in \mathbb{N}$에 대하여 $A_n = \{0,\ 2\}$라 하고, 함수 $f : T \to \prod_{n=1}^{\infty} A_n$을

$$f(x) = \langle a_1,\ a_2,\ \cdots \rangle$$

으로 정의한다. 여기서 임의의 $n \in \mathbb{N}$에 대하여 $x \in T_n$이므로

$$a_n = \begin{cases} 0, & x\text{가 } T_n\text{의 홀수번째 구간에 속할 때} \\ 2, & x\text{가 } T_n\text{의 짝수번째 구간에 속할 때} \end{cases}$$

으로 나타낸다.

이 때, 점열 $\langle a_1,\ a_2,\ \cdots \rangle$은 기저를 3으로 표기하는 x의 소수전개

$$a_1\left(\frac{1}{3}\right) + a_2\left(\frac{1}{9}\right) + a_3\left(\frac{1}{27}\right) + \cdots + a_n\left(\frac{1}{3^n}\right) + \cdots$$

을 의미한다.

칸토르 집합의 성질

(1) T는 각 T_n에서 제거된 열린 구간의 끝점들

$$\frac{1}{3},\ \frac{2}{3},\ \frac{1}{9},\ \frac{2}{9},\ \frac{7}{9},\ \frac{8}{9},\ \frac{1}{27},\ \frac{2}{27},\ \frac{7}{27},\ \frac{8}{27},\ \frac{19}{27},\ \cdots$$

뿐만 아니라 $\langle 0,\ 2,\ 0,\ 2,\ 0,\ 2,\ \cdots \rangle$에 대응되는 점

$$\frac{2}{9} + \frac{2}{81} + \cdots = \sum_{n=1}^{\infty} \frac{2}{3^{2n}} = 4$$

도 포함하는 셀 수 없는 집합이다. 왜냐하면 $a_i = 0$ 또는 2라고 할 때 T는 점열 $\langle a_1,\ a_2,\ \cdots \rangle$들의 집합을 뜻하므로 T의 기수는 $2^{\aleph_0} = c$이기 때문이다.

(2) T_n은 2^n개의 닫힌 구간의 합집합이므로 닫힌 집합이고, $T=\bigcap_{n=1}^{\infty} T_n$이므로 T는 $\mathbb{R}$의 닫힌 부분집합이다. 또한 T는 $\mathbb{R}$의 유계 부분집합이므로 T는 $\mathbb{R}$의 컴팩트 부분집합이다.

(3) $h(\langle a_1, a_2, \cdots \rangle) = a_1\left(\frac{1}{3}\right)+a_2\left(\frac{1}{9}\right)+a_3\left(\frac{1}{27}\right)+\cdots+a_n\left(\frac{1}{3^n}\right)+\cdots$로 정의된 함수 $h:\prod_{n=1}^{\infty} A_n \to T$는 위상동형사상이다.

증명 (i) 함수 h가 일대일 대응인 것은 분명하다.

(ii) $p=\langle a_1, a_2, \cdots \rangle \in \prod_{n=1}^{\infty} A_n$이고 $\varepsilon>0$이라 하자. p을 포함하는 $\prod_{n=1}^{\infty} A_n$의 열린 부분집합 B가 존재하여 $x\in B$이면 $|f(x)-f(p)|<\varepsilon$임을 보이면 된다. $\sum_{n=1}^{\infty}\left(\frac{2}{3}\right)^n$은 수렴하므로 $n_0\in\mathbb{N}$가 존재하여 $\sum_{n=n_0+1}^{\infty}\left(\frac{2}{3}\right)^n<\varepsilon$이다.

$$B=\{a_1\}\times\{a_2\}\times\cdots\times\{a_{n_0}\}\times A_{n_0+1}\times A_{n_0+2}\times\cdots$$

이라 하면, $p\in B$이고 B는 $\prod_{n=1}^{\infty} A_n$의 기본 열린 집합이다. 그리고 임의의 $x=\langle a_1, a_2, \cdots, a_{n_0}, b_{n_0+1}, b_{n_0+2}, \cdots \rangle \in B$에 대하여

$$|h(x)-h(p)|=\left|\sum_{n=n_0+1}^{\infty}(b_n-a_n)\left(\frac{1}{3}\right)^n\right|\le\sum_{n=n_0+1}^{\infty}\left(\frac{2}{3}\right)^n<\varepsilon$$

이 되어 함수 h는 연속이다.

(iii) 부분공간 $A_n=\{0, 2\}$은 이산위상을 갖고, A_n이 유한집합이므로 A_n은 컴팩트 공간이다. 따라서 Tychonoff 정리에 의하여 $\prod_{n=1}^{\infty} A_n$도 컴팩트 공간이다. 그런데 거리공간 T는 T_2-공간이므로 $h:\prod_{n=1}^{\infty} A_n \to T$는 위상동형사상이 된다. ■

(4) T는 측도(measure)가 0인 집합이다. 왜냐하면 I에 관한 T^c의 측도는 3등분한 다음에 가운데 제거한 열린 구간들의 합집합의 측도와 같으므로

$$\frac{1}{3}+\frac{2}{9}+\frac{4}{27}+\frac{8}{81}+\cdots=1$$

이 된다. 그런데 I의 측도는 1이므로 T의 측도는 0이다.

(5) 모든 $p \in T$는 T의 집적점이다. 왜냐하면 임의의 $n \in \mathbb{N}$에 대하여 $p \in T_n$이고, T_n은 무한인 닫힌 집합이기 때문이다.

(6) T는 어떤 구간도 포함하지 않으므로 T의 모든 성분은 한원소집합이다.

그리스 문자

대 문 자	소 문 자	명 칭
A	α	alpha
B	β	beta
Γ	γ	gamma
Δ	δ	delta
E	$\varepsilon(\varepsilon)$	epsilon
Z	ζ	zeta
H	η	eta
Θ	$\theta(\vartheta)$	theta
I	ι	iota
K	κ	kappa
Λ	λ	lambda
M	μ	mu
N	ν	nu
Ξ	ξ	xi
O	o	omicron
Π	π	pi
P	$\rho(\varrho)$	rho
Σ	$\sigma(\varsigma)$	sigma
T	τ	tau
Y	υ	upsilon
Φ	$\phi(\varphi)$	phi
X	χ	chi
Ψ	ψ	psi
Ω	ω	omega

연습문제 풀이

[제 1 장]

연습문제 1.2

1. $(A\cap B)-(A\cap C)=(A\cap B)\cap(A\cap C)^c$
$=(A\cap B)\cap(A^c\cup C^c)$
$=(A\cap B\cap A^c)\cup(A\cap B\cap C^c)$
$=\varnothing\cup(A\cap B\cap C^c)$
$=A\cap(B\cap C^c)$
$=A\cap(B-C)$

2. (1) $(A-A)\cup(A-A)=\varnothing\cup\varnothing=\varnothing$, $(A-\varnothing)\cup(\varnothing-A)=A\cup\varnothing=A$
(2) $A\triangle B=(A-B)\cup(B-A)=(B-A)\cup(A-B)=B\triangle A$
(3) $(A\triangle B)\triangle A=((A\triangle B)-A)\cup(A-(A\triangle B))=(B-A)\cup(A\cap B)=B$,
$(A\triangle B)\triangle B=((A\triangle B)-B)\cup(B-(A\triangle B))=(A-B)\cup(A\cap B)=A$
(4) $A\triangle U=\varnothing\cup(U-A)=A^c$, $A\triangle A^c=(A-A^c)\cup(A^c-A)=A\cup A^c=U$

3. (1) $(x, y)\in(A\times B)\cap(C\times D)\ \Leftrightarrow\ [(x, y)\in A\times B]\wedge[(x, y)\in C\times D]$
$\Leftrightarrow (x\in A\wedge y\in B)\wedge(x\in C\wedge y\in D)$
$\Leftrightarrow (x\in A\wedge x\in C)\wedge(y\in B\wedge y\in D)$
$\Leftrightarrow (x\in A\cap C)\wedge(y\in B\cap D)$
$\Leftrightarrow (x, y)\in(A\cap C)\times(B\cap D)$
(2) $A\subset A\cup C$, $B\subset B\cup D$이고 $C\subset A\cup C$, $D\subset B\cup D$이므로 $(A\times B)\cup(C\times D)\subset(A\cup C)\times(B\cup D)$이다. 그러나 $A=[1, 3]$, $B=[6, 8]$, $C=[2, 4]$, $D=[5, 7]$이라고 하면 $(A\times B)\cup(C\times D)\neq(A\cup C)\times(B\cup D)=[1, 4]\times[5, 8]$이다.

4. (1) $ab=ba$이므로 $(a, b)\sim(a, b)$이다. 따라서 관계 $\sim$은 반사적이다.
(2) $(a, b)\sim(c, d)$이면 $ad=bc\Leftrightarrow cb=da$이므로 $(c, d)\sim(a, b)$이다. 따라서 관계 $\sim$은 대칭적이다.
(3) $((a, b)\sim(c, d))\wedge((c, d)\sim(e, f))$이면 $ad=bc\wedge cf=de$이다. $f\neq0$이므로 $c=\dfrac{de}{f}$을 $ad=bc$에 대입하면 $adf=bde$을 얻는다. $d\neq0$이므로 $af=be$이 되어 $(a, b)\sim(e, f)$이다. 따라서 관계 $\sim$은 추이적이다.

5. (1) $\{a, b\}\cap\{c\}=\varnothing$, $\{a, b\}\cap\{d, e\}=\varnothing$, $\{c\}\cap\{d, e\}=\varnothing$,

$\{a, b\} \cup \{c\} \cup \{d, e\} = X$

(2) $\{(a, a), (b, b), (c, c), (d, d), (e, e), (a, b), (b, a), (d, e), (e, d)\}$

(3) $a/\mathscr{E} = \{a, b\} = b/\mathscr{E}$, $c/\mathscr{E} = \{c\}$, $d/\mathscr{E} = \{d, e\} = e/\mathscr{E}$

6. $(x, y) \in X/(X/\mathscr{E}) \Leftrightarrow \exists A \in X/\mathscr{E}, (x, y) \in A \times A$
$\Leftrightarrow \exists a \in X, (x, y) \in (a/\mathscr{E}) \times (a/\mathscr{E})$
$\Leftrightarrow x \in a/\mathscr{E} \wedge y \in a/\mathscr{E}$
$\Leftrightarrow (x, a) \in \mathscr{E} \wedge (y, a) \in \mathscr{E}$
$\Leftrightarrow (a, x) \in \mathscr{E} \wedge (a, y) \in \mathscr{E}$
$\Leftrightarrow \exists a \in x/\mathscr{E} \cap y/\mathscr{E} \neq \varnothing$
$\Leftrightarrow (x, y) \in \mathscr{E}$

7. (1) ($\Leftarrow$) 임의의 $x \in A$에 대하여 $f(x) \in f(A)$이므로 $x \in f^{-1}(f(A))$이다. 따라서 $A \subset f^{-1}(f(A))$이다.

($\Rightarrow$) 임의의 $x \in f^{-1}(f(A))$에 대하여 $f(x) \in f(A)$이므로 적당한 $x' \in A$가 존재하여 $f(x) = f(x')$가 된다. f는 단사이므로 $x = x'$이 되어 $x \in A$이다. 따라서 $f^{-1}(f(A)) \subset A$이다.

(2) ($\Rightarrow$) 임의의 $y \in f(f^{-1}(B))$에 대하여 적당한 $x \in f^{-1}(B)$가 존재하여 $y = f(x)$가 된다. 따라서 $y = f(x) \in B$이다.

($\Leftarrow$) 임의의 $y \in B$에 대하여 f는 전사이므로 적당한 $x \in X$가 존재하여 $y = f(x)$가 된다. 그런데 $f(x) \in B$이므로 $x \in f^{-1}(B)$이 된다. 따라서 $y = f(x) \in f(f^{-1}(B))$이다.

8. $(f^{-1} \circ g^{-1}) \circ (g \circ f) = 1_X$이고, $(g \circ f) \circ (f^{-1} \circ g^{-1}) = 1_Z$이므로 $(g \circ f)^{-1} = f^{-1} \circ g^{-1}$이다.

9. 양의 정수의 집합을 $\mathbb{Z}^+$, 음의 정수의 집합을 $\mathbb{Z}^-$라 하면 $\mathbb{Z}^+ \sim \mathbb{Z}^-$이므로 $\mathbb{Z}^-$는 번호 붙일 수 있는 집합이다. 그런데 $\mathbb{Z} = \mathbb{Z}^+ \cup \mathbb{Z}^- \cup \{0\}$이므로 $\mathbb{Z}$는 번호 붙일 수 있는 집합이다.

10. 유리수의 집합 $\mathbb{Q}$는 번호 붙일 수 있는 집합이고 $\mathbb{R} = \mathbb{Q} \cup (\mathbb{R} - \mathbb{Q})$이므로 만약 $\mathbb{R} - \mathbb{Q}$가 번호 붙일 수 있는 집합이면 $\mathbb{R}$이 번호 붙일 수 있는 집합이 되어 모순이다. 따라서 무리수의 집합 $\mathbb{R} - \mathbb{Q}$는 번호 붙일 수 없는 집합이다.

11. $[0, 1] = \{0, 1, 1/2, 1/3, \cdots\} \cup A$, $(0, 1) = \{1/2, 1/3, 1/4, 1/5, \cdots\} \cup A$, 여기서 $A = [0, 1] - \{0, 1, 1/2, 1/3, \cdots\} = (0, 1) - \{1/2, 1/2, 1/3, 1/4, \cdots\}$이다. 함

수 $f:[0,\ 1]\to(0,\ 1)$을

$$f(x)=\begin{cases}1/2, & x=0\\ 1/(n+2), & x=1/n,\ n\in\mathbb{N}\\ x, & x\neq 0,\ 1/n,\ n\in\mathbb{N}\end{cases}$$

으로 정의하면 f는 일대일 대응이다. 따라서 $[0,1]\sim(0,\ 1)$이다.

연습문제 1.3

1. (2) $\mathbb{R}-\{1,\ 2\}=(-\infty,\ 1)\cup(1,\ 2)\cup(2,\ +\infty)$

   (3) $\{x\in\mathbb{R}\mid x^2>9\}=\{x\in\mathbb{R}\mid x<-3\}\cup\{x\in\mathbb{R}\mid x>3\}=(-\infty,\ -3)\cup(3,\ +\infty)$

   (4) $\mathbb{R}-[0,\ 1]=(-\infty,\ 0)\cup(1,\ +\infty)$

2. $f^{-1}((0,\ 3))=[0,\ \infty]$이다. 그런데 $(0,\ 3)$은 열린 집합이고 $[0,\ \infty]$은 열린 집합이 아니므로 f는 연속함수가 아니다.

[제 2 장]

연습문제 2.1

1. (1)은 $\mathbb{R}$위의 위상이지만 (2)는 $\mathbb{R}$위의 위상이 아니다. 왜냐하면 $(-\infty,\ 1)\cup(0,\ +\infty)\notin\{\mathbb{R},\ \varnothing,\ (-\infty,\ 1),\ (0,\ +\infty)\}$이기 때문이다.

2. (1) $X\in\mathscr{T},\ x\notin\varnothing\Rightarrow\varnothing\in\mathscr{T}$

   (2) 임의의 $\alpha\in\Lambda$에 대하여 $U_\alpha\in\mathscr{T}$라고 하자. 만약 모든 $\alpha\in\Lambda$에 대하여 $x\notin U_\alpha$이면 $x\notin\bigcup_{\alpha\in\Lambda}U_\alpha$이다. 만약 적당한 $\beta\in\Lambda$가 있어서 $x\in U_\beta$이면 $U_\beta=X$이다. 따라서 모든 경우에 대하여 $\bigcup_{\alpha\in\Lambda}U_\alpha\in\mathscr{T}$이다.

   (3) $U,\ V\in\mathscr{T}$라 하고 $U,\ V$중 적어도 어느 하나가 x를 포함하지 않는다고 하면 $x\notin U\cap V$이 된다. 만약 $U,\ V$가 모두 x를 포함한다면 $U=X=V$이므로 $U\cap V=X$이다. 따라서 $U\cap V\in\mathscr{T}$이다.

3. $\mathscr{T}_f=\mathscr{D}$이기 위한 필요충분조건은 임의의 $G\subset X$가 $\mathscr{T}_f$-열린 집합이면서 동시에 $\mathscr{T}_f$-닫힌 집합인 것이다. 이것은 G^c와 G가 유한집합인 것을 의미한다. 따라서 $G\cup G^c=X$

가 유한집합인 경우이다.

4. (1) $A\cap B=\varnothing$인 경우, $\mathscr{T}=\{X,\varnothing, A, B\}$가 X위의 위상이기 위해서는 $A\cup B=X$가 되어야 한다. 따라서 $\{A, B\}$는 X의 분할이다.
   (2) $A\cap B\neq\varnothing$인 경우, $\mathscr{T}=\{X,\varnothing, A, B\}$가 X위의 위상이기 위해서는 $A\cap B=A$이거나 $A\cap B=B$가 되어야 한다. 따라서 $A\subset B$이거나 $B\subset A$이 되어야 한다. 이것은 $\varnothing\subset A\subset B\subset X$이거나 $\varnothing\subset B\subset A\subset X$을 의미한다. 그러므로 $(\mathscr{T}, \subset)$는 완전순서 집합이다.

5. (1) $0\not\in\varnothing$이므로 $\varnothing\subset\mathscr{T}$이다. $0\in X$이고 $X^c-\varnothing$은 셀 수 있는 집합이므로 $X\in\mathscr{T}$이다.
   (2) 임의의 $\alpha\in\Lambda$에 대하여 $G_\alpha\in\mathscr{T}$라고 하자. 만약 모든 $\alpha\in\Lambda$에 대하여 $0\not\in G_\alpha$이면 $0\not\in\bigcup_{\alpha\in\Lambda}G_\alpha$이다. 만약 적당한 $\beta\in\Lambda$가 있어서 $0\in G_\beta$이면 G_β^c는 셀 수 있는 집합이고 $0\in\bigcup_{\alpha\in\Lambda}G_\alpha$이다. 그런데 $(\bigcup_{\alpha\in\Lambda}G_\alpha)^c=\bigcap_{\alpha\in\Lambda}G_\alpha^c\subset G_\beta^c$이므로 $(\bigcup_{\alpha\in\Lambda}G_\alpha)^c$은 셀 수 있는 집합이다. 따라서 모든 경우에 대하여 $\bigcup_{\alpha\in\Lambda}G_\alpha\in\mathscr{T}$이다.
   (3) $U, V\in\mathscr{T}$라 하고 U, V중 적어도 어느 하나가 0을 포함하지 않는다고 하면 $0\not\in U\cap V$이 된다. 만약 U, V가 모두 0을 포함한다면 U^c, V^c는 모두 셀 수 있는 집합이고 $0\in U\cap V$이다. 그런데 $(U\cap V)^c=U^c\cup V^c$이므로 $(U\cap V)^c$는 셀 수 있는 집합이다. 따라서 $U\cap V\in\mathscr{T}$이다.

연습문제 2.2

1. 임의의 $x\in\mathbb{R}$에 대하여 한원소집합 $\{x\}$는 $\{x\}=\mathbb{R}-((-\infty, x)\cup(x, +\infty))$이므로 닫힌 집합이다. 유한집합은 한원소집합인 닫힌 집합의 유한개의 합집합이므로 닫힌 집합이다.

2. $A-B=A\cap B^c$이고 B^c는 닫힌 집합이므로 $A-B$는 닫힌 집합이고, $B-A=B\cap A^c$이고 A^c는 열린 집합이므로 $B-A$는 열린 집합이다.

3. 임의의 $x\in X$에 대하여 한원소집합 $\{x\}$는 x의 열린 집합이고
$$(\{x\}\cap A)-\{x\}=\varnothing$$
이므로 x는 A의 집적점이 아니다. 따라서 $A'=\varnothing$이다.

4. 임의의 $x \in X$에 대하여 x의 근방은 X 자신뿐이고

$$(X \cap A) - \{x\} = A \cap \{x\}^c = A - \{x\}$$

이다. 따라서

$$A' = \begin{cases} \varnothing, & A = \varnothing \\ \{x\}^c, & A = \{x\} \\ X, & A\text{가 둘 이상의 점을 갖고 있을 경우} \end{cases}$$

이다.

5. (1) $A \subset B \Rightarrow A' \subset B'$이다. 따라서 $A' \subset (A \cup B)'$, $B' \subset (A \cup B)'$이므로 $A' \cup B' \subset (A \cup B)'$ 이다. 한편, $x \not\in A' \cup B'$이면 x의 적당한 열린 집합 U와 V가 있어서

$$A \cap (U - \{x\}) = \varnothing, \quad B \cap (V - \{x\}) = \varnothing$$

이 성립한다. 그러면 $U \cap V$는 x를 포함하는 열린 집합이고,

$$(A \cup B) \cap (U \cap V - \{x\}) = \varnothing$$

이 된다. 따라서 $x \not\in (A \cup B)'$이 되어 $(A \cup B)' \subset A' \cup B'$이다.

6. $A \subset B \Rightarrow A' \subset B'$이므로 $A \subset B \Rightarrow \overline{A} = A \cup A' \subset B \cup B' = \overline{B}$이다. 따라서 임의의 $\alpha \in \Lambda$에 대하여 $\overline{A_\alpha} \subset \overline{\bigcup_{\alpha \in \Lambda} A_\alpha}$이므로 $\bigcup_{\alpha \in \Lambda} \overline{A_\alpha} \subset \overline{\bigcup_{\alpha \in \Lambda} A_\alpha}$이 성립한다. 그러나 임의의 $n \in \mathbb{N}$에 대하여 $A_n = [0, 1-(1/n)]$이라 하면 A_n은 $\mathscr{U}$-닫힌 집합이다. 따라서

$$\bigcup_{n \in \mathbb{N}} \overline{A_n} = \bigcup_{n \in \mathbb{N}} A_n = [0, 1)$$

$$\overline{\bigcup_{n \in \mathbb{N}} A_n} = \overline{[0, 1)} = [0, 1]$$

이 되어 $\bigcup_{\alpha \in \Lambda} \overline{A_\alpha} \neq \overline{\bigcup_{\alpha \in \Lambda} A_\alpha}$이다.

연습문제 2.3

1. (1) $\varnothing$, X, $\{c\}$, $\{b\}$, $\{b, c\}$이 $\mathscr{T}$-닫힌 집합이므로 A를 포함하는 가장 작은 닫힌 집합은 $\overline{A} = X$이다.

(2) a를 포함하는 열린 집합 $\{a, b\}$에 대하여 $(\{a, b\} \cap A) - \{a\} = \varnothing$이므로 $a \not\in A'$ 이다. 그러나 b를 포함하는 열린 집합 X, $\{a, b\}$는

$$(X \cap A) - \{b\} = \{a, c\} \neq \varnothing, \ (\{a, b\} \cap A) - \{b\} = \{a\} \neq \varnothing$$

이므로 $b \in A'$이다. 마찬가지 방법으로 $c \in A'$이다. 따라서 $A' = \{b, c\}$이다.

(3) A에 포함되는 가장 큰 열린 집합은 $A^\circ = \{a, c\} = A$이다.

(4) $e(A)=(X-A)^\circ=\{b\}^\circ=\varnothing$

(5) $b(A)=(A^\circ \cup A^{c\circ})^c=(A\cup\varnothing)^c=A^c=\{b\}$ 이다.

2. (1) $x\in\overline{A}$이기 위한 필요충분조건은 $x\in U$인 임의의 열린 집합 U에 대하여 $U\cap A\neq\varnothing$이 성립하는 것이므로 $\overline{A}=A\cup\{0\}$ 이다.

   (2) $0\in U$인 임의의 열린 집합 U에 대하여 $(U\cap A)-\{0\}\neq\varnothing$ 이므로 $A'=\{0\}$ 이다. 위 (1)번 문제에서 $\overline{A}=A\cup A'=A\cup\{0\}$ 임을 알 수 있다.

   (3) $A^\circ=\varnothing$

   (4) $e(A)=A^{c\circ}=(-\infty,\ 0)\cup((0,\ \infty)-A)=\mathbb{R}-(A\cup\{0\})$

   (5) $b(A)=\mathbb{R}-(A^\circ\cup e(A))=A\cup\{0\}$

3. (1) $\varnothing$, X, $\{b\}$ 이 $\mathscr{P}$-닫힌 집합이므로 A를 포함하는 가장 작은 닫힌 집합은 $\overline{A}=X$ 이다.

   (2) a를 포함하는 열린 집합 $\{a\}$에 대하여 $(\{a\}\cap A)-\{a\}=\varnothing$ 이므로 $a\notin A'$이다. 그러나 b를 포함하는 열린 집합 X는 $(X\cap A)-\{b\}=\{a\}\neq\varnothing$ 이므로 $b\in A'$이다. 따라서 $A'=\{b\}$ 이다.

   (3) $A^\circ=A$

   (4) $e(A)=A^{c\circ}=\{b\}^\circ=\varnothing$

   (5) $b(A)=X-(A^\circ\cup e(A))=\{b\}$

4. $A^{-\circ}=((0,\ 1)\cup(1,\ 2))^{-\circ}=[0,\ 2]^\circ=(0,\ 2)$이므로 일반적으로 A가 열린 집합일 때 $A^{-\circ}=A$라는 것은 거짓 명제이다.

5. $A^{\circ-}=([1,\ 2]\cup\{3\})^{\circ-}=(1,\ 2)^-=[1,\ 2]$이므로 일반적으로 A가 열린 집합일 때 $A^{-\circ}=A$라는 것은 거짓 명제이다.

6. $X=A^\circ\cup e(A)\cup b(A)$이므로 $(\overline{A})^c=e(A)$임을 보이면 충분하다. 임의의 $x\in e(A)$에 대하여 적당한 열린 집합 G가 있어서 $x\in G\subset A^c$이므로 $G\cap A=\varnothing$이다. 따라서 $x\notin A'$이다. 그런데 $x\notin A$이므로 $x\notin A\cup A'=\overline{A}$이 되어 $e(A)\subset(\overline{A})^c$이다. 한편, 임의의 $x\in(\overline{A})^c$에 대하여 $x\notin\overline{A}=A\cup A'$이므로 $x\notin A'$이고 $x\notin A$이다. $x\notin A'$이므로 $(G\cap A)-\{x\}=\varnothing$을 만족하는 적당한 열린 집합 G가 존재한다. $x\notin A$이므로 $G\cap A=\varnothing$이 되어 $x\in G\subset A^c$이다. 따라서 $x\in e(A)$이 되어 $(\overline{A})^c\subset e(A)$이 성립한다. 그러므로 $(\overline{A})^c=e(A)$이다.

7. $\overline{A\cup B}=\bar{A}\cup\bar{B}$, $A^\circ\cup B^\circ\subset(A\cup B)^\circ$이므로

$$\begin{aligned} b(A\cup B) &= \overline{(A\cup B)}-(A\cup B)^\circ\subset(\bar{A}\cup\bar{B})-(A^\circ\cup B^\circ) \\ &= (\bar{A}\cup\bar{B})\cap(A^\circ\cup B^\circ)^c \\ &= (\bar{A}\cap(A^\circ\cup B^\circ)^c)\cup(\bar{B}\cap(A^\circ\cup B^\circ)^c)\subset(\bar{A}\cap A^{\circ c})\cup(\bar{B}\cap B^{\circ c}) \\ &= (\bar{A}-A^\circ)\cup(\bar{B}-B^\circ) \\ &= b(A)\cup b(B) \end{aligned}$$

이다. 그러나 $A=(1,\ 2)$, $B=[2,\ 3]$이라고 하면

$$b(A\cup B)=b((1,\ 3])=\{1,\ 3\},\ b(A)\cup b(B)=\{1,\ 2\}\cup\{2,\ 3\}=\{1,\ 2,\ 3\}$$

이므로 $b(A\cup B)\neq b(A)\cup b(B)$이다.

8. (1) $b(\varnothing)=\overline{\varnothing}-\varnothing^\circ=\varnothing-\varnothing=\varnothing$

(2) $b(A)=\bar{A}\cap A^{c-}=A^{c-}\cap A^{cc-}=b(A^c)$

(3) $b(A)=\bar{A}\cap A^{c-}$이므로 $b(A)$는 닫힌 집합이 된다. 따라서 정리 2.16의 4에 의하여 $b(b(A))\subsetneq b(A)$이다.

연습문제 2.4

1. (1) $\bigcup_{n\in\mathbb{Z}}(n,\ n+1)\neq\mathbb{R}$

(2) $B_1=(0,\ 2)$, $B_2=(1/2,\ 5/2)$라고 하자. 그러면 임의의 $x\in B_1\cap B_2=(1/2,\ 2)$에 대하여 $x\in B_3\subset B_1\cap B_2$을 만족하는 $B_3\in\{(x-1,\ x+1)\,|\,x\in\mathbb{R}\}$인 B_3는 존재하지 않는다.

(3) $B_1=[1,\ 2]$, $B_2=[2,\ 3]$라고 하자. 그러면 임의의 $B_3\in\{[x,\ x+1]\,|\,x\in\mathbb{R}\}$에 대하여 $2\in B_3\subset B_1\cap B_2$은 성립하지 않는다.

2. $\bigcup_{n\in\mathbb{R}^+}(-x,\ x)=\mathbb{R}$이고, 임의의 B_1, $B_2\in\mathscr{B}$와 $x\in B_1\cap B_2$에 대하여 $B_1\cap B_2\in\mathscr{B}$이므로 $B_3=B_1\cap B_2$으로 택하면 $x\in B_3\subset B_1\cap B_2$을 만족한다. 따라서 $\mathscr{B}$는 $\mathbb{R}$위의 어떤 위상에 대한 기저이다. 그러나 $\mathscr{B}$는 $\mathscr{U}$에 대한 기저는 아니다. $(5,\ 7)\in\mathscr{U}$이지만 $\mathscr{B}$의 원소로 생성할 수 없기 때문이다.

3. 정리 2.18의 조건을 만족하는 것은 분명하다. 따라서 $\mathscr{A}$은 $\mathbb{R}$위의 어떤 위상에 대한 기저는 되지만 $\mathscr{U}$에 대한 기저는 아니다. 왜냐하면 $\mathscr{A}=\{\{x\}\,|\,x\in\mathbb{R}\}\subset\mathscr{U}$이 성립하지

않기 때문이다.

4. (1) $\mathscr{T}_1$, $\mathscr{T}_2$를 포함하는 가장 작은 위상을 구한다는 것은 $\Sigma = \mathscr{T}_1 \cup \mathscr{T}_2 = \{X, \varnothing, \{a\}, \{a, b\}, \{b, c\}\}$이므로 Σ에 의하여 생성된 위상 $\mathscr{T}(\Sigma)$를 구하는 것과 같다. Σ에 속하는 원소들의 유한교집합들의 모임이 $\mathscr{B} = \{X, \varnothing, \{a\}, \{a, b\}, \{b, c\}, \{b\}\}$이므로 $\mathscr{T}(\Sigma)$는 $\mathscr{B}$에 속하는 원소들의 합집합들의 모임인 $\{X, \varnothing, \{a\}, \{a, b\}, \{b, c\}, \{b\}\}$이다.

   (2) $\mathscr{T}_1$, $\mathscr{T}_2$에 포함되는 가장 큰 위상은 $\mathscr{T}_1 \cup \mathscr{T}_2 = \{X, \varnothing, \{a\}\}$이다.

5. X의 부분집합들의 모임이 $\mathscr{D}$에 대한 기저가 되기 위한 필요충분조건은 X의 모든 한 원소집합들을 포함하는 것이다. 그러므로 Σ가 $\mathscr{D}$에 대한 부분기저가 되기 위한 필요충분조건은 Σ에 속하는 원소들의 유한교집합들이 $\{a\}$, $\{b\}$, $\{c\}$, $\{d\}$, $\{e\}$를 포함하여야 한다. 따라서 구하는 Σ는

$$\Sigma = \{\{a, b\}, \{b, c\}, \{c, d\}, \{d, e\}, \{e, a\}\}$$

이다.

연습문제 2.5

1. 상대위상의 정의에 의하여 Y에서 열린 집합이면서 동시에 닫힌 집합인 부분집합은 Y, $\varnothing$, $[0, 1)$, $\{2\}$이다.

2. $\mathscr{T}$-닫힌 집합은 $\varnothing$, X, $\{b, c\}$, $\{c\}$이고, $\mathscr{T}_Y = \{Y, \varnothing, \{a\}\}$이므로 $\mathscr{T}_Y$-닫힌 집합은 $\varnothing$, Y, $\{c\}$이다.

   (1) $\overline{\{a\}} = X$

   (2) $\overline{\{a\}}_Y = \overline{\{a\}} \cap Y = X \cap Y = Y$, $\{a\}$를 포함하는 가장 작은 $\mathscr{T}_Y$-닫힌 집합을 구하는 것과 같다.

   (3) $e(\{a\}) = \{a\}^{c\circ} = \{b, c\}^\circ = \varnothing$

   (4) $e(\{a\})_Y = e(\{a\}) \cap Y = \varnothing \cap \{a, c\} = \varnothing$, $e(\{a\})_Y = \{c\}^\circ{}_Y = \varnothing$

3. $(A^\circ)_Y \subset Y^\circ \cap Y = Y^\circ$이므로 $(A^\circ)_Y \cap Y^\circ$은 A에 포함되는 X에서 열린 집합이다. A°는 A에 포함되는 X에서 열린 집합들 중 가장 큰 것이므로 $A^\circ \supset (A^\circ)_Y \cap Y^\circ$이다. 그런데 $A^\circ = A^\circ \cap Y \subset (A^\circ)_Y = (A^\circ)_Y \cap Y^\circ$이므로 $A^\circ = (A^\circ)_Y \cap Y^\circ$이다.

[제 3 장]

연습문제 3.1

1. $\{b\}\in\mathscr{T}$이지만 $f^{-1}(\{b\})=\{c\}\not\in\mathscr{T}$이므로 함수 f는 $\mathscr{T}$-$\mathscr{T}$ 연속이 아니다.

2. $(\Rightarrow)$ 임의의 $S\in\Sigma$에 대하여 $S\in\varphi$이고 함수 f는 연속이므로 $f^{-1}(S)\in\mathscr{T}$이다.

   $(\Leftarrow)$ $\mathscr{B}$가 위상 φ에 대한 기저이고, $B\in\mathscr{B}$이면 적당한 $S_i\in\Sigma$이 존재하여 $B=\bigcap_{i=1}^{n}S_i$이다. 따라서 $f^{-1}(B)=f^{-1}(\bigcap_{i=1}^{n}S_i)=\bigcap_{i=1}^{n}f^{-1}(S_i)\in\mathscr{T}$이다.

3. $(a,\ \infty)$, $(-\infty,\ b)$형태의 모든 무한 열린 구간들의 모임은 $\mathscr{U}$에 대한 부분기저를 이루므로 f가 연속이기 위한 필요충분조건은 임의의 $a,\ b\in\mathbb{R}$에 대하여

$$f^{-1}((a,\ \infty))=\{x\in X\,|\,f(x)>a\},\ f^{-1}((-\infty,\ b))=\{x\in X\,|\,f(x)<b\}$$

   이 열린 집합이 되는 것이다.

4. $(\Rightarrow)$ 임의의 $G\in\varphi$에 대하여 함수 1이 연속이므로 $1^{-1}(G)=G\in\mathscr{T}$이다. 따라서 $\varphi\subset\mathscr{T}$이다.

   $(\Leftarrow)$ 임의의 $G\in\varphi$에 대하여 $\varphi\subset\mathscr{T}$이므로 $1^{-1}(G)=G\in\mathscr{T}$이다. 따라서 함수 1은 연속이다.

연습문제 3.2

1. (1) 모든 $A\subset X$에 대하여 $A^\circ\subset A$이므로 $f(A^\circ)\subset f(A)$가 되고, 특히 함수 f가 열린 사상이면 $f(A^\circ)$는 열린 집합이므로 $f(A^\circ)\subset[f(A)]^\circ$이 된다. 역으로 조건이 성립한다고 할 때, A가 X의 열린 부분집합이면

$$f(A)=f(A^\circ)\subset[f(A)]^\circ,\ \ [f(A)]^\circ\subset f(A)$$

   이 되어 $f(A)=[f(A)]^\circ$이다. 따라서 $f(A)$가 열린 집합이므로 f는 열린 사상이다.

   (2) 모든 $A\subset X$에 대하여 $f(A)\subset f(\overline{A})$는 항상 성립하고, 특히 함수 f가 닫힌 사상이면 $f(\overline{A})$는 $f(A)$를 포함하는 닫힌 집합이므로 $\overline{f(A)}\subset f(\overline{A})$이 된다. 역으로 조건이 성립한다고 할 때, A가 X의 닫힌 부분집합이면

$$\overline{f(A)}\subset f(\overline{A})=f(A)$$

   이 되어 $\overline{f(A)}=f(A)$이다. 따라서 $f(A)$가 닫힌 집합이므로 f는 닫힌 사상이다.

2. (1) $\Leftrightarrow$ (2) $f^{-1}: Y \to X$가 연속이라는 것은 임의의 열린 집합 $U \subset X$에 대하여 $(f^{-1})^{-1}(U) = f(U)$이 열린 집합이라는 것을 의미한다.

   (2) $\Leftrightarrow$ (3) $f: X \to Y$가 전단사함수일 때 f가 열린 사상이라는 것과 f가 닫힌 사상이라는 것은 동등한 개념이다. 만약 $f: X \to Y$가 전단사함수일 때 f가 열린 사상이고 $A \subset X$가 닫힌 집합이면 적당한 열린 집합 U에 대하여 $A = X - U$이고 $f(A) = f(X) - f(U) = Y - f(U)$이다. 따라서 $f(A)$도 닫힌 집합이 되어 f는 닫힌 사상이 된다. 마찬가지 방법으로 $f: X \to Y$가 전단사함수일 때 f가 열린 사상이면 f는 닫힌 사상이 된다.

   (3) $\Leftrightarrow$ (4) f가 연속이기 위한 필요충분조건은 $f(\overline{A}) \subset \overline{f(A)}$이고, f가 닫힌 사상이기 위한 필요충분조건은 $\overline{f(A)} \subset f(\overline{A})$이라는 사실에서 분명하다.

   (2) $\Leftrightarrow$ (5) f가 연속이기 위한 필요충분조건이 $[f(A)]^\circ \subset f(A^\circ)$이 되는 것임을 먼저 보인다. 만약 f가 연속이면 $f^{-1}((f(A))^\circ)$은 열린 집합이고,

$$f^{-1}((f(A))^\circ) \subset f^{-1}(f(A)) = A$$

   이므로 $f^{-1}((f(A))^\circ) \subset A^\circ$이다. 따라서 $[f(A)]^\circ \subset f(A^\circ)$이다. 역으로 조건이 성립한다고 하고 V을 Y에서 열린 집합이라고 하자. 조건에 의하여 $[f(f^{-1}(V))]^\circ \subset f((f^{-1}(V))^\circ)$이다. 그런데 함수 f은 전단사이고 V은 Y에서 열린 집합이므로

$$V^\circ \subset f((f^{-1}(V))^\circ) \Rightarrow f^{-1}(V) = f^{-1}(V^\circ) \subset (f^{-1}(V))^\circ \subset f^{-1}(V)$$

   이 성립한다. 따라서 $f^{-1}(V) = (f^{-1}(V))^\circ$이 되어 $f^{-1}(V)$은 열린 집합이다. 그러므로 f는 연속이다. f가 열린 사상이기 위한 필요충분조건이 $f(A^\circ) \subset [f(A)]^\circ$이고, f가 연속이기 위한 필요충분조건은 $[f(A)]^\circ \subset f(A^\circ)$이라는 사실에서 (2)와 (5)가 동치명제인 것은 분명하다.

3. (1) 1_X가 열린 사상이 되기 위한 필요충분조건은 임의의 $U \in \mathscr{T}$에 대하여 $1_X(U) = U \in \mathscr{T}^*$이다.

   (2) 1_X가 연속이기 위한 필요충분조건은 임의의 $V \in \mathscr{T}^*$에 대하여 $1_X^{-1}(V) = V \in \mathscr{T}$이다.

4. $V = Y - f(X - U)$라고 하자. $f: X \to Y$가 닫힌 사상이므로 V는 Y에서 열린 집합이고 $f^{-1}(V) = X - f^{-1}(f(X-U)) \subset X - (X - U) = U$이다.

5. $\{C, G, I, J, L, M, N, S, U, V, W, Z\}$,
   $\{D, O\}$, $\{K, X\}$, $\{P, Q\}$, $\{A, R\}$,
   $\{E, F, T, Y\}$, $\{B\}$, $\{H\}$

[제 4 장]

연습문제 4.1

1. (1) $[\overline{A\times B}\subset \bar{A}\times\bar{B}]$ 임의의 $(x,\ y)\in\overline{A\times B}$에 대하여 x를 포함하는 X의 열린 부분집합을 U라 하고, y를 포함하는 Y의 열린 부분집합을 V라 하자. $U\times V$는 $(x,\ y)$를 포함하는 $X\times Y$의 열린 부분집합이고, $(x,\ y)\in\overline{A\times B}$이므로 $(U\times V)\cap(A\times B)\neq\varnothing$이다.

$$(U\times V)\cap(A\times B)=(U\cap A)\times(V\cap B)$$

이므로 $U\cap A\neq\varnothing$이고 $V\cap B\neq\varnothing$이다. 따라서 $x\in\bar{A}$이고 $y\in\bar{B}$이 되어 $(x,\ y)\in\bar{A}\times\bar{B}$이다.

$[\bar{A}\times\bar{B}\subset\overline{A\times B}]$ 임의의 $(x,\ y)\in\bar{A}\times\bar{B}$에 대하여 $(x,\ y)$를 포함하는 $X\times Y$의 임의의 열린 부분집합을 W라 하자. 그러면 $(x,\ y)\in U\times V\subset W$을 만족하는 기본 열린집합 $U\times V$가 존재한다. 여기서 U는 X의 열린 부분집합이고 V는 Y의 열린 부분집합이다. $x\in U,\ y\in V,\ x\in\bar{A},\ y\in\bar{B}$이므로 $U\cap A\neq\varnothing$이고 $V\cap B\neq\varnothing$이다. 따라서 $(U\times V)\cap(A\times B)=(U\cap A)\times(V\cap B)\neq\varnothing$이 되어 $W\cap(A\times B)\neq\varnothing$이다. 그러므로 $(x,\ y)\in\overline{A\times B}$이다.

(2) 정리 2.13에 의하여 위상공간 X의 임의의 부분집합 A에 대하여

$$A^\circ=A^{c-c}$$

이 성립하므로

$$\begin{aligned}(A\times B)^\circ&=(A\times B)^{c-c}=\left[(A^c\times Y)\cup(X\times B^c)\right]^{-c}\\&=(\overline{A^c\times Y}\cup\overline{X\times B^c})^c=((\overline{A^c}\times\bar{Y})\cup(\bar{X}\times\overline{B^c}))^c\\&=(\overline{A^c}\times\bar{Y})^c\cap(\bar{X}\times\overline{B^c})^c=(A^{c-c}\times Y)\cap(X\times B^{c-c})\\&=(A^\circ\times Y)\cap(X\times B^\circ)=(A^\circ\cap Y)\times(X\cap B^\circ)\\&=A^\circ\times B^\circ\end{aligned}$$

이다.

2. $a^{-1}((r,\ s))=\{(x,\ y)\mid -x+r<y<-x+s\}$,

$m^{-1}((r,\ s))=\{(x,\ y)\mid r/x<y<s/x\}$,

$i_a^{-1}((r,\ s))=(-s,\ -r)$,

$i_m^{-1}((r,\ s))=(1/s,\ 1/r)$

에 의하여 $a,\ m,\ i_a,\ i_m$은 모두 연속함수이다.

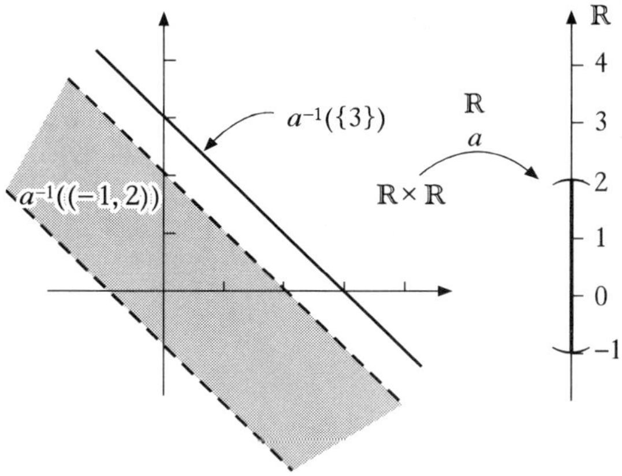

3. $m^{-1}([1,\ 2))=\{(x,\ y)\,|\,1/x\leq y<2/x\}$,

$i_a^{-1}([3,\ \infty))=(-\infty,\ 3]$, $i_m^{-1}([3,\ 5))=(1/5,\ 1/3]$

와 같이 그 역상이 $\mathscr{H}$-열린 집합이 되지 않는 $[r,\ s)$형태의 $\mathscr{H}$-기본 열린집합이 존재하기 때문이다.

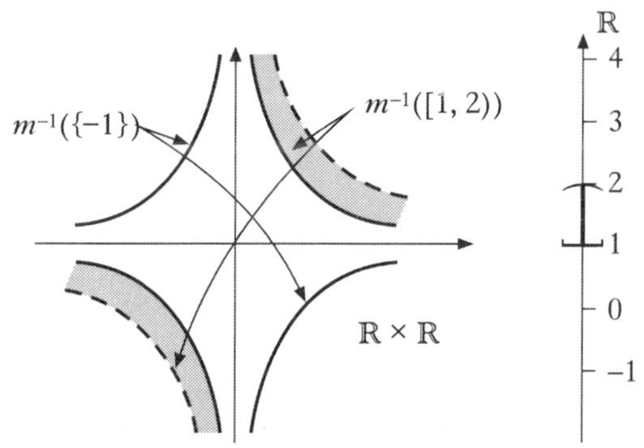

4. 임의의 a, $b\in\mathbb{R}\,(a<b)$에 대하여 $f^{-1}([a,\ b))=[a,\ b)$이므로 함수 f는 연속이지만 $(f\cdot f)^{-1}([1,\ 4))=(-2,\ -1]\cup[1,\ 2)$이고, $(-2,\ -1]\cup[1,\ 2)\not\in\mathscr{H}$이기 때문에 $f\cdot f$은 연속이 아니다.

5. $\left[\overline{\prod_{\alpha\in\Lambda}A_\alpha}\subset\prod_{\alpha\in\Lambda}\overline{A_\alpha}\right]$ $x=(x_\alpha:\alpha\in\Lambda)\in\overline{\prod_{\alpha\in\Lambda}A_\alpha}$일 때 임의의 $\alpha\in\Lambda$에 대하여 $x_\alpha\in\overline{A_\alpha}$임을 보이면 충분하다. 임의의 $\alpha\in\Lambda$와 x_α을 포함하는 임의의 U_α에 대하여 $(x_\alpha)\in p_\alpha^{-1}(U_\alpha)$이므로 $p_\alpha^{-1}(U_\alpha)\cap\prod_{\alpha\in\Lambda}A_\alpha=(U_\alpha\cap A_\alpha)\times\prod_{\alpha\in\Lambda}\{A_\beta\,|\,\beta\neq\alpha\}\neq\varnothing$이다. 따라서 $U_\alpha\cap A_\alpha\neq\varnothing$이 되어 임의의 $\alpha\in\Lambda$에 대하여 $x_\alpha\in\overline{A_\alpha}$이다. 그러므로 $(x_\alpha)\in\prod_{\alpha\in\Lambda}\overline{A_\alpha}$이다.

$\left[\prod_{\alpha\in\Lambda}\overline{A_\alpha}\subset\overline{\prod_{\alpha\in\Lambda}A_\alpha}\right]$ $(x_\alpha)\in\prod_{\alpha\in\Lambda}\overline{A_\alpha}$ 이면 (x_α)을 포함하는 임의의 기본 열린 집합 $\bigcap_{i=1}^{n}p_{\alpha_i}^{-1}(U_{\alpha_i})$에 대하여 $x_\alpha\in\overline{A_\alpha}$ 이므로 $U_{\alpha_i}\cap A_{\alpha_i}\neq\varnothing$ 이다. 따라서

$$\left(\bigcap_{i=1}^{n}p_{\alpha_i}^{-1}(U_{\alpha_i})\right)\cap\prod_{\alpha\in\Lambda}A_\alpha\neq\varnothing$$

이다. 그러므로 $(x_\alpha)\in\overline{\prod_{\alpha\in\Lambda}A_\alpha}$ 이다.

6. $x_\beta\longmapsto x_\beta\times\prod_{\alpha\in\Lambda}\{x_\alpha^0|\alpha\neq\beta\}$로 정의된 함수 $s_\beta : X_\beta\to S(x^0\,;\beta)$을 생각하자. 부분공간 $S(x^0\,;\beta)$의 열린 집합 $\left(\bigcap_{i=1}^{n}p_{\alpha_i}^{-1}(U_{\alpha_i})\right)\cap S(x^0\,;\beta)$은

$$\varnothing,\quad S(x^0\,;\beta),\quad S(x^0\,;\beta)\cap p_\beta^{-1}(U_\beta)$$

의 형태이다. 여기서 U_β는 X_β에서 열린 집합이다. 그러므로 $s_\beta^{-1}(S(x^0\,;\beta)\cap p_\beta^{-1}(U_\beta))$은 열린 집합 $\varnothing$, X_β, U_β이 된다. 따라서 함수 s_β는 연속이다. 사영 $p_\beta : \prod_{\alpha\in\Lambda}X_\alpha\to X_\beta$는 연속이므로 $p=p_\beta|_{S(x^0,\,\beta)}$도 연속함수이다. 그런데 $p\circ s_\beta=1$이고 $s_\beta\circ p=1$이므로 $s_\beta^{-1}=p$이고 s_β와 p는 위상동형사상이다.

연습문제 4.2

1. 각각의 $\alpha\in\Lambda$에 대하여 $p_\alpha : \prod_{\alpha\in\Lambda}X_\alpha\to X_\alpha$와 $q_\alpha : \prod_{\alpha\in\Lambda}Y_\alpha\to Y_\alpha$를 사영이라 하면 f의 정의로부터 모든 $\alpha\in\Lambda$에 대하여 $f_\alpha\circ p_\alpha=q_\alpha\circ f$가 성립함을 알 수 있다. 그런데 정리 4.3에 의하여 f가 연속이라는 말과 모든 $\alpha\in\Lambda$에 대하여 $f_\alpha\circ p_\alpha$가 연속이라는 말은 동치가 된다. 한편, X_α위의 위상은 p_α에 의한 동일화위상이므로 정리 4.7에 의하여 $f_\alpha\circ p_\alpha$가 연속이기 위한 필요충분조건은 임의의 $\alpha\in\Lambda$에 의하여 f_α가 연속인 것이다.

2. 분명히 p는 전사함수이다. A를 $p^{-1}(A)$가 X에서 열린 집합인 Y의 부분집합이라 하자. 그러면 s가 연속함수이므로 $s^{-1}p^{-1}(A)$는 Y에서 열린 집합이다. $s^{-1}p^{-1}=(p\circ s)^{-1}=1_Y$이므로 A는 Y에서 열린 집합이다. 따라서 p는 동일화 사상이다.

3. $X\times[-1,\ 1]/\sim=\{\{(x,\ y)\},\ \{(x,\ 1)\},\ \{(x,\ -1)\}\mid y\neq1,\ y\neq-1,\ x\in X\}$

이다. 이 때 몫 공간 $X\times[-1, 1]/\sim$은 $\{(x, 1)|x\in X\}$와 $\{(x, -1)|x\in X\}$을 한 점으로 볼 수 있어 쌍 원추의 형태를 가지는 현수이다.

[제 5 장]

연습문제 5.1

1. $\mathscr{T}$에 대한 가산 부분기저를 $\mathscr{P}=\{S_1, S_2, S_3, \cdots\}$라 하고 $\mathscr{P}$에 속하는 원소들의 유한개의 교집합들을 구하면 다음과 같다.

   $S_1, S_2, S_3, \cdots$

   $S_1\cap S_2, S_1\cap S_3, \cdots, S_2\cap S_3, S_2\cap S_4, \cdots, S_3\cap S_4, S_3\cap S_5, \cdots$

   $S_1\cap S_2\cap S_3, S_1\cap S_2\cap S_4, \cdots, S_2\cap S_3\cap S_4, S_2\cap S_3\cap S_5, \cdots$

   $\cdots$

   위에 나열한 교집합들의 개수가 가산인 것은 분명하다. 따라서 $\mathscr{T}$에 대한 가산 기저가 존재하므로 X는 제2가산공간이다.

2. $f: X\to Y$가 연속인 전사함수이고 D를 X의 가산 조밀집합이라 하면

   $$Y=f(X)=f(\overline{D})\subset\overline{f(D)}$$

   이므로 $\overline{f(D)}=Y$이다. D가 가산이므로 $f(D)$는 가산 조밀집합이 되어 Y는 분해가능공간이다.

3. $(\mathbb{R}, \mathscr{H})$는 분해가능공간이므로 $(\mathbb{R}, \mathscr{H})\times(\mathbb{R}, \mathscr{H})$도 분해가능공간이다. 그러나 부분공간 $\{(x, -x)|x\in\mathbb{R}-\mathbb{Q}\}$은 닫힌 집합이며 비가산집합이다. 또한 이산위상이 주어지므로 분해가능공간이 될 수 없다.

4. 함수 $f: X\to Y$가 연속이고 전사함수일 때 X가 Lindelöf공간이라 하고 $\{U_\alpha|\alpha\in\Lambda\}$를 Y의 열린 덮개라 하자. $\left\{f^{-1}(U_\alpha)|\alpha\in\Lambda\right\}$는 X의 열린 덮개이므로 가산인 부분덮개 $\left\{f^{-1}(U_{\alpha_i})|i\in\mathbb{N}\right\}$이 존재한다. 그러면 $\left\{U_{\alpha_i}|i\in\mathbb{N}, \alpha_i\in\Lambda\right\}$은 $\{U_\alpha|\alpha\in\Lambda\}$의 가산인 부분덮개가 된다. 따라서 Y도 Lindelöf공간이다.

5. $x\in\prod_{\alpha\in\Lambda}H_\alpha$라 하자. x에서는 가산인 국소기저가 존재하지 않음을 보인다. 만일 x에서 가산인 국소기저 $\{V_1, V_2, \cdots\}$가 존재한다면 각각의 $n\in\mathbb{N}$에 대하여 $x\in B_n\subset V_n$

인 기본 열린집합 B_n이 있어서 $\{B_1, B_2, \cdots\}$도 x에서의 국소기저가 된다. 그런데 각 $n\in\mathbb{N}$에 대하여 적당한 유한집합 $F_n\subset\Lambda$이 존재하여 B_n은

$$B_n=\bigcap_{\alpha\in F_n} p_\alpha^{-1}(G_\alpha)$$

이 된다. 여기서 G_α은 X_α의 열린 부분집합이다. $\Gamma=\bigcup_{n=1}^{\infty}F_n$이라 하면 Γ는 가산 집합이 되어 $\Lambda-\Gamma\neq\varnothing$이다. 만약 $\alpha_0\in\Lambda-\Gamma$이면 모든 n에 대하여 $p_{\alpha_0}(B_n)=X_{\alpha_0}$이다. 그런데 H_{α_0}은 x_{α_0}의 열린 근방이므로 $p_{\alpha_0}^{-1}(H_{\alpha_0})$은 x의 열린 근방이 되지만 H_{α_0}은 X_{α_0}의 진부분집합이므로 어떤 B_n도 $p_{\alpha_0}^{-1}(H_{\alpha_0})$에 포함될 수 없다. 이것은 $\{B_1, B_2, \cdots\}$이 x에서의 국소기저라는 사실에 모순된다.

6. Michael직선 $(\mathbb{R}, \mathscr{T}_M)$이 가산 조밀부분집합 A를 갖는다고 가정하면 $\mathbb{R}-\mathbb{Q}\subset A$이 성립한다. 만약 $r\notin\mathbb{A}$인 무리수 r이 존재한다면 $\{r\}\cap A=\phi$이고, $\{r\}\in\mathscr{T}_M$이므로 $r\notin\overline{A}=\mathbb{R}$이 되어 모순이 되기 때문이다. 그런데 $\mathbb{R}-\mathbb{Q}$는 비가산집합이므로 A도 비가산집합이 된다. 이것은 가정에 모순이므로 Michael직선은 분해가능공간이 아니다.

연습문제 5.2

1. 임의의 두 점 $a\neq b$, a, $b\in\mathbb{R}$에 대하여 a, b중 어느 하나가 1인 경우와 둘 다 1이 아닌 경우를 생각하면 어느 경우이든지 a, b중 어느 하나는 다른 것을 포함하지 않는 열린 집합을 가질 수 있다. 예를 들어, 만약 $a=1$, $b=5$라고 하면 $5\notin\{1\}\in\mathscr{T}$이고, 만약 $a=3$, $b=5$라고 하면 $5\notin\{1, 3\}\in\mathscr{T}$이다. 따라서 T_0-공간이다. 그러나 $\{1\}$이 $\mathscr{T}$-닫힌 집합이 되지 않으므로 T_1-공간은 아니다. 따라서 T_2-공간도 아니다.

2. $(\Rightarrow)$ $x\neq y$, x, $y\in X$에 대하여 $x\in U$, $y\notin U$ 또는 $y\in V$, $x\notin V$인 열린 집합 U, V가 존재하므로 $U\cap\{y\}=\varnothing$ 또는 $V\cap\{x\}=\varnothing$이다. 이것은 $x\notin\overline{\{y\}}$ 또는 $y\notin\overline{\{x\}}$을 의미한다. 따라서 $\overline{\{x\}}\neq\overline{\{y\}}$이다.

   $(\Leftarrow)$ $\overline{\{x\}}\neq\overline{\{y\}}$이므로 $z\in\overline{\{x\}}$이고 $z\notin\overline{\{y\}}$인 어떤 $z\in\mathbb{R}$이 존재한다고 하여도 일반성을 잃지 않는다. 그러면 z를 포함하는 적당한 열린 집합 G가 존재하여 $G\cap\{y\}=\varnothing$와 $G\cap\{x\}\neq\varnothing$을 만족한다. 즉, $x\in G$, $y\notin G$인 적당한 열린 집합 G가 존재한다. 따라서 X는 T_0-공간이다.

3. ($\Rightarrow$) $(X,\ \mathscr{T})$가 T_1-공간이라 하고 $x\in X$이라 하자. $x\neq y$인 임의의 $y\in X$에 대하여 X가 T_1-공간이므로 $x\in U$, $y\notin U$이며 $y\in V$, $x\notin V$인 열린 집합 U, V가 존재한다. 따라서 $y\notin\cap\{G\in\mathscr{T}\mid x\in G\}$ 이므로 $\{x\}=\cap\{G\in\mathscr{T}\mid x\in G\}$ 이다.

   ($\Leftarrow$) 조건이 성립한다고 하자. $x\neq y$인 $x,\ y\in X$에 대하여 $y\notin\cap\{G\in\mathscr{T}\mid x\in G\}$ 이므로 $y\notin G$인 적당한 $x\in G\in\mathscr{T}$가 존재한다. $x\notin\cap\{H\in\mathscr{T}\mid y\in H\}$ 이므로 $x\notin H$인 적당한 $y\in H\in\mathscr{T}$가 존재한다. 따라서 X는 T_1-공간이다.

4. 유한인 T_1-공간 X에 대하여 임의의 $x\in X$에 대하여 $\{x\}$는 닫힌 집합이다. X의 모든 부분집합 A와 A^c는 유한집합이므로 닫힌 집합이고, $A=(A^c)^c$이므로 A는 열린 집합도 된다. 따라서 유한인 T_1-공간은 이산공간이다.

5. 여 가산위상 $\mathscr{T}_c$이 주어진 비가산 무한집합 X가 T_2-공간이라고 가정하면 임의의 서로 다른 두 점 $x,\ y\in X$에 대하여 $x\in A$, $y\in B$, $A\cap B=\varnothing$인 A, $B\in\mathscr{T}_c$가 존재한다. 그러면 $X=X\ \ (A\cap B)=A^c\cup B^c$이 되고, X은 비가산 무한집합이고 $A^c\cup B^c$는 가산집합이므로 이것은 모순이다. 따라서 $(X,\ \mathscr{T}_c)$는 T_2-공간이 아니다.

6. (1) $\Rightarrow$ (2). 임의의 $q\neq p$에 대하여 Y가 T_2-공간이므로 열린 집합 U, V가 존재하여 $p\in U$, $q\in V$, $U\cap V=\varnothing$을 만족한다. 따라서 $q\notin\overline{U}$인 p의 열린 근방이 존재한다.

   (2) $\Rightarrow$ (3). 임의의 $q\neq p$에 대하여 $q\notin\overline{U}$인 p의 열린 근방이 존재하므로

   $$q\notin\cap\{\overline{U}\mid U\text{는 }p\text{의 열린 근방}\}$$

   이다. 모든 U는 p의 열린 근방이므로 $\cap\{\overline{U}\mid U\text{는 }p\text{의 열린 근방}\}=\{p\}$ 이다.

   (3) $\Rightarrow$ (4). Δ^c가 열린 집합임을 보이기 위하여 $(p,\ q)\in\Delta^c$라 하자. $q\neq p$이고 $\cap\{\overline{U}\mid U\text{는 }p\text{의 열린 근방}\}=\{p\}$ 이므로 적당한 U가 있어서 $p\in U$이고 $q\notin\overline{U}$이다. $U\cap(\overline{U})^c=\varnothing$ 이므로 $(U\times(\overline{U})^c)\cap\Delta=\varnothing$이 되어 $(p,\ q)\in U\times(\overline{U})^c\subset\Delta^c$이다. 그런데 $U\times(\overline{U})^c$은 열린 집합이므로 Δ^c은 열린 집합이다. 따라서 Δ은 $Y\times Y$에서 닫힌 집합이다.

   (4) $\Rightarrow$ (1). 임의의 $q\neq p$에 대하여 $(p,\ q)\in\Delta^c$이고 Δ^c은 열린 집합이므로 적당한 열린 집합 $U\times V$가 존재하여 $(p,\ q)\in U\times V\subset\Delta^c$을 만족한다. 따라서 $U\cap V=\varnothing$이 되고 $p\in U$, $q\in V$이다. 그러므로 Y가 T_2-공간이다.

7. $\eta(x,\ y)=(f(x),\ y)$로 정의된 $\eta: X\times Y\to Y\times Y$은 연속함수이다. Y가 T_2-공간일 때 $\Delta=\{(y,\ y)\mid y\in Y\}$는 $Y\times Y$에서 닫힌 집합이고 $G(f)=\eta^{-1}(\Delta)$이므로 $G(f)$는 곱 공간 $X\times Y$의 닫힌 부분집합이다.

연습문제 5.3

1. $\overline{\{x\}} \neq \overline{\{y\}}$이라 하자. 만약 $x \in \overline{\{y\}}$이고 $y \in \overline{\{x\}}$이면 $\overline{\{x\}} \subset \overline{\{y\}}$이고 $\overline{\{y\}} \subset \overline{\{x\}}$이므로 $\overline{\{x\}} = \overline{\{y\}}$이 되어 모순이다. 따라서 $x \notin \overline{\{y\}}$이거나 $y \notin \overline{\{x\}}$이 되어야 한다. $x \notin \overline{\{y\}}$일 때는 정칙성에 의하여 $x \in U$, $\overline{\{y\}} \subset V$, $U \cap V = \varnothing$을 만족하는 적당한 열린 집합 U, V가 존재한다. $V \cap \{x\} = \varnothing$이므로 $V \cap \overline{\{x\}} = \varnothing$이 되어 $\overline{\{x\}} \subset V^c$이다. 따라서 $\overline{\{x\}} \cap \overline{\{y\}} = \varnothing$이다. 같은 방법으로 $y \notin \overline{\{x\}}$일 때도 $\overline{\{x\}} \cap \overline{\{y\}} = \varnothing$이다.

2. $A \subset X$에 대하여 $B \subset A$을 A에서 닫힌 집합이라 하고, $a_0 \in A - B$라 하자. 그러면 적당한 X에서 닫힌 집합 F가 존재하여 $B = F \cap A$이다. $a_0 \notin F$이므로 X의 정칙성에 의하여 X에서 열린 집합 U, V가 존재하여 $a_0 \in U$, $F \subset V$, $U \cap V = \varnothing$을 만족한다. 따라서 $a_0 \in U \cap A$, $B \subset V \cap A$, $(U \cap A) \cap (V \cap A) = \varnothing$인 A에서 열린 집합 $U \cap A$와 $V \cap A$가 존재하므로 A는 정칙공간이다.

3. 위상공간 X, Y에 대하여 $h : X \to Y$를 위상동형사상이라 하고 X를 T_3-공간이라 하면 임의의 $y \in Y$와 y를 포함하지 않는 Y에서 닫힌 집합 A에 대하여 $h^{-1}(A)$는 X에서 닫힌 집합이 되고 $h^{-1}(y) \notin h^{-1}(A)$이다. X가 T_3-공간이므로 적당한 열린 집합 U, V가 있어서 $h^{-1}(y) \in U$, $h^{-1}(A) \subset V$, $U \cap V = \varnothing$을 만족한다. h는 위상동형사상이므로 $h(U)$, $h(V)$는 Y에서 열린 집합이고
$$y \in h(U),\ A \subset h(V),\ h(U) \cap h(V) = \varnothing$$
이 성립하므로 Y도 T_3-공간이다. 따라서 T_3-성질은 위상적인 성질이다.

4. 보통위상공간 $\mathbb{R}$과 밀착위상이 주어진 공간 $X = \{0, 1\}$은 모두 정칙공간이다. 따라서 정리 5.16에 의하여 $\mathbb{R} \times X$는 정칙공간이다. 그러나 X는 한원소집합이 닫힌 집합이 아니므로 T_0-공간이 아니다. 그러므로 $\mathbb{R} \times X$는 T_0-공간이 아니다.

5. ($\Rightarrow$) X가 정칙공간이고 $x \in X$이며 U가 x의 임의의 근방이면 적당한 열린 집합 H가 있어서 $x \in H \subset U$가 된다. 그러면 정리 5.15에 의하여 적당한 열린 집합 G가 있어서 $x \in G \subset \overline{G} \subset H$가 성립한다. 따라서 $\overline{G}$는 x의 근방이며 $\overline{G} \subset U$이다. 이것은 닫힌 집합들로 구성된 국소기저가 존재하는 것을 의미한다.

   ($\Leftarrow$) X내의 임의의 점에서 닫힌 집합들로 구성된 국소기저가 존재한다면 X내의 임의의 점 x와 x을 포함하는 임의의 열린 집합 W에 대하여 W는 열린 근방이므로 적당한 닫힌 근방 G가 존재하여 $x \in G \subset W$이 성립한다. 그리고 G는 x의 근

방이므로 $x \in V \subset G$인 적당한 열린 집합 V가 존재하여

$$x \in V \subset \overline{V} \subset \overline{G} = G \subset W$$

이 성립한다. 따라서 정리 5.15에 의하여 X가 정칙공간이다.

6. (⇒) 부분기저의 원소 U도 열린 집합이므로 정리 5.15에 의하여 분명하다.

(⇐) X내의 임의의 점 x와 x를 포함하는 임의의 열린 집합 G에 대하여 유한개의 부분기저의 원소 U_i로 이루어진 기본 열린 집합 $\bigcap_{i=1}^{n} U_i$이 존재하여 $x \in \bigcap_{i=1}^{n} U_i \subset G$를 만족한다. 그러면 임의의 $i=1, 2, \cdots, n$에 대하여 적당한 열린 집합 V_i가 있어서 $x \in V_i \subset \overline{V_i} \subset U_i$을 만족한다. 따라서

$$x \in \bigcap_{i=1}^{n} V_i \subset \bigcap_{i=1}^{n} \overline{V_i} \subset \bigcap_{i=1}^{n} U_i \subset G$$

이 된다. 그런데 $\overline{\bigcap_{i=1}^{n} V_i} \subset \bigcap_{i=1}^{n} \overline{V_i}$이므로 $x \in \bigcap_{i=1}^{n} V_i \subset \overline{\bigcap_{i=1}^{n} V_i} \subset G$이 성립되어 정리 5.15에 의하여 X는 정칙공간이다.

연습문제 5.4

1. F_1과 F_2를 서로 소인 닫힌 집합이라 하자.

$a \notin F_1$이고 $a \notin F_2$인 경우에는 $a \in X-F_1$, $a \in X-F_2$이므로 F_1과 F_2는 열린 집합이 되어 X는 정규공간이다.

$a \in F_1$인 경우에는 $a \notin F_2$이므로 F_2는 열린 집합이다. F_2는 닫힌 집합이므로 $X-F_2$는 열린 집합이고 $F_1 \subset X-F_2$, $F_2 \subset F_2$, $(X-F_2) \cap F_2 = \varnothing$이 성립되어 X는 정규공간이다.

$a \in F_2$인 경우에도 마찬가지 방법으로 X가 정규공간임을 알 수 있다.

2. $\mathscr{T}_1$-닫힌 집합인 $\{2\}$, $\{3\}$에 대하여 각각을 포함하는 서로 소인 열린 집합은 존재할 수 없다. $\{2\}$와 $\{3\}$을 포함하는 열린 집합은 원소로 모두 1을 갖고 있기 때문이다.

3. (⇒) X가 정규공간이라 하고, A을 X의 닫힌 부분집합, U을 A을 포함하는 열린 집합이라 하자. A와 $X-U$는 서로 소인 닫힌 집합이므로 X의 정규성에 의하여 $A \subset V$, $X-U \subset W$을 만족하는 서로 소인 열린 집합 V와 W가 존재한다. 따라서 $A \subset V \subset \overline{V} \subset \overline{W^c} = W^c \subset U$이 성립한다.

($\Leftarrow$) A_1과 A_2을 서로 소인 닫힌 집합이라 하자. $A_1 \subset X-A_2$이고 $X-A_2$은 열린 집합이므로 조건에 의하여 $A_1 \subset V \subset \overline{V} \subset X-A_2$인 열린 집합 V가 존재한다. 그러므로 $A_1 \subset V$, $A_2 \subset (\overline{V})^c$이고 $V \cap (\overline{V})^c = \varnothing$이 되어 X는 정규공간이다.

4. X가 정규공간이고 $f: X \to Y$를 연속이고 닫힌 사상이며 전사인 함수라 하자. 임의의 서로 소인 Y의 닫힌 부분집합 A, B에 대하여 f가 연속이므로 $f^{-1}(A)$, $f^{-1}(B)$는 서로 소인 X의 닫힌 부분집합이다. X가 정규공간이므로 $f^{-1}(A) \subset U$, $f^{-1}(B) \subset V$, $U \cap V = \varnothing$인 X의 열린 부분집합 U, V가 존재한다. f가 닫힌 사상이므로 연습문제 3.2의 4번의 성질에 의하여 $A \subset G$, $B \subset H$인 적당한 열린 집합 G, H가 있어서 $f^{-1}(G) \subset U$, $f^{-1}(H) \subset V$을 만족한다. $f^{-1}(G \cap H) = f^{-1}(G) \cap f^{-1}(H) = \varnothing$이므로 $G \cap H = \varnothing$이다. 따라서 Y는 정규공간이다.

5. $\prod_{\alpha \in \Lambda} X_\alpha$이 T_4-공간이면 임의의 $\alpha \in \Lambda$에 대하여 X_α는 $\prod_{\alpha \in \Lambda} X_\alpha$의 적당한 얇은 조각(slice)과 위상동형이다. 그런데 각 얇은 조각은 $\prod_{\alpha \in \Lambda} X_\alpha$의 닫힌 부분집합이므로 T_4-공간이다. 따라서 모든 $\alpha \in \Lambda$에 대하여 X_α은 T_4-공간이다.

6. X을 완전정칙공간이라 하고 $h: X \to Y$를 위상동형사상이라 하자. A를 Y의 닫힌 부분집합이라 하고 $y \notin A$이면 $h^{-1}(y) \notin h^{-1}(A)$이고 $h^{-1}(A)$는 X의 닫힌 부분 집합이 된다. 따라서 X의 완전정칙성에 의하여

$$f(h^{-1}(y)) = 0, \quad f(h^{-1}(A)) = \{1\}$$

인 연속함수 $f: X \to [0, 1]$가 존재한다. h가 위상동형사상이므로

$$f \circ h^{-1}: Y \to [0, 1]$$

은 연속함수이고 $f \circ h^{-1}(y) = 0$, $f \circ h^{-1}(A) = \{1\}$이 되어 Y도 완전정칙공간이다.

7. 완전정칙공간 X내의 임의의 점 p와 p를 포함하는 임의의 열린 집합 U에 대하여 $X-U$는 닫힌 집합이고 $p \notin X-U$이므로 완전정칙성에 의하여 $f(p) = 0$, $f(A) = \{1\}$인 연속함수 $f: X \to [0, 1]$가 존재한다. $V = \{x \in X \mid f(x) < 1/2\}$이라 하면 V는 X의 열린 부분집합이고 $p \in V \subset \overline{V} \subset U$을 만족한다. 따라서 X는 정칙공간이다.

8. X를 T_5-공간이라 하고 $h: X \to Y$를 위상동형사상이라 하자. 임의의 두 떨어져 있는 Y의 부분집합 A와 B에 대하여

$$\overline{h^{-1}(A)} \cap h^{-1}(B) = h^{-1}(\overline{A}) \cap h^{-1}(B) = h^{-1}(\overline{A} \cap B) = h^{-1}(\varnothing) = \varnothing$$

이 성립된다. 마찬가지 방법으로

$$h^{-1}(A)\cap\overline{h^{-1}(B)}=h^{-1}(A\cap\overline{B})=\varnothing$$

이 성립되므로 $h^{-1}(A)$, $h^{-1}(B)$은 X의 떨어져 있는 두 부분집합이다. 그러면 X의 완전정규성에 의하여 $h^{-1}(A)\subset U$, $h^{-1}(B)\subset V$, $U\cap V=\varnothing$인 열린 집합 U와 V가 존재한다. 따라서 $h: X\to Y$가 위상동형사상이므로

$$A\subset h(U),\ B\subset h(V),\ h(U)\cap h(V)=\varnothing$$

인 Y의 열린 부분집합 $h(U)$와 $h(V)$가 존재한다. 따라서 Y도 완전정규공간이 된다. T_1-공리는 위상적인 성질이므로 Y는 T_5-공간이다.

[제 6 장]

연습문제 6.1

1. M1. $d(x, y)\geq 0$, M2. $d(x, y)=0 \Leftrightarrow x=y$, M3. $d(x, y)=d(y, x)$

이 성립하는 것은 자명하므로

$$\text{M4. } d(x, y)\leq d(x, z)+d(z, y) \text{ (삼각부등식)}$$

이 성립하는 것만을 보인다.

$r=(x_3, y_3)$이라 하면 Minkowski부등식을 이용하여 다음을 얻는다.

$$\begin{aligned}(1)\ d_1(p, q)&=\sqrt{(x_1-x_2)^2+(y_1-y_2)^2}\\ &=\sqrt{((x_1-x_3)+(x_3-x_2))^2+((y_1-y_3)+(y_3-y_2))^2}\\ &\leq\sqrt{(x_1-x_3)^2+(y_1-y_3)^2}+\sqrt{(x_3-x_2)^2+(y_3-y_2)^2}\\ &=d_1(p, r)+d_1(r, q)\end{aligned}$$

※ [Minkowski부등식]

Cauchy-Schwarz부등식을 이용하면

$$\begin{aligned}(a_1+b_1)^2+(a_2+b_2)^2&=(a_1^2+a_2^2)+2(a_1b_1+a_2b_2)+(b_1^2+b_2^2)\\ &\leq(a_1^2+a_2^2)+2\sqrt{a_1^2+a_2^2}\sqrt{b_1^2+b_2^2}+(b_1^2+b_2^2)\\ &=(\sqrt{(a_1^2+a_2^2)}+\sqrt{(b_1^2+b_2^2)})^2\end{aligned}$$

이 성립하므로 Minkowski부등식

$$\sqrt{(a_1+b_1)^2+(a_2+b_2)^2}\leq\sqrt{(a_1^2+a_2^2)}+\sqrt{(b_1^2+b_2^2)}$$

을 얻는다.

※ [Cauchy – Schwarz부등식]

t을 임의의 실수라 할 때

$$0 \le (a_1 t + b_1)^2 + (a_2 t + b_2)^2 = (a_1^2 + a_2^2)t^2 + 2(a_1 b_1 + a_2 b_2) + (b_1^2 + b_2^2)$$

이고 t에 관한 이차식의 판별식을 이용하면

$$(a_1 b_1 + a_2 b_2)^2 - (a_1^2 + a_2^2)(b_1^2 + b_2^2) \le 0$$

이다. 따라서 Cauchy-Schwarz부등식

$$(a_1 b_1 + a_2 b_2)^2 \le (a_1^2 + a_2^2)(b_1^2 + b_2^2)$$

을 얻는다.

(2) $d_2(p,\ q) = |x_1 - x_2| + |y_1 - y_2|$

$$= |(x_1 - x_3) + (x_3 - x_2)| + |(y_1 - y_3) + (y_3 - y_2)|$$

$$\le (|x_1 - x_3| + |y_1 - y_3|) + (|x_3 - x_2| + |y_3 - y_2|)$$

$$= d_2(p,\ r) + d_2(r,\ q)$$

(3) $|x_1 - x_2| \le |x_1 - x_3| + |x_3 - x_2| \le d_3(p,\ r) + d_3(r,\ q)$,

$|y_1 - y_2| \le |y_1 - y_3| + |y_3 - y_2| \le d_3(p,\ r) + d_3(r,\ q)$

이므로

$d_3(p,\ q) = \max\{|x_1 - x_2|,\ |y_1 - y_2|\} \le d_3(p,\ r) + d_3(r,\ q)$

이다.

따라서 d_1, d_2, d_3은 모두 $\mathbb{R}^2$위의 거리함수이다.

2.

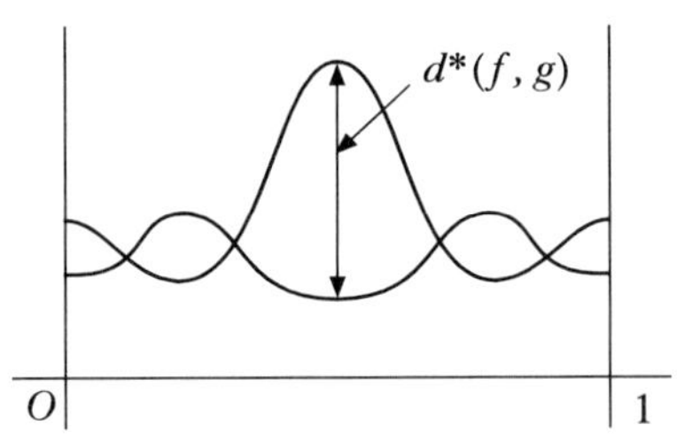

삼각부등식이 성립하는 것만을 보인다.

$$|f(x) - g(x)| \le |f(x) - h(x)| + |h(x) - g(x)|$$

이므로 d의 정의에 의하여

$$|f(x) - g(x)| \le d^*(f,\ h) + d^*(h,\ g)$$

이다. 따라서

$$d^*(f,\ g) \le d^*(f,\ h) + d^*(h,\ g)$$

이 성립한다.

$f \in X$, $\varepsilon > 0$에 대하여 f의 ε-근방은 다음 그림에서 보는 바와 같은 $f-\varepsilon$과 $f+\varepsilon$을 경계로 하는 영역 내에 있는 모든 연속함수들로 이루어진다.

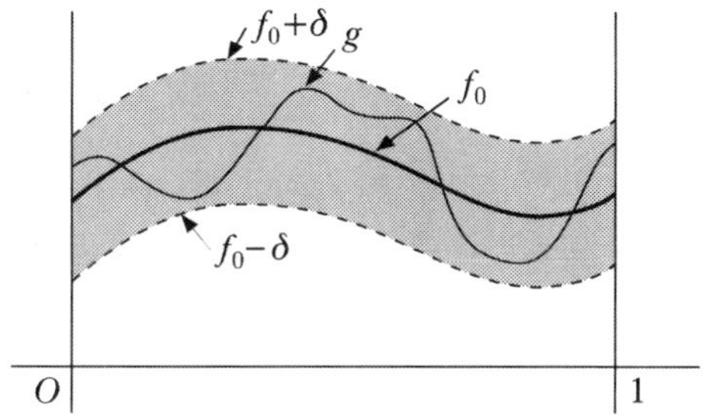

3.

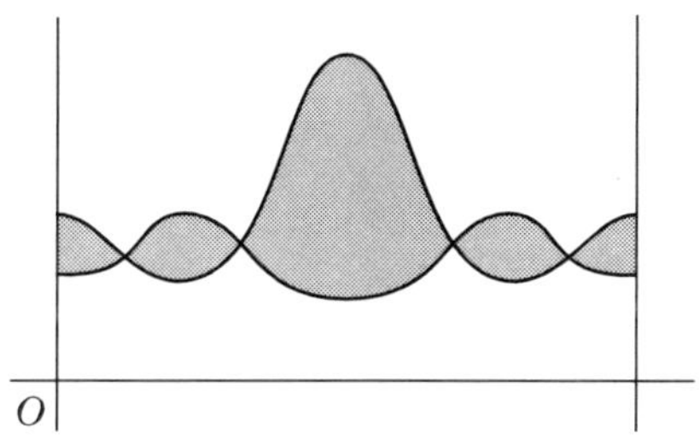

$d(f,\ g)$는 검은 부분

삼각부등식이 성립하는 것만을 보인다.

$$\begin{aligned} d(f,\ g) &= \int_0^1 |f(t)-g(t)|dt \le \int_0^1 (|f(t)-h(t)| + |h(t)-g(t)|)dt \\ &= \int_0^1 |f(t)-h(t)|dt + \int_0^1 |h(t)-g(t)|dt = d(f,\ h) + d(h,\ g) \end{aligned}$$

4. M1. $e(x,\ y) = d(f^{-1}(x),\ f^{-1}(y)) \ge 0$

M2. $e(x,\ y) = d(f^{-1}(x),\ f^{-1}(y)) = 0 \Leftrightarrow f^{-1}(x) = f^{-1}(y) \Leftrightarrow x = y$

M3. $e(x,\ y) = d(f^{-1}(x),\ f^{-1}(y)) = d(f^{-1}(y),\ f^{-1}(x)) = e(y,\ x)$

M4. $e(x,\ y) = d(f^{-1}(x),\ f^{-1}(y)) \le d(f^{-1}(x),\ f^{-1}(z)) + d(f^{-1}(z),\ f^{-1}(y))$

$= e(x,\ z) + e(z,\ y)$

5. 삼각부등식이 성립하는 것만을 보인다. x, y, z를 X의 임의의 세 점이라 할 때,

$$\begin{aligned} e(x, z) &= \frac{d(x, z)}{1+d(x, z)} \le \frac{d(x, y)+d(y, z)}{1+d(x, y)+d(y, z)} \\ &= \frac{d(x, y)}{1+d(x, y)+d(y, z)} + \frac{d(y, z)}{1+d(x, y)+d(y, z)} \\ &\le \frac{d(x, y)}{1+d(x, y)} + \frac{d(y, z)}{1+d(y, z)} = e(x, y)+e(y, z) \end{aligned}$$

이 성립하므로 $e : X \times X \to \mathbb{R}$은 X위의 거리함수이다.

6. 만약 $X = \{x_1, x_2, \cdots, x_n\}$이면 $r = \min\{d(x_i, x_j) \mid x_i, x_j \in X\} > 0$이므로 임의의 $x \in X$에 대하여 $B_d(x, r) = \{x\}$가 되어 거리공간 (X, d)는 이산공간이다.

연습문제 6.2

1. f가 X내의 어떤 점 x에서 연속이라 하고, $\varepsilon > 0$을 임의의 실수라 하자.
$U = B_e(f(x), \varepsilon)$은 $f(x)$의 근방이므로 $f^{-1}(U)$는 x의 근방이 되어

$$B_d\left(x, \frac{1}{n}\right) \subset f^{-1}(U)$$

을 만족하는 적당한 n이 존재하여야 한다. 그러므로 $\delta = \frac{1}{n}$이라 하면 $f(B_d(x, \delta)) \subset U$이다.

역으로 조건이 성립한다고 하고, U을 $f(x)$의 임의의 근방이라 하면 적당한 $\varepsilon > 0$이 있어서 $B_e(f(x), \varepsilon) \subset U$가 된다. 따라서 조건에 의하여 적당한 $\delta > 0$가 있어서 $f(B_d(x, \delta)) \subset B_e(f(x), \varepsilon) \subset U$이 성립하므로 $B_d(x, \delta) \subset f^{-1}(U)$이다. 그러므로 $f^{-1}(U)$은 x의 근방이 되어 f는 x에서 연속이다.

2. (1) 임의의 $x \in X$와 임의의 $\varepsilon > 0$에 대하여 $y \in X$, $a \in A$이면

$$d(a, x) \le d(a, y) + d(y, x)$$

이므로

$$\begin{aligned} D(A, x) &= \inf\{d(a, x) \mid a \in A\} \le \inf\{d(a, y) \mid a \in A\} + d(y, x) \\ &= D(A, y) + d(y, x) \end{aligned}$$

이 성립한다. 따라서

$$D(A, x) - D(A, y) \le d(y, x)$$

이 된다. 마찬가지 방법으로

$$D(A, y) - D(A, x) \le d(x, y)$$

이 된다. 그러므로

$$|D(A,\ x)-D(A,\ y)|\le d(x,\ y)$$

을 얻는다. 따라서 $\delta=\varepsilon$이라 하면 $d(x,\ y)<\delta$인 모든 y에 대하여

$$|D(A,\ x)-D(A,\ y)|<\varepsilon$$

이 되어 함수 $D(A,\ ):X\to\mathbb{R}$은 임의의 점 x에서 연속이다.

(2) $D(A,\ ):X\to\mathbb{R}$은 연속이고 한원소집합 $\{0\}$은 $\mathbb{R}$의 닫힌 부분집합이므로 $\{x\in X\,|\,D(A,\ x)=0\}$은 닫힌 집합이고 A를 포함한다. 따라서

$$\overline{A}\subset\{x\in X\,|\,D(A,\ x)=0\}$$

이나. 한편 임의의 $y\notin\overline{A}$이면 $B(y,\ \varepsilon)\cap A=\varnothing$이 되는 적당한 $\varepsilon>0$이 존재하므로 $D(A,\ y)\ge\varepsilon>0$이 되어 $y\notin\{x\in X\,|\,D(A,\ x)=0\}$이다. 따라서

$$\{x\in X\,|\,D(A,\ x)=0\}\subset\overline{A}$$

이다. 그러므로

$$\overline{A}=\{x\in X\,|\,D(A,\ x)=0\}$$

이다.

(3) 임의의 $x\in X$에 대하여

$$\overline{\{x\}}=\{y\,|\,D(\{x\},\ y)=0\}=\{y\,|\,d(x,\ y)=0\}=\{x\}$$

이 되어 X내의 임의의 한원소집합이 닫힌 집합이 된다. 따라서 모든 거리공간 $(X,\ d)$은 T_1-공간이다.

연습문제 6.3

1. 유한 밀착공간 $(X,\ \mathscr{I})$이 거리를 줄 수 있는 공간이라 하면 $\mathscr{T}_d=\mathscr{I}$인 X위의 거리함수 d가 존재한다. 그런데 X는 유한 거리공간이므로 연습문제 6.1의 6번 성질에 의하여 X는 이산공간이 되어 모순이다.

2. e는 A위의 거리함수가 되는 것은 $e=d|_{A\times A}$이므로 분명하다. 임의의 $a\in A$와 임의의 $\varepsilon>0$에 대하여 $B_e(a,\ \varepsilon)=B_d(a,\ \varepsilon)\cap A$이므로 거리공간 $(A,\ e)$은 $(X,\ d)$의 부분공간이다.

3. $\overline{d}$가 X위의 거리함수임을 보이기 위하여 삼각부등식 $\overline{d}(x,\ z)\le\overline{d}(x,\ y)+\overline{d}(y,\ z)$이 성립하는 것만을 보인다. 다른 조건은 분명하다. 만약 $d(x,\ y)\ge 1$ 또는 $d(y,\ z)\ge 1$이면 $\overline{d}(x,\ y)+\overline{d}(y,\ z)\ge 1$이고 $\overline{d}(x,\ z)\le 1$이므로 $\overline{d}(x,\ z)\le\overline{d}(x,\ y)+\overline{d}(y,\ z)$이 성

립한다. 만약 $d(x, y)<1$이고 $d(y, z)<1$이면 $d(x, z) \leq d(x, y)+d(y, z)=\bar{d}(x, y)+\bar{d}(y, z)$이고 정의에 의하여 $\bar{d}(x, z) \leq d(x, z)$이므로 $\bar{d}(x, z) \leq \bar{d}(x, y)+\bar{d}(y, z)$이 성립한다. 임의의 $\varepsilon>0$에 대하여 $\delta=\min\{\varepsilon, 1\}$라고 하면

$$B_d(x, \varepsilon) \subset B_{\bar{d}}(x, \varepsilon), \quad B_{\bar{d}}(x, \delta) \subset B_d(x, \varepsilon)$$

이 성립하므로 $\mathscr{T}_{\bar{d}}=\mathscr{T}_d$임을 알 수 있다.

4. d와 ρ가 $\mathbb{R}^n$위의 거리함수가 되는 것은 연습문제 6.1의 1번 문제와 같은 방법으로 n차원 유클리드공간으로 확장할 수 있다. 임의의 $x=(x_1, x_2, \cdots, x_n)$, $y=(y_1, y_2, \cdots, y_n) \in \mathbb{R}^n$에 대하여

$$\rho(x, y) \leq d(x, y) \leq \sqrt{n}\,\rho(x, y)$$

이 성립하는 것은 분명하다. 따라서 임의의 $\varepsilon>0$에 대하여

$$B_d(x, \varepsilon) \subset B_\rho(x, \varepsilon), \quad B_\rho(x, \varepsilon/\sqrt{n}) \subset B_d(x, \varepsilon)$$

이 성립한다. 그러므로 $\mathscr{T}_d=\mathscr{T}_\rho$이다. 이제 $\mathscr{T}_\rho$가 $\mathbb{R}^n$위의 곱 위상과 일치함을 보인다. $B=(a_1, b_1)\times(a_2, b_2)\times\cdots\times(a_n, b_n)$을 곱 위상에 대한 기저의 원소라 하고 $x=(x_1, x_2, \cdots, x_n) \in B$라고 하자. 임의의 $i=1, 2, \cdots, n$에 대하여

$$(x_i-\varepsilon_i, x_i+\varepsilon_i) \subset (a_i, b_i)$$

이 되는 ε_i가 존재한다. 이 때 $\varepsilon=\min\{\varepsilon_1, \varepsilon_2, \cdots, \varepsilon_n\}$이라 하면 $B_\rho(x, \varepsilon) \subset B$이다. 역으로, 임의의 $B_\rho(x, \varepsilon)$와 임의의 $y \in B_\rho(x, \varepsilon)$에 대하여 $y \in B \subset B_\rho(x, \varepsilon)$인 곱 위상에 대한 기저의 원소 B는 존재한다. 왜냐하면 $B_\rho(x, \varepsilon)=(x_1-\varepsilon, x_1+\varepsilon)\times\cdots\times(x_n-\varepsilon, x_n+\varepsilon)$이기 때문이다.

5. $(\Rightarrow)$ 모든 $i=1, 2, \cdots, n$에 대하여

$$0 \leq |x_i^k-x_i| \leq \left\{\sum_{i=1}^{n}(x_i^k-x_i)^2\right\}^{\frac{1}{2}}=d(x_k, x)$$

이므로 $\lim_{k\to\infty} x_k=x$이면 $d(x_k, x)=0$이 되어 $\lim_{k\to\infty} x_i^k=x_i$이다.

$(\Leftarrow)$ 모든 i에 대하여 $\lim_{k\to\infty} x_i^k=x_i$이라고 가정하고, $\varepsilon>0$이라 하면 각각의 i에 대하여 적당한 자연수 $N(i, \varepsilon)$이 있어서 $k>N(i, \varepsilon)$인 모든 k에 대하여

$$|x_i^k-x_i|<\frac{\varepsilon}{\sqrt{n}}$$

이 성립한다. 따라서

$$N(\varepsilon)=\max\{N(i, \varepsilon) \mid i=1, 2, \cdots, n\}$$

이라 하면, $k > N(\varepsilon)$인 모든 k에 대하여

$$d(x_k,\ x) = \left\{\sum_{i=1}^{n}(x_i^k - x_i)^2\right\}^{\frac{1}{2}} < \left\{\sum_{i=1}^{n}\left(\frac{\varepsilon}{\sqrt{n}}\right)^2\right\}^{\frac{1}{2}} = \varepsilon$$

이 되어 $\lim_{k \to \infty} x_k = x$이다.

6. 임의의 $g \in C_{[a,\ b]}$와 임의의 $\varepsilon > 0$에 대하여 적당한 $\delta = \dfrac{\varepsilon}{b-a} > 0$가 있어서 $B_d(g,\ \delta) \subset B_e(g,\ \varepsilon)$이 성립함을 보이면 충분하다. $f \in B_d(g,\ \delta)$이면 $d(f,\ g) = \sup\{|f(x) - g(x)|\ |\ x \in [a,\ b]\} < \delta = \dfrac{\varepsilon}{b-a}$이다. 따라서

$$\begin{aligned} e(f,\ g) &= \int_a^b |f(x) - g(x)|\,dx \\ &\le \int_a^b \sup\{|f(x) - g(x)|\ |\ x \in [a,\ b]\}\,dx < \int_a^b \frac{\varepsilon}{b-a}\,dx = \varepsilon \end{aligned}$$

이다. 그러므로 $f \in B_e(g,\ \varepsilon)$이다.

연습문제 6.4

1.
$$\begin{aligned} p_1 &= (a_1^1,\ a_2^1,\ \cdots,\ a_n^1) \\ p_2 &= (a_1^2,\ a_2^2,\ \cdots,\ a_n^2) \\ &\cdots\cdots \\ p_k &= (a_1^k,\ a_2^k,\ \cdots,\ a_n^k) \\ &\cdots\cdots \end{aligned}$$

에서 $\langle p_n \rangle$가 코시 열이라 하면 임의의 $\varepsilon > 0$에 대하여 $n_0 \in \mathbb{N}$가 존재하여 $r,\ s > n_0$인 $r,\ s$에 대하여

$$d(p_r,\ p_s) = \sqrt{\sum_{i=1}^{n}(a_i^r - a_i^s)^2} < \varepsilon$$

이 된다. 따라서 $r,\ s > n_0$인 $r,\ s$에 대하여

$$|a_1^r - a_1^s| < \varepsilon,\ \cdots,\ |a_n^r - a_n^s| < \varepsilon$$

이 성립한다. 그러므로

$$\begin{array}{l} a_1^1,\ a_1^2,\ a_1^3,\ \cdots \\ a_2^1,\ a_2^2,\ a_2^3,\ \cdots \\ \cdots\cdots\cdots\cdots\cdots\cdots \\ a_n^1,\ a_n^2,\ a_n^3,\ \cdots \end{array}$$

은 코시 열이다. 그런데 $\mathbb{R}$은 완비거리공간이므로

$$\begin{array}{l} a_1^1,\ a_1^2,\ a_1^3,\ \cdots \to a_1 \\ a_2^1,\ a_2^2,\ a_3^3,\ \cdots \to a_2 \\ \cdots\cdots\cdots\cdots\cdots\cdots \\ a_n^1,\ a_n^2,\ a_n^3,\ \cdots \to a_n \end{array}$$

이다. $p=(a_1,\ a_2,\ \cdots,\ a_n)$이라 하면 연습문제 6.3의 5번 성질에 의하여 $p_n \to p$이다. 따라서 $(\mathbb{R}^n,\ d)$는 완비거리공간이다.

2. $f(x_1)=f(x_2) \Leftrightarrow e(f(x_1),\ f(x_2))=0 \Leftrightarrow d(x_1,\ x_2)=0 \Leftrightarrow x_1=x_2$이므로 f는 단사이다. 임의의 $\varepsilon>0$에 대하여 $\delta=\varepsilon$으로 택하면 f가 연속이 되는 것은 분명하다. $f: X \to Y$는 전단사함수가 되므로 역함수 $f^{-1}: Y \to X$가 존재하여 f^{-1}가 연속이 되는 것도 분명하다. 따라서 $f: X \to Y$는 위상동형사상이다.

[제 7 장]

연습문제 7.1

5. (1) A의 임의의 열린 덮개 $\mathscr{V}$에 대하여 0을 포함하는 $V\in\mathscr{V}$가 적어도 하나 존재한다. 그러면 적당한 $\varepsilon>0$이 있어서 $[0,\ \varepsilon)\cap A\subset V$을 만족하므로 $m\le\dfrac{1}{\varepsilon}$이라 할 때, V는 $1,\ \dfrac{1}{2},\ \cdots,\ \dfrac{1}{m}$을 제외한 모든 점을 포함한다. 이 때, V_k를 $\dfrac{1}{k}\in V_k(k=1,\ 2,\ \cdots,\ m)$이 되도록 $\mathscr{V}$에서 택하면 $A\subset V\cup V_1\cup\cdots\cup V_m$이 되어 A는 컴팩트 집합이다.

(2) 임의의 $n\in\mathbb{N}$에 대하여 $G_n=\left(\dfrac{1}{n+2},\ \dfrac{1}{n}\right)$이라 하면 $(0,\ 1)\subset\bigcup_{n\in\mathbb{N}}G_n$이다. 그러나 $\{G_1,\ G_2,\ G_3,\ \cdots\}$에서 G_k을 제외하면

$$\frac{1}{k+1}\not\in\Big(\bigcup_{n\in\mathbb{N}}G_n\Big)-G_k$$

이므로 $\{G_1,\ G_2,\ G_3,\ \cdots\}$의 유한개의 원소로 이루어진 A의 덮개는 존재할 수 없다. 따라서 $(0,\ 1)$은 컴팩트 집합이 아니다.

(3) $\{(1/n,\ 1]\,|\,n\in\mathbb{N}\}$은 $(0,\ 1]$의 열린 덮개이나 이 덮개는 유한 부분덮개를 가질 수 없기 때문이다.

2. 정리 7.1에 의하여

$$A\text{가 } \mathscr{T}\text{-컴팩트} \Leftrightarrow A\text{가 } \mathscr{T}_A\text{-컴팩트}$$
$$A\text{가 } \mathscr{T}_B\text{-컴팩트} \Leftrightarrow A\text{가 } (\mathscr{T}_B)_A\text{-컴팩트}$$

이 성립한다. 그런데 정리 2.27에 의하여

$$\mathscr{T}_A=(\mathscr{T}_B)_A$$

이므로

$$A\text{가 } \mathscr{T}_B\text{-컴팩트} \Leftrightarrow A\text{가 } \mathscr{T}\text{-컴팩트}$$

이 성립한다.

3. $\mathscr{V}$가 τ-열린 집합으로 이루어진 X의 덮개라고 하면 τ-열린 집합은 $\mathscr{T}$-열린 집합이므로 $\mathscr{T}$-컴팩트성에 의하여 $\mathscr{V}$은 유한 부분덮개를 갖는다. 따라서 $(X,\ \tau)$도 컴팩트 공간이다.

4. 실수 공간 $\mathbb{R}$에 주어진 보통위상 $\mathscr{U}$과 이산위상 $\mathscr{D}$ 사이에는 $\mathscr{U}\subset\mathscr{D}$이 성립한다. 정리 7.2에 의하여 $(\mathbb{R},\ \mathscr{U})$의 부분집합 $[0,\ 1]$은 컴팩트 부분집합이지만 $(\mathbb{R},\ \mathscr{D})$의 부분집합 $[0,\ 1]$은 컴팩트 부분집합이 아니다. 왜냐하면 한원소집합으로 이루어진 $[0,\ 1]$의 열린 덮개는 유한 부분덮개를 가질 수 없기 때문이다.

연습문제 7.2

1. $f(x)=x$로 정의된 함수 $f:(X,\ \mathscr{T})\to(X,\ \mathscr{T}^*)$을 생각하면 f는 전단사 함수이고, $\mathscr{T}^*\subset\mathscr{T}$이므로 f는 연속함수도 된다. 그런데 $(X,\ \mathscr{T})$가 컴팩트 공간이고 $(X,\ \mathscr{T}^*)$는 Hausdorff공간이므로 정리 7.10에 의하여 f는 위상동형사상이 되어 열린 사상이 된다. 따라서 $\mathscr{T}\subset\mathscr{T}^*$이 성립한다. 그러므로 $\mathscr{T}^*=\mathscr{T}$이다.

2. (1) $A\subset U^\circ$이므로 U는 A에 속하는 모든 점의 근방이 된다. 따라서 임의의 점 $x\in A$에 대하여 X가 정칙이므로 $x\in G_x\subset\overline{G_x}\subset U$을 만족하는 열린 집합 G_x가 존재한다. $\mathscr{A}=\{G_x\,|\,x\in A\}$이라 하면 $\mathscr{A}$는 A의 열린 덮개이고, A가 X의 컴팩트 부분집합이므로 $\mathscr{A}$는 유한 부분덮개 $\{G_{x_1},\ G_{x_2},\ \cdots,\ G_{x_n}\}$을 갖는다. $V=\bigcup_{i=1}^{n}\overline{G_{x_i}}$이라 하면

$$A \subset V^{\circ} = \bigcup_{i=1}^{n} G_{x_i} \subset \bigcup_{i=1}^{n} \overline{G_{x_i}} = V \subset U$$

이 성립하므로 U에 포함되는 A의 닫힌 근방 V가 존재한다.

(2) 임의의 점 $x \in A$에 대하여 U는 x의 근방이 되고, X가 완전정칙공간이므로 $g(x) = 1$, $g(U^c) = \{0\}$인 연속함수 $g : X \to [0, 1]$가 존재한다. 따라서 모든 $y \in X$에 대하여 $h(y) = \min\{2g(y), 1\}$이라 정의하면 $h : X \to [0, 1]$은 연속함수가 되고 $h(U^c) = \{0\}$이다. g는 연속이므로 $G = \{y \mid g(y) > 1/2\}$은 열린 집합이고 $g(x) = 1$이므로 $x \in G$이다. 따라서 임의의 점 $x \in A$에 대하여 $x \in U_x \subset G$인 x의 열린 근방 U_x가 존재하고, 모든 $y \in U_x$에 대하여 $g(y) > 1/2$이므로 $h(y) = 1$이 된다. 그러면 $\{U_x \mid x \in A\}$은 A의 열린 덮개이고, A가 컴팩트 부분집합이므로 이 덮개는 유한 부분덮개 $\{U_{x_1}, U_{x_2}, \cdots, U_{x_n}\}$을 갖는다. 그러므로 x_i에 대응되는 위와 같은 함수를 h_i라 하면

(1) $h_i : X \to [0, 1]$, $i = 1, 2, \cdots, n$

(2) $A \subset \bigcup_{i=1}^{n} h_i^{-1}(\{1\})$

(3) $h_i(U^c) = \{0\}$, $i = 1, 2, \cdots, n$

이다. 그러므로 임의의 $y \in X$에 대하여

$$f(y) = \max\{h_i(y) \mid i = 1, 2, \cdots, n\}$$

으로 정의된 $f : X \to [0, 1]$은 연속함수가 되고, $f(A) = \{1\}$, $f(U^c) = \{0\}$이 된다.

3. $\Phi = \{[a, +\infty) \mid a \in \mathbb{R}\}$은 $(\mathbb{R}, \mathscr{U})$의 닫힌 집합들의 모임이고 유한교차성을 갖는다. 그러나 $\cap \Phi = \varnothing$이므로 정리 7.16에 의하여 $(\mathbb{R}, \mathscr{U})$는 컴팩트 공간이 아니다.

4. $\prod_{\alpha \in \Lambda} X_\alpha$의 적당한 컴팩트인 부분집합 K가 존재하여 $K^{\circ} \neq \varnothing$라 하고, $x \in K^{\circ}$라 하면 적당한 기본 열린 집합 B가 있어서 $x \in B \subset K$가 된다. 그런데 B는 Λ의 어떤 유한 부분집합 F가 존재하여 $B = \bigcap_{\alpha \in F} p_\alpha^{-1}(G_\alpha)$이 된다. 여기서 각 $\alpha \in F$에 대하여 G_α는 X_α에서 열린 집합이다. 따라서 $\alpha \notin F$이면 $p_\alpha(B) = X_\alpha$가 되고, $B \subset K$이므로 $p_\alpha(K) = X_\alpha$이다. 그런데 K는 컴팩트이므로 X_α도 컴팩트이다. 그러므로 유한개의 α를 제외한 모든 X_α가 컴팩트 공간이다.

연습문제 7.3

1. (1) ⇒ (2) K을 컴팩트 집합, U를 $K\subset U$인 열린 집합이라 하자. 임의의 $x\in K$에 대하여 정리 7.21에 의하여 x의 적당한 근방 V_x가 있어서 $\overline{V_x}$은 컴팩트 집합이고 $\overline{V_x}\subset U$이 성립한다. $\{V_x|x\in K\}$는 K의 열린 덮개이고, K는 컴팩트 집합이므로 이 덮개는 유한 부분덮개 $\{V_{x_1}, V_{x_2}, \cdots, V_{x_n}\}$을 갖는다. $V=\bigcup_{i=1}^{n}V_{x_i}$라고 하면 V는 열린 집합이고 $K\subset V$이 성립한다. 또한 $\overline{V}=\overline{\bigcup_{i=1}^{n}V_{x_i}}=\bigcup_{i=1}^{n}\overline{V_{x_i}}$는 컴팩트 집합이 되고, $K\subset V\subset \overline{V}\subset U$를 만족한다.

   (2) ⇒ (3) 임의의 열린 집합 U와 임의의 $x\in U$에 대하여 $\{x\}$는 컴팩트 집합이므로 열린 집합 V가 있어서 $\overline{V}$은 컴팩트 집합이고 $x\in V\subset \overline{V}\subset U$이 성립한다. 따라서 X는 $\overline{V}$가 컴팩트 집합인 열린 집합 V들로 이루어진 기저를 갖는다.

   (3) ⇒ (1) 임의의 $x\in X$에 대하여 X는 열린 집합이므로 기본 열린 집합 V가 존재하여 $\overline{V}$는 컴팩트 집합이고 $x\in V\subset \overline{V}\subset X$이 성립한다. 따라서 x는 컴팩트 근방인 $\overline{V}$를 갖는다. 그러므로 X는 국소 컴팩트 공간이다.

2. $\{U_n|n\in\mathbb{N}\}$을 X위의 위상에 대한 가산 기저라 하자. 임의의 고정된 $n\in\mathbb{N}$과 임의의 $y\in U_n$에 대하여 $\overline{V_y}$가 컴팩트인 열린 집합 V_y가 있어서 $y\in V_y\subset U_n$을 만족한다. 제2가산공간의 부분공간도 제2가산공간이므로 위 성질을 만족하는 가산개로 이루어진 열린 집합들의 모임 $\{V_{n,i}|i\in\mathbb{N}\}$을 얻을 수 있다. 따라서 임의의 $n\in\mathbb{N}$에 대하여 위의 과정을 반복하여 적용하면 주어진 공간 X는 $\overline{V_{n,i}}$가 컴팩트 집합인 열린 집합 $V_{n,i}$들로 이루어진 가산 기저

$$\{V_{(n,\ i)}|(n,\ i)\in\mathbb{N}\times\mathbb{N}\}$$

   을 갖는다.

3. $p=(0,\ 1)$일 때 단위원 S^1은 컴팩트 집합이고, $S^1-\{p\}$은 S^1의 조밀한 부분집합이다. 그런데 실수공간 $\mathbb{R}$은 $S^1-\{p\}$과 위상동형이므로 S^1은 $\mathbb{R}$의 한 점 컴팩트화이다.

4. X은 Y의 조밀한 부분집합이고 Y는 컴팩트 집합이기 때문이다. X의 컴팩트화는 X의 양 끝점을 추가하여 얻어진다.

5. $X\cong h(X)\subset \overline{h(X)}$이고 $(\mathbb{R}^2,\ \mathscr{U})$의 $\overline{h(X)}$는 컴팩트 부분집합이다. 따라서 $\overline{h(X)}$는 X의 컴팩트화이다. X의 컴팩트화는 오른편의 한 점과 왼편의 선분위의 점 모두를 포함함

으로써 얻어진다.

[제 8 장]

연습문제 8.1

1. $(\mathbb{R}, \mathscr{U}) \cong (a, b)$, $\overline{(a, b)} = [a, b]$이고 $(\mathbb{R}, \mathscr{U})$는 연결공간이므로 정리 8.1, 정리 8.4와 정리 8.6에 의하여 열린 구간 (a, b)와 닫힌 구간 $[a, b]$는 연결집합이다.

2. (1) $f(x) = \sin\dfrac{1}{x}$은 $(0, 1]$위에서 연속함수이므로 $h(x) = \left(x, \sin\dfrac{1}{x}\right)$로 정의된 함수 $h : (0, 1] \to \mathbb{R}^2$은 연속함수이다. 그런데 $(0, 1]$은 연결집합이므로 정리 8.4에 의하여 $A = h((0, 1])$은 연결집합이다.
   (2), (3) $A \subset B \subset \overline{A} = C$이므로 정리 8.6에 의하여 B와 C는 모두 연결집합이다.

3. 모든 $x \in \mathbb{R}$에 대하여 공집합이 아닌 $\mathbb{R} - \{x\}$의 임의의 두 열린 집합 G, H는 $G \cap H \neq \varnothing$이기 때문에 $\mathbb{R} - \{x\}$는 연결집합이 된다. 따라서 모든 $x \in \mathbb{R}$는 절단점이 아니다.

4. ($\Rightarrow$) X를 연결공간이라 하고, $f : X \to \{0, 1\}$을 연속함수라고 하자. 만약 f가 상수함수가 아니면 $U = f^{-1}(0) \neq \varnothing$, $V = f^{-1}(1) \neq \varnothing$이고 $\{0, 1\}$은 이산위상을 가지므로 U와 V는 열린 집합이다. 그리고 f는 함수이므로 $U \cup V = X$, $U \cap V = \varnothing$이다. 그러므로 X는 연결공간이 아니다. 이것은 모순이다. 따라서 X에서 $\{0, 1\}$로의 연속함수는 상수함수일 때뿐이다.
   ($\Leftarrow$) X에서 $\{0, 1\}$로의 연속함수는 상수함수일 때뿐이고 X가 연결공간이 아니라고 가정하자. 그러면 서로 소인, 공집합이 아닌 열린 집합 U, V가 존재하여 $X = U \cup V$가 된다. 이제 함수 $f : X \to \{0, 1\}$을
   $$f(x) = \begin{cases} 0, & x \in U \\ 1, & x \in V \end{cases}$$
   으로 정의하면 $U \cap V = \varnothing$이므로 f는 잘 정의된 연속함수가 된다. 이것은 가정에 모순이다. 따라서 X는 연결공간이다.

5. A와 B를 위상공간의 서로 다른 두 성분이라 하자. 만약 $A \cap B \neq \varnothing$이면 정리 8.8에 의하여 $A \cup B$는 연결집합이 된다. $A \subset A \cup B$, $B \subset A \cup B$이고 A와 B는 성분이므로 $A = B$이 된다. 이것은 모순이다. 따라서 서로 다른 두 성분은 서로 소이다.

6. (1) 관계 "~"이 반사적이고 대칭적인 것은 분명하다. 추이적인 것을 보이기 위하여 $x\sim y$이고 $y\sim z$라고 하자. 그러면 x와 y를 포함하는 X의 연결집합 A와 y와 z를 포함하는 X의 연결집합 B가 존재한다. $y\in A\cap B$이므로 $A\cup B$는 x와 z를 포함하는 X의 연결집합이다. 따라서 $x\sim z$이다. 그러므로 "~"은 X에서의 동치관계이다.

   (2) 임의의 X의 연결집합 G는 단 하나의 동치류와 만난다. 왜냐하면 G가 동치류 C_1과 C_2와 만난다면 $x_1\in G\cap C_1$, $x_2\in G\cap C_2$가 존재하고 $x_1\sim x_2$이 되어야 한다. 따라서 $C_1=C_2$이기 때문이다.

   (3) 모든 동치류 C는 다음과 같은 이유로 연결집합이다. 고정된 한 점 $x_0\in C$와 임의의 $x\in C$에 대하여 $x\sim x_0$이므로 x_0와 x를 포함하는 연결집합 A_x가 존재하고 A_x는 단 하나의 동치류와 만나므로 $A_x\subset C$이다. 그러므로 $C=\bigcup_{x\in C}A_x$이다. 그런데 모든 A_x는 연결집합이고 x_0을 공통으로 포함하고 있으므로 C는 연결집합이다.

그러므로 모든 동치류는 연결집합이므로 X내의 어떤 성분에 속하여야 하고, 또 성분은 연결집합이므로 어떤 한 동치류에 속하여야 한다. 따라서 모든 동치류는 X내의 성분이다.

연습문제 8.2

1. 임의의 두 점 $x, y\in\mathbb{R}^n-\{0\}$에 대하여 $f(t)=(1-t)x+ty$로 정의된 직선 길 f : $[0, 1]\to\mathbb{R}$가 원점 0을 지나지 않으면 이 f가 x와 y를 연결하는 길이다. 만약 이 직선 길이 원점 0을 통과하면 x와 y를 연결하는 선위에 있지 않은 한 점 z를 택하여 x와 z, z와 y를 연결하는 두 직선 길을 합성한 길이 x와 y를 연결하는 길이다. 따라서 $\mathbb{R}^n-\{0\}$은 길로 연결된 공간이다.

2.

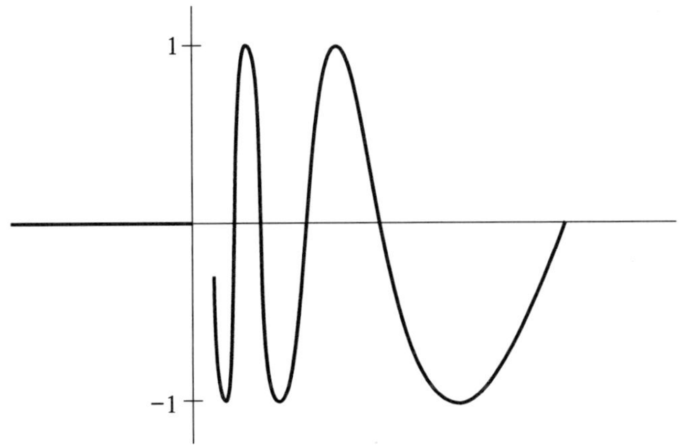

(1) $A=\{(x,\ 0)\mid x\le 0\}$ 와 $B=\{(0,\ 0)\}\cup\{(x,\ \sin(1/x))\mid x>0\}$ 는 연결집합이고, $A\cap B=\{0,\ 0\}\neq\varnothing$ 이므로 정리 8.8에 의하여 $A\cup B=Y$는 연결집합이다. 만약 Y가 길로 연결된 공간이라고 가정하면 Y위의 두 점 $(1/\pi,\ 0)$과 $(0,\ 0)$에 대하여 적당한 길 $f:[0,\ 1]\to Y$이 있어서 $f(0)=(1/\pi,\ 0)$, $f(1)=(0,\ 0)$을 만족한다. $[0,\ 1]$은 연결집합이므로 연속함수의 상 $f([0,\ 1])$도 연결집합이다. 따라서 $\{(x,\ \sin(1/x))\mid 0<x<(1/\pi)\}$ 은 연결집합이므로

$$\{(x,\ \sin(1/x))\mid 0<x<(1/\pi)\}\subset f([0,\ 1])$$

이 된다. 이 때, $x_1<x_2<x_3<\cdots$이고 $\lim_{i\to\infty}x_i=1$이며

$$p_2\circ f(x_i)=\begin{cases}1, & i=1,\ 3,\ \cdots\\ -1, & i=2,\ 4,\ \cdots\end{cases}$$

이 되도록 $[0,\ 1]$에서의 수열 $\langle x_i\rangle$를 택하면 사영 p_2에 대하여 $p_2\circ f$는 연속이므로 $\lim_{i\to\infty}x_i=1$일 때 $\lim_{i\to\infty}p_2\circ f(x_i)=p_2\circ f(1)=p_2(0,\ 0)=0$이 되어야 한다. 그런데 수열 $\langle p_2\circ f(x_i)\rangle$은 1과 -1로 진동하므로 모순이다. 그러므로 Y는 길로 연결된 공간이 아니다.

(2) Y내의 성분은 Y뿐이고, Y내의 길로 연결된 성분은 $\{(x,\ 0)\mid x\le 0\}$ 와 $\{(x,\ \sin(1/x))\mid x>0\}$ 이다.

3. X가 국소연결공간이므로 정리 8.19에 의하여 열린 집합 X내의 모든 성분 C는 X의 열린 집합이다.

4. X가 국소연결공간이기 위한 필요충분조건은 연결집합으로 이루어진 기저 $\mathscr{B}$를 갖는 것이다. 또한 Y가 국소연결공간이기 위한 필요충분조건은 연결집합으로 이루어진 기저 $\mathscr{C}$를 갖는 것이다. 따라서

$$\{B\times C \mid B\in \mathscr{B},\ C\in \mathscr{C}\}$$

은 $X\times Y$위의 곱 위상에 대한 기저가 되고, B, C는 연결집합이므로 정리 8.15에 의하여 $B\times C$도 연결집합이다. 그러므로 $X\times Y$는 연결집합으로 이루어진 기저를 가지므로 $X\times Y$는 국소연결공간이다.

5. $A\subset X$을 길로 연결된 집합이라 하고, $f: X\to Y$를 연속함수라 하자. 임의의 p, $q\in f(A)$에 대하여 적당한 a, $b\in A$가 존재하여 $f(a)=p$, $f(b)=q$을 만족한다. A는 길로 연결된 집합이므로 $g(0)=a$, $g(1)=b$, $g(I)\subset A$인 길 $g: I\to A$가 존재한다. 그러면 $f\circ g: I\to Y$는 연속함수가 되고,
$$f\circ g(0)=f(a)=p,\ f\circ g(1)=f(b)=q,\ f\circ g(I)\subset f(A)$$
이 되어 $f(A)$는 길로 연결된 집합이다.

6. $\mathscr{A}$를 공집합이 아닌 X의 길로 연결된 집합들의 모임이라 하고, $B=\cup\mathscr{A}$이라고 하자. 임의의 a, $b\in B$에 대하여 $a\in A_a$, $b\in A_b$인 A_a, $A_b\in\mathscr{A}$이 존재한다. $\cap\mathscr{A}\neq\varnothing$이므로 $p\in\cap\mathscr{A}$이 있어서 $p\in A_a$이다. A_a는 길로 연결된 집합이므로 a로부터 p로의 길 $f: I\to A_a\subset B$가 존재한다. 마찬가지 방법으로 p로부터 b로의 길 $g: I\to A_b\subset B$가 존재한다. 따라서 $f*g$는 B내에 있는 a로부터 b로의 길이 되어 B는 길로 연결된 집합이다.

7. (1) $\{p\}$가 닫힌 집합이고 $f: [a,\ b]\to D$가 연속이므로 $f^{-1}(\{p\})$가 $[a,\ b]$에서 닫힌 집합이다.

   (2) $f^{-1}(\{p\})$가 $[a,\ b]$에서 열린 집합인 것을 보이기 위하여 그림과 같이 x축과 만나지 않는 $\mathbb{R}^2$내의 p의 열린 근방 V를 택한다. 그러면 임의의 $x_0\in f^{-1}(\{p\})$에 대하여 f가 연속이므로 x_0를 포함하는 적당한 기본 열린 집합 U가 존재하여 $f(U)\subset V$가 성립한다. 이제 $U\subset f^{-1}(\{p\})$인 것을 주장함으로써 $f^{-1}(\{p\})$가 $[a,\ b]$에서 열린 집합인 것을 보인다. U는 기본 열린 집합이므로 연결집합이 되어 $f(U)$도 연결집합이다. V에 속하는 점 p와는 다른 임의의 점 $q=(1/n,\ t_0)\in D$을 택하고 $1/(n+1)<r<1/n$인 r을 택하면 $f(U)\subset D$이고 $f(U)$는 직선 $x=r$과 x-축인 $y=0$과는 만나지 않으므로
$$f(U)\subset(-\infty,\ r)\times\mathbb{R}\cup(r,\ +\infty)\times\mathbb{R}$$
이 성립한다. 그런데 $f(U)$는 연결집합이고, $p\in(-\infty,\ r)\times\mathbb{R}$이므로
$$f(U)\subset(-\infty,\ r)\times\mathbb{R}$$
이다. 따라서 $q\notin f(U)$이므로 $f(U)=\{p\}$이다. 그러므로 $U\subset f^{-1}(\{p\})$이다.

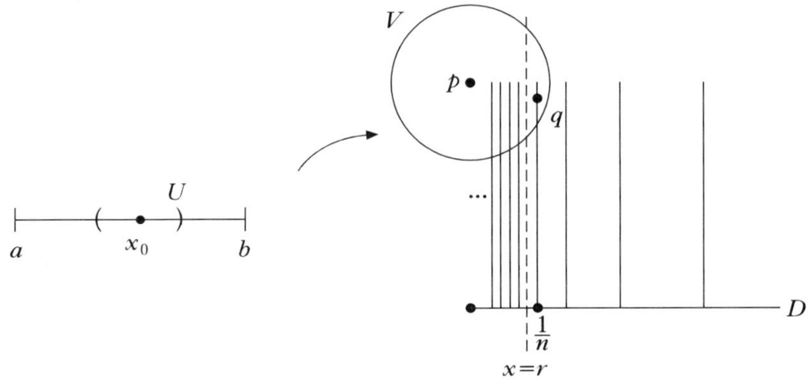

연습문제 8.3

1.

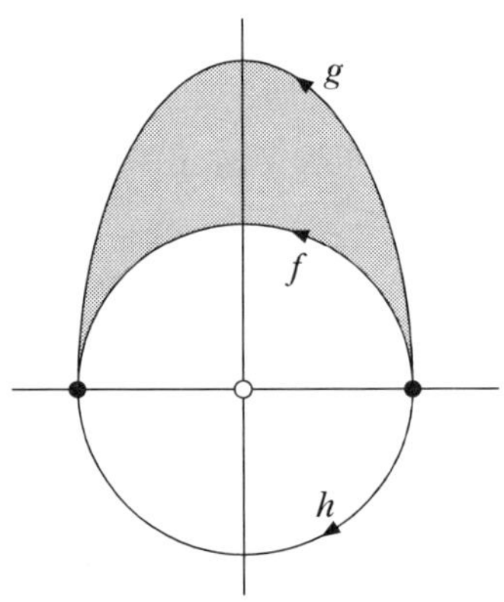

f로부터 g로의 선분 연속변형함수가 존재하여 f는 g에 길 연속변형 된다. 그러나 f로부터 h로의 선분 연속변형함수 $H : I\times I \to X$는 존재하지 않는다. 왜냐하면 $H(I\times I)\not\subset X$이기 때문이다. 직관적으로는 명백하다. f가 구멍 $(0, 0)$을 지나 연속적으로 h로 변형되는 것은 불가능하기 때문이다.

2. 임의의 점 $(s, t)\in I\times I$에 대하여

$$H(s, t) = f(s(1-t)+t\alpha(s))$$

로 정의하면 H는 f로부터 $f\circ\alpha$로의 연속변형함수가 된다.

3. f와 g을 동일한 시작점 x_0와 동일한 끝점 x_1을 가지는 단일연결공간내의 두 길이라

하자. 그러면 $f*\bar{g}$는 x_0을 밑점으로 가지는 닫힌 길이 된다. 따라서

$$[(f*\bar{g})*g]=[\hat{x_0}*g]=[g],$$
$$[(f*\bar{g})*g]=[f*(\bar{g}*g)]=[f*\hat{x_1}]=[f]$$

이 성립하므로 $[g]=[f]$이다. 따라서 $f\simeq_p g$이다.

4. $(f*g)(s)=\begin{cases} f(2s), & 0\le s\le \frac{1}{2} \\ g(2s-1), & \frac{1}{2}\le s\le 1 \end{cases},\qquad \bar{g}(s)=g(1-s)$

이므로 다음이 성립한다.

$$(\overline{f*g})(s)=(f*g)(1-s)=\begin{cases} f(2(1-s)), & 0\le 1-s\le \frac{1}{2} \\ g(2(1-s)-1), & \frac{1}{2}\le 1-s\le 1 \end{cases},$$

$$(\bar{g}*\bar{f})(s)=\begin{cases} \bar{g}(s), & 0\le s\le \frac{1}{2} \\ \bar{f}(2s-1), & \frac{1}{2}\le s\le 1 \end{cases}=\begin{cases} g(1-2s), & 0\le s\le \frac{1}{2} \\ f(1-(2s-1)), & \frac{1}{2}\le s\le 1 \end{cases}$$

따라서 $(\overline{f*g})=\bar{g}*\bar{f}$이다.

찾아보기

위상수학

2007년 5월 15일 1판 1쇄 발행
2011년 3월 2일 1판 2쇄 발행

저 자 / 송형수

발행자 / 오판근
발행처 / 교우사

주 소 / 서울 동대문구 제기2동 148-19
전 화 / 925-2861(代), 편집부 / 925-2825
팩 스 / 925-2860
E-mail / kyowoo@kyowoo.co.kr
http://www.kyowoo.co.kr

출판등록 / 1994. 3. 24 제6-0256호

ISBN 978-89-8172-682-9 (93410)

값 **17,000**원